计算机应用与职业技术实训系列

电脑基础操作

实训教程

周为民　张军安　编

西北工业大学出版社

【内容提要】本书为计算机应用与职业技术实训系列教材之一。主要内容包括计算机基础知识、Windows XP 的基本操作、在计算机中输入字符、文字处理 Word 2007、表格制作 Excel 2007、幻灯片制作 PowerPoint 2007、计算机网络与 Internet、计算机日常安全与维护，最后结合实例介绍了 Office 2007 的强大功能。

本书通俗易懂，操作步骤叙述详细，既可作为中等职业学校的培训教材，也可作为各类培训班的计算机入门教材。

图书在版编目（CIP）数据

电脑基础操作实训教程/周为民，张军安编. —西安：西北工业大学出版社，2008.7（2016.4 重印）
（计算机应用与职业技术实训系列）
ISBN 978-7-5612-2413-7

Ⅰ. 电…　Ⅱ. ①周…　②张…　Ⅲ. 电子计算机—技术培训—教材　Ⅳ. TP3

中国版本图书馆 CIP 数据核字（2008）第 093684 号

出版发行：西北工业大学出版社
通信地址：西安市友谊西路 127 号　　　**邮编：**710072
电　　话：（029）88493844　88491757
网　　址：www.nwpup.com
电子邮箱：computer@nwpup.com
印 刷 者：陕西向阳印务有限公司
印　　张：13
字　　数：342 千字
开　　本：787 mm×1 092 mm　1/16
版　　次：2008 年 7 月第 1 版　　　2016 年 4 月第 2 次印刷
定　　价：28.00 元

前 言

计算机的日益普及，极大地改变了人们的工作和生活方式，越来越多的人在积极学习计算机知识，掌握相关软件的使用方法，努力与现代社会同步。其中更多的人学习计算机知识是为了进一步提高自身的职业能力和职业素质，以适应激烈的市场竞争和就业竞争。为了满足读者的实际需求，我们精心编写了这套“**计算机应用与职业技术实训系列**”教材。

本系列教材真正从便于广大读者学习计算机知识的目的出发，根据国家教育部最新颁布的计算机教学大纲及人事部、信息产业部、劳动和社会保障部对计算机职业技能培训的要求，结合作者多年的教学实践经验，在听取了广大计算机初学者的意见和建议的基础上编写而成。全套书**突出为职业教育量身定制的特色，满足就业技能的培训要求，以工作任务为导向，以培养职业能力为核心，以工作实践为目的**。在理论与实践紧密结合的基础上进一步把内容做“**精**”，把形式做“**活**”，既利于教师上课教学，又便于读者理解掌握，使读者用最少的时间和金钱去获得最多的知识，并能真正地应用于实际工作中。

本书内容

本书主要是以当前最常用的 Windows XP 为操作平台，针对初学者而编写的。书中详细介绍了 Windows XP 的基本操作、在计算机中输入字符、文字处理 Word 2007、表格制作 Excel 2007、幻灯片制作 PowerPoint 2007、计算机网络与 Internet、计算机日常安全与维护等知识，从实用性、易掌握性出发，形象直观地展现了计算机办公软件的强大功能。

全书共分 9 章。第 1 章介绍计算机的基础知识，主要包括计算机的系统组成、启动计算机进入 Windows XP 和用鼠标操作 Windows XP；第 2 章介绍 Windows XP 的基本操作，包括操作 Windows XP 的桌面图标、任务栏、窗口、菜单、对话框、控制面板和常用附件等；第 3 章介绍文字输入技术，包括输入前的准备、拼音输入法和五笔字型输入法；第 4 章介绍 Word 2007 文字编辑应用程序的使用方法，主要包括文档的基本操作、文本的编辑与修改、文档排版、表格制作与图文混排等；第 5 章介绍 Excel 2007 电子表格应用程序的使用方法，主要包括工作簿、工作表和单元格的基本操作、格式化工作表、计算和管理数据等；第 6 章介绍 PowerPoint 2007 幻灯片制作应用程序的使用方法，主要包括制作与编辑幻灯片、美化幻灯片、放映幻灯片等；第 7 章介绍计算机网络与 Internet，包括计算机网络基础知识、Internet 的基本概念、使用 IE 浏览器、收发电子邮件等；第 8 章介绍计算机的日常安全与维护知识，包括计算机日常安全、计算机日常维护以及重要数据的保护措施；第 9 章介绍行业应用实例。

特色展示

☑ 完整的教学体系和规范的课程安排，切合职业培训需要

本书是一本体系完整的计算机职业培训教材，选材全面，编排讲究，适合作为计算机职业应用教学用书，也可作为各大中专院校计算机相关专业教材，还可作为计算机爱好者的自学用书。

☑ 实例驱动的教学模式，紧扣教学需求

本书将实用易学的实例贯穿于各个章节，不但可以调动读者的兴趣，而且能够最大限度地锻炼读者的实际动手能力。

☑ 图像解说的写作手法，便于学习掌握

本书以活泼直观的图解方式来代替呆板的文字说明，使读者真正实现直观地学习，使学习的过程更加轻松有效。

☑ 结构设置合理，利于读者实践

本书从最基础的理论知识讲起，在各章都附有重点提示，让读者有针对性地学习本章内容。

☑ 免费提供电子课件，活跃教学氛围

为了方便教师开展教学活动，提高教学效果，我们将为教师免费提供与教材配套的电子课件及相关素材。

读者定位

☑ 需要接受计算机职业技能培训的读者

☑ 全国各大中专院校相关专业的师生

☑ 计算机初、中级用户

由于编者水平有限，疏漏之处在所难免，敬请读者朋友批评指正。

编　者

目录

第 1 章　计算机基础知识

随着科学技术的发展，计算机已经被广泛地应用于各个领域，并且走进了千家万户，逐渐成为人们生活和工作中不可或缺的工具。使用计算机可以进行学习、教学、办公、信息管理以及科学研究。

本章重点

（1）计算机的发展和分类。

（2）计算机系统组成。

（3）连接计算机部件。

（4）启动计算机进入 Windows XP。

（5）用鼠标操作 Windows XP。

1.1　认识计算机

计算机是用来对文字、数据、声音和图像等信息进行处理与加工的有效工具，是一种高度自动化的、能对各种信息进行存储和快速运算的电子设备。

1.1.1　计算机的发展史

世界上第一台计算机诞生于 1946 年，由美国的宾夕法尼亚大学研制，名为“埃尼阿克”(ENIAC)。与现在的计算机相比，它的体积很大，功能很少，可能还比不上今天的计算器，但是它为后来计算机的发展奠定了技术基础。迄今为止，计算机的发展经历了以电子管、晶体管、集成电路、大规模和超大规模集成电路为主要特征的四个阶段，并向新一代电子计算机过渡。各阶段计算机的比较如表 1.1 所示。

表 1.1　各阶段计算机的比较

阶段 特征	第一阶段 （1946－1957 年）	第二阶段 （1958－1964 年）	第三阶段 （1965－1969 年）	第四阶段 （1970 年至今）
电子器件	电子管	晶体管	中、小规模集成电路	大规模和超大规模集成电路
主存储器	磁芯、磁鼓	磁芯、磁鼓	磁芯、磁鼓、半导体存储器	半导体存储器
辅助存储器	磁带、磁鼓	磁带、磁鼓、磁盘	磁带、磁鼓、磁盘	磁带、磁盘、光盘、优盘
软件	机器语言 汇编语言	监控程序、操作系统 FORTRAN、COBOL、ALGOL60 等高级语言	多道程序 BASIC 语言 结构化程序设计	实时、分时处理 数据库、软件工程 面向对象技术 网络操作系统
运算速度（次/秒）	5 000～30 000	几十万至百万	百万至几百万	几百万至几亿
典型机种	ENIAC EDVAC IBM -700 系列	IBM- 7000 系列	IBM- 360 系列 PDP- 11	IBM- 370 系列 VAX- 11 IBM -PC
主要应用	科学计算	数据处理 工业控制	系统设计 科技工程	事务处理 网格计算

1.1.2 计算机的分类

计算机分为巨型机、大型机、中型机、小型机和微型机5类。巨型机和大型机主要用于计算量大、速度要求高的科研机构和国防事业；中型机和小型机主要用于小型企业；微型机简称微机，又称个人计算机（Personal Computer，PC），其价格便宜、功能齐全，被广泛应用于机关、学校、企事业单位和家庭。在日常生活中，使用最多的计算机就是个人计算机。

个人计算机可分为台式计算机和便携式计算机两种。

1. 台式计算机

台式计算机由主机箱、键盘、鼠标、显示器、音箱等几个部件组成，其外观如图1.1.1所示。

图1.1.1 台式计算机

台式计算机有以下几个特点：

（1）运行速度快，系统比较稳定，但体积比较大，不便于携带。

（2）硬件、操作系统以及各种应用软件完全可以根据个人要求安装。

2. 便携式计算机

便携式计算机就是通常所说的笔记本电脑和一体机，它是为了便于携带或移动而设计的一种体积比较小的计算机，其功能和台式计算机一样，只是外观上有所区别，如图1.1.2所示。

图1.1.2 笔记本电脑和一体机

便携式个人计算机是把主机、硬盘驱动器、键盘和显示器等部件组装在一起，体积只有手提包大小，并能用蓄电池供电，可以随身携带。便携式计算机有以下几个特点：

（1）体积小，便于携带（一体机一般适合短距离移动）。

（2）功能齐全，使用方便，但价格比较高。

1.1.3 计算机的应用

计算机的应用十分广泛，如科学计算、人工智能、实时控制、生产自动化、信息管理、办公自动化、电子商务和网络通信等。对于一般用户而言，计算机主要应用于数据管理、文字处理、图像制作和处理等方面。

1.2　微型计算机系统组成

计算机系统由硬件系统和软件系统组成，硬件系统是软件系统的基础，软件系统又是硬件系统正常运行的必备条件，硬件系统和软件系统两者缺一不可。硬件系统可以从外观和冯·诺依曼原理两个方面进行划分，如图 1.2.1 和图 1.2.2 所示。

- 计算机系统
  - 硬件系统
    - 主机
      - 中央处理器（CPU）
      - 内存
      - 硬盘
      - 主板
      - 显卡、声卡、网卡等PCI插卡或AGP插卡等
      - 软驱、光驱等
    - 外设
      - 输入设备：键盘、鼠标、手写笔、扫描仪等
      - 输出设备：显示器、打印机、绘图仪、音箱等
      - 移动存储设备：移动硬盘、U盘、移动光驱等
  - 软件系统
    - 系统软件
    - 应用软件

图 1.2.1　从外观上划分计算机系统的组成

- 计算机系统
  - 硬件系统
    - 输入设备：键盘、鼠标、手写笔、扫描仪等
    - 中央处理器（CPU）
      - 运算器
      - 控制器
    - 移动设备
      - 内部存储器
        - 只读存储器（ROM）
        - 随机存储器（RAM）
      - 外部存储器：软盘、光盘、磁带机、硬盘、U盘等
    - 输出设备：显示器、打印机、绘图仪、音箱等
  - 软件系统
    - 系统软件
    - 应用软件

图 1.2.2　从冯·诺依曼原理划分计算机系统的组成

1.2.1　硬件系统

硬件系统是由运算器、控制器、存储器、输入和输出设备 5 大部分组成，从外观上看计算机的硬件系统包括主机箱、显示器、键盘、鼠标、音箱等，如图 1.2.3 所示。

图 1.2.3　硬件系统

一般把计算机机箱及其以内的所有硬件合称为主机，其他各种类型的输入输出设备及存储设备统称为外设。

（1）主机。从外观上看，主机主要包括主板、中央处理器（CPU）、内存、显卡、声卡、网卡、硬盘、软驱、光驱、电源和机箱等部件。

主板是计算机主机箱内最大的一块电路板，它是组成计算机的主要电路系统，其性能的好坏直接决定计算机的整体性能，如图 1.2.4 所示。

中央处理器就是通常所说的 CPU，它是计算机的“大脑”，用来控制管理计算机各个部分的正常运行，其外观如图 1.2.5 所示。

内存是计算机 CPU 与硬盘之间传输数据的桥梁，它的主要功能是存放数据、执行命令、存储结果，并根据需要写入或者读出数据，如图 1.2.6 所示。

图 1.2.4　主板

图 1.2.5　中央处理器

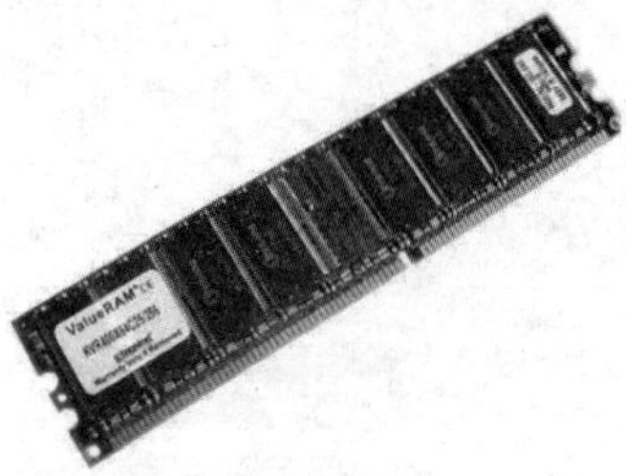

图 1.2.6　内存条

显卡是计算机中控制图形图像输出的重要组成部分，显卡的优劣直接影响图形图像的输出效果，如图 1.2.7 所示。

声卡是计算机中处理声音信息的重要组成部分，对于一些多媒体制作者来说，声卡起着非常重要的作用，如图 1.2.8 所示。

网卡在计算机中的主要作用就是连接到 Internet 或者是连接局域网，如图 1.2.9 所示。

图 1.2.7　显卡

图 1.2.8　声卡

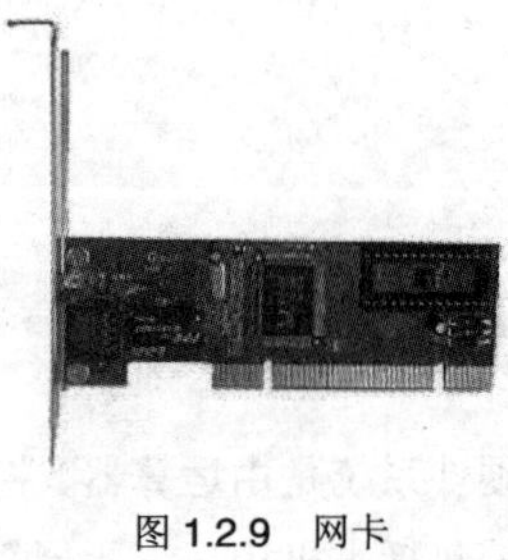

图 1.2.9　网卡

光驱是计算机读取外部信息的一个重要设备，如图 1.2.10 所示。如果安装的是刻录机，计算机可以将数据通过刻录机写入光盘，即我们通常所说的制作光盘。

硬盘是计算机用来存储数据的设备，如图 1.2.11 所示。硬盘的容量一般有 40 GB，60 GB，80 GB，120 GB，目前还有更大容量的硬盘。

软驱是计算机读写软盘时用到的驱动器，它由磁头和驱动装置两部分组成，如图 1.2.12 所示。

图 1.2.10　光驱

图 1.2.11　硬盘

图 1.2.12　软驱

机箱是用来固定计算机全部硬件的装置，电源是计算机的供电装置，如图 1.2.13 所示。

图 1.2.13　机箱和电源

（2）外设。外设主要由显示器、键盘、鼠标、音箱、游戏控制器、打印机和扫描仪等组成。

显示器是计算机最基本也是最常用的输出设备，显示器的主要功能是把计算机处理过的结果以图像的形式显示出来，常见的显示器有 CRT 显示器和 LCD 显示器两种，如图 1.2.14 和图 1.2.15 所示。

图 1.2.14　CRT 显示器

图 1.2.15　LCD 显示器

键盘是计算机系统中最基本的输入设备，用户可通过键盘向计算机输入各种命令。鼠标作为视窗软件或者绘图软件的首选输入设备，在应用软件的支持下可以快速、方便地完成某个特定的功能，如图 1.2.16 所示。

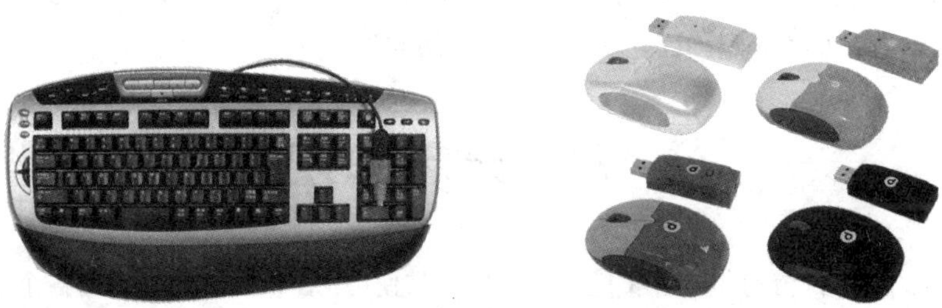

图 1.2.16　键盘和鼠标

音箱用于对声音信号进行还原再现，随着人们生活水平的不断提高，人们对音箱品质的要求也越来越高，如图 1.2.17 所示。

图 1.2.17 音箱

打印机是计算机的输出设备，它可以把计算机处理过的数据信息打印在纸上，便于人们使用，如图 1.2.18 所示。

扫描仪通过光学原理将文档、照片、图片等转化成计算机能识别的数字信号，再经过计算机处理，成为对人们有用的信息，如图 1.2.19 所示。

图 1.2.18 打印机

图 1.2.19 方正 T35 扫描仪

1.2.2 软件系统

只安装硬件的计算机称之为“裸机”，它不能够独立完成任何具有实际意义的工作。一台计算机的整体性能取决于硬件系统和软件系统两个方面，只有将性能卓越的硬件与功能强大的配套软件有机结合起来，才能更好地发挥计算机的功能。

计算机软件是根据解决问题的方法、思想和过程编写的程序的有序集合。人们通过软件控制计算机各部件和设备的正常运行。软件按照其功能可以分为系统软件和应用软件。

操作系统是用来管理计算机硬件资源的基本程序，通常具有进程管理、存储管理、文件管理、网络管理及作业管理等功能。目前比较流行的系统软件有 Windows 98，Windows 2000，Windows 2003，Windows XP 等。

应用软件是指专门为某一领域编制的软件，如要编辑文档，可以使用 Word 2007，要播放电影，可以使用 Windows Media Player，这些软件都属于应用软件。

1.3 微型计算机的连接

微型计算机的各个部分有机地连接起来后才能正常使用。在认识了计算机的各个部件之后，下面介绍各个部件之间的连接。

机箱背面分布有电源插座和鼠标、键盘、显示器等外部设备的插孔，微型计算机的连接就是指通过各种数据线和电源线，将主机与显示器、键盘和鼠标等设备连接在一起。

1．主机与显示器的连接

显示器信号线一端插头是一只 D 形 15 针插头，应插在显卡的 D 形 15 孔插座上，插好后，用手拧紧插头上的固定螺栓，如图 1.3.1 所示。信号线连接好后，再连接显示器的电源线。根据显示器的不同，有的将电源连接到主板电源上，有的则直接与市电相连。

2．鼠标、键盘与主机的连接

在机箱背面找到鼠标和键盘的插孔，鼠标和键盘插孔一般并排在一起，然后将鼠标和键盘插头插入到插孔中，如图 1.3.2 所示。在插接时应注意鼠标和键盘卡口的方向，如果方向错误将插不进去，同时也可能损坏插头。

3．音箱与主机的连接

将音箱插头插入到机箱背面的音箱插孔中，即可将音箱与主机连接起来，如图 1.3.3 所示。

图 1.3.1　连接显示器信号线

图 1.3.2　插入鼠标和键盘

图 1.3.3　音箱线的连接

4．机箱电源线连接

在所有的信号线与电源线连接好后，最后连接机箱的电源线。在机箱背面找到机箱电源插座，如图 1.3.4 所示，将机箱电源的插头插入该插座，机箱电源线的另一端插头与市电相连，如图 1.3.5 所示。

图 1.3.4　机箱电源插座

图 1.3.5　机箱电源的连接

在打开计算机电源之前，应该仔细检查电源插座是否插好；各接口电缆线是否插牢；注意各部件与主机之间数据与电源线不要拉得太紧，以免受到外力牵引造成接触不良；一些过长的电线可以用塑料绳将它们系住，以免桌面过于混乱。

1.4　启动计算机进入 Windows XP

要使用计算机，首先需要启动它，然后才能进入 Windows XP 操作系统操作计算机。

1.4.1 启动计算机

计算机的启动可以分为冷启动、热启动和复位启动 3 种方式。

1. 冷启动

冷启动的操作方法如下：

（1）打开电源开关，按显示器的开关按钮，电源指示灯亮表示已打开显示器。接着打开其他外部设备的电源。

（2）按主机箱上的“Power”按钮，显示灯亮表示已打开主机。计算机开始自动运行，并显示启动界面，表示已经成功启动计算机并进入操作系统。

注意　按以上顺序启动计算机后，系统将开始自检，开机自检完毕后，稍等片刻即可进入 Windows 操作系统界面。但如果 Windows 操作系统设置了多个账户和密码，则要输入正确的账户名和密码才能进入。

2. 热启动

在计算机运行状态下，若遇到死机现象，则可以热启动计算机。按“Ctrl+Alt+Del”组合键，在弹出的对话框中选择“关机→重新启动”命令即可重新启动计算机。

3. 复位启动

复位启动则是指已进入到操作系统界面，由于系统运行中出现异常且热启动失效所采用的一种重新启动计算机的方式。其方法是按主机箱上的“Reset”按钮重新启动计算机。

提示　由于程序没有响应或系统运行时出现异常，导致所有操作不能进行，这种情况称为“死机”。死机时首先进行热启动，若不行再进行复位启动，如果复位启动还是不行，就只能关机后进行冷启动。

1.4.2 进入 Windows XP 操作系统

启动计算机进入 Windows XP 后，显示器上的整个画面称为 Windows XP 的桌面（见图 1.4.1），由桌面图标、“开始”菜单和任务栏 3 部分组成。

1. 桌面图标

一般显示在 Windows XP 桌面上的图标统称为桌面图标，用户可以根据自己的工作习惯和个人喜好设置桌面。桌面上的图标分为系统图标（如“我的文档”、“回收站”、“我的电脑”等）和快捷方式图标（如 Microsoft Office Word 2007 快捷方式），每个快捷方式图标与相应的应用软件相关联，双击即可快速启动相应的软件。用户可以在桌面上进行新建图标、删除图标或排列图标位置等操作。

图 1.4.1　Windows XP 桌面

2．"开始"菜单

在 Windows 系列操作系统中，"开始"菜单是用户打开应用程序的桥梁，它存储了几乎所有系统中应用程序的快捷命令图标，通过这些快捷图标，用户可以打开相应的应用程序，如"记事本"、"画板"等。单击按钮，即可打开"开始"菜单（也可以按"Ctrl+Esc"快捷键打开"开始"菜单）。"开始"菜单带有用户的个人特色，它由两个部分组成，左边是常用应用程序的快捷方式列表，右边为系统工具和文件管理工具列表，如图 1.4.2 所示。

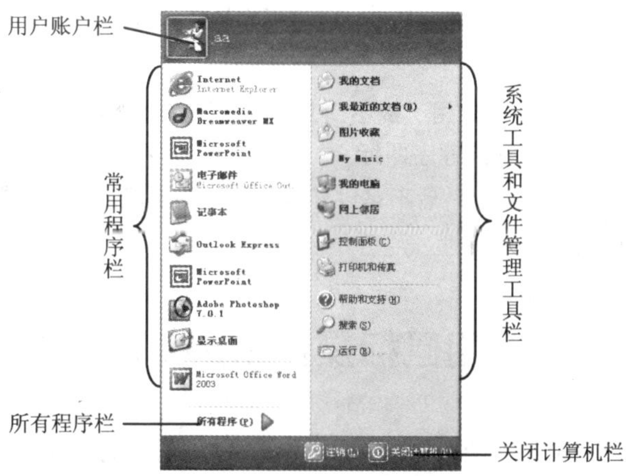

图 1.4.2　"开始"菜单

"开始"菜单各栏含义如下：

（1）用户账户栏：位于"开始"菜单的最顶端，包括用户图片和用户名称。

（2）常用程序栏：根据读者使用频率的多少而定，系统自动将常用的软件放置在该栏中，方便以后快速启动某项程序。

（3）所有程序栏：单击或将鼠标移动到"所有程序栏"，在弹出的快捷菜单中可以查看到该计算机中已安装的所有程序和附件。

（4）系统工具和文件管理工具栏：该栏主要由系统工具和文件管理工具组成，为用户提供了一个快捷的计算机系统资源管理通道。

（5）关闭计算机栏：该栏有两个按钮，单击注销按钮，可注销计算机当前用户的使用状态，单击关闭计算机按钮，可关闭计算机。

3. 任务栏

任务栏位于 Windows XP 桌面的最下方，如图 1.4.3 所示。在 Windows XP 操作系统中，任务栏是一个非常重要的工具，通过任务栏，用户可以快速地打开应用程序、查看系统日期和时间、调节音量大小等。此外，如果有多个应用程序同时运行，还可以通过单击任务栏中的应用程序图标，在不同的应用程序窗口之间进行切换。

图 1.4.3 任务栏

任务栏各项含义如下：

（1）“开始”按钮：单击开始按钮，可打开“开始”菜单。

（2）快速启动区：用于显示常用的应用程序图标，单击相应的图标即可启动程序，在快速启动区中默认有 3 个快速启动图标、和。

（3）任务按钮区：在 Windows 中打开窗口或启动程序时，在任务按钮区会显示一个相应名称的任务图标按钮，单击相应的任务图标按钮可以显示该任务的操作窗口。

（4）语言栏：用于切换和显示系统使用的输入法。单击输入法图标，在弹出的下拉菜单中可以选择一种输入法；单击“还原”按钮，可将语言栏还原为桌面上的工具条；单击“最小化”按钮，可将语言栏最小化到任务栏中。

（5）通知区域：也称“提示区域”，用于提示当前的系统工作状态，包括当前的日期时钟图标 9:49。系统通知区域也显示一些正在运行的程序图标。

此外，有一些应用程序在最小化之后不是以任务栏按钮的形式显示，而是显示在系统区域中，用户可以留意一下哪些程序具有这个特性。

1.5 用鼠标操作 Windows XP

Windows 操作系统具有很直观的图形化操作界面，需要通过鼠标进行操作。鼠标在计算机屏幕上一般显示为形状，称为鼠标光标，移动鼠标时其光标也随之移动。

1.5.1 认识鼠标和鼠标光标

计算机的大部分操作都可以用鼠标来完成。鼠标的种类很多，按键数可以分为传统双键鼠标、三键鼠标和新型的多键鼠标；按接口可以分为 COM、PS/2 和 USB 三类，传统的鼠标是用 COM 口连接的，它占用了一个串行通信口；按内部构造可以分为机械式、光机式和光电式三大类。目前应用较多的是 USB 接口的三键光电鼠标。

当系统处于不同的运行状态或进行不同的操作时，鼠标光标会呈现不同的形态，如表 1.2 所示。

表 1.2　鼠标光标形态与含义

光标形态	光标含义
↖	表示 Windows XP 准备接受用户输入命令
I	此光标一般出现在文本编辑区，用于定位从什么地方开始输入文本字符
⌛	表示系统处于忙碌状态，正在处理较大的任务，用户需要等待
↖⌛	表示 Windows XP 正处于忙碌状态
↔ ↕	鼠标光标处于窗口的边缘时出现该形态，此时拖动鼠标即可改变窗口大小
⤢ ⤡	鼠标光标处于窗口的四角时出现该状态，拖动鼠标可同时改变窗口的高度和宽度
✥	该鼠标光标在移动对象时出现，表示拖动鼠标可移动该对象
☝	表示鼠标光标所在的位置是一个超级链接
+	表示鼠标此时将进行精确定位，常出现在制图软件中
↖?	鼠标光标变为此形状时单击某个对象可以得到与之相关的帮助信息

1.5.2　鼠标的基本操作

鼠标有以下几种基本操作，可以用来实现不同的功能。

（1）单击：指快速地在一个对象上按一下鼠标按键。单击又分为单击左键和单击右键，单击左键主要用于选定对象或打开菜单等，被选定的对象呈高亮显示；单击右键主要用于打开当前的快捷菜单，可以快速地选择有关命令。

（2）双击：指快速连续地在一个对象上单击两次鼠标左键，主要用于启动程序或是打开一个窗口。

（3）拖放：指将鼠标指针指向一个对象，按住左键并拖至目标位置，然后释放鼠标。该操作常用于复制或移动对象，或者拖动滚动条与标尺的标杆。

（4）指向：将鼠标指针指向对象，停留一段时间，即为指向（或称持续）操作，该操作通常用来显示指向对象的提示信息。

1.6　关闭计算机

计算机使用完后需要将其关闭，如果直接关闭计算机的电源，不但会丢失保存的信息，也容易损坏计算机，因此必须掌握关闭计算机的正确方法。

关闭计算机分两种情况：一是在正常情况下关闭；二是在意外情况下关闭。

1．正常情况下关闭

先关闭所有已经打开的应用程序，然后单击 开始 按钮，在弹出的“开始”菜单中选择 关闭计算机(U) 命令，在弹出的 关闭计算机 对话框中单击“关闭”按钮，系统将自动保存有关信息，并关闭计算机，最后关闭显示器及电源总开关。

2．意外情况下关闭

按住主机箱上的“Power”按钮不放，3 秒钟后计算机自动断电，表示计算机已被关闭。

1.7　典型实例——启动和关闭计算机

本例将学习启动和关闭计算机的操作方法。

操作步骤

（1）打开显示器及主机电源，稍后屏幕上将显示计算机自检信息。

（2）如果安装了多操作系统，则选择 Windows XP 选项，按回车键进入 Windows XP 操作系统，显示如图 1.4.1 所示的用户登录界面。

（3）在该界面中输入正确的登录账号和密码，然后按回车键即可运行 Windows XP 操作系统，并进入如图 1.4.2 所示的 Windows XP 桌面。

（4）计算机使用完后，关闭所有已经打开的应用程序。

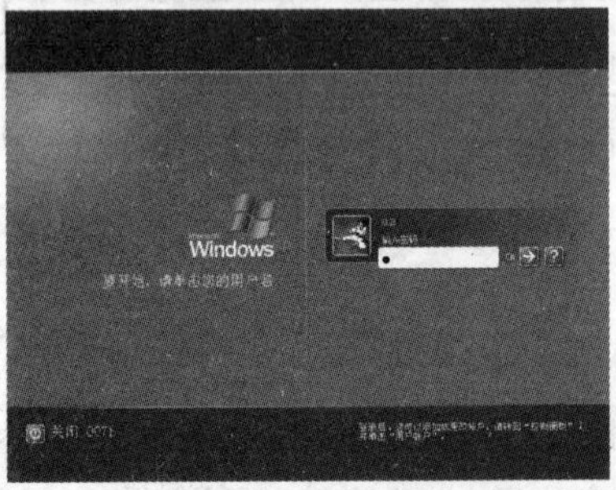

图 1.4.1 用户登录界面

图 1.4.2 Windows XP 桌面

（5）单击按钮，在弹出的“开始”菜单中选择命令，弹出对话框，如图 1.4.3 所示。

图 1.4.3 “关闭计算机”对话框

（6）在该对话框中单击“关闭”按钮，即可关闭计算机。

（7）最后关闭显示器及总电源。

小　　结

通过本章的学习，可以让用户了解计算机的发展和分类、基本组件以及基本的连接方法，为掌握计算机技术打下基础。

过关练习一

一、填空题

1．迄今为止，计算机的发展经历了以_________、_________、_________、_________为主要特征的四个阶段。

2. 在日常生活中，使用最多的计算机就是________计算机。

3. 计算机主要由________、________、________、________和________五大基本部件组成，其中以________为中心。

4. ________是电脑主机与显示器之间的“桥梁”，它负责电脑的图形图像输出。

5. 计算机软件系统可分为________和________两大部分。

6. 冷启动时可按主机上的________按钮；复位启动时可按主机上的________按钮；热启动时可按________组合键。

7. 单击________按钮，即可打开“开始”菜单，也可按________快捷键打开“开始”菜单。

二、选择题

1. 1946 年在美国的宾夕法尼亚大学诞生的世界上第一台计算机的名字是（　）。

   A. ENIAC　　B. EDSAC

   C. EDVAC　　D. UNIVAC

2. Windows XP 是计算机中的（　）。

   A. 硬件　　B. 应用软件

   C. 文字处理软件　　D. 操作系统

3. 任务栏主要由（　）等项目组成。

   A. “开始”按钮　　B. 快速启动栏

   C. 通知区域　　D. 任务按钮

三、简答题

1. 简述计算机系统的组成。

2. 鼠标光标有哪几种形式？各自的含义是什么？

四、上机操作题

按照正确的方法进行计算机的启动、重新启动和关闭操作。

第 2 章　Windows XP/Vista 的基本操作

Windows XP 功能强大，安全性和稳定性高，操作方便，界面美观，受到了广大用户的青睐，是目前的主流操作系统之一。本章将介绍 Windows XP 的基本操作，为深入学习计算机打下坚实的基础。

本章重点

（1）操作 Windows XP 桌面图标和任务栏

（2）操作 Windows XP 窗口。

（3）Windows XP 菜单和对话框操作。

（4）管理文件和文件夹。

（5）Windows XP 控制面板。

（6）Windows XP 的常用附件。

2.1　操作 Windows XP 桌面图标

启动计算机进入 Windows XP 后，显示在显示器上的整个屏幕称为桌面，本节主要介绍对桌面图标进行操作的基本方法。

用户除了可以通过桌面图标打开相应的窗口外，还可以对桌面图标进行添加、移动、排列、删除等操作。

1．添加图标

所谓添加图标，是指在桌面上创建快捷方式图标。在桌面上创建快捷方式图标有以下两种方法：

（1）从“开始”菜单中添加快捷方式图标。单击 开始 按钮，在打开的“开始”菜单中选择要创建快捷方式的程序。按住鼠标右键，将其拖动到桌面空白位置。释放鼠标，在弹出的快捷菜单中选择 复制到当前位置(C) 命令即可。

（2）使用快捷菜单创建快捷方式图标。选中要创建快捷方式的图标。单击鼠标右键，在弹出的快捷菜单中选择 发送到(N) → 桌面快捷方式 命令，如图 2.1.1 所示。

2．移动图标

移动图标的方法非常简单，只须选中要移动的图标，然后按住鼠标左键不放，将该图标拖动到目标位置后释放鼠标即可，如图 2.1.2 所示。

3．排列图标

用户可以根据需要将桌面图标按一定的方式进行排列，其具体操作步骤如下：

（1）在桌面空白位置单击鼠标右键，在弹出的快捷菜单中选择 排列图标(I) 命令，弹出如图 2.1.3 所示的子菜单。

（2）在该子菜单中选择所需的排列方式即可。

4. 删除图标

可以通过鼠标和键盘来删除桌面上不需要的图标，其具体操作步骤如下：

（1）在要删除的图标上单击鼠标右键，在弹出的快捷菜单中选择 删除(D) 命令，弹出如图 2.1.4 所示的 确认快捷方式删除 对话框。

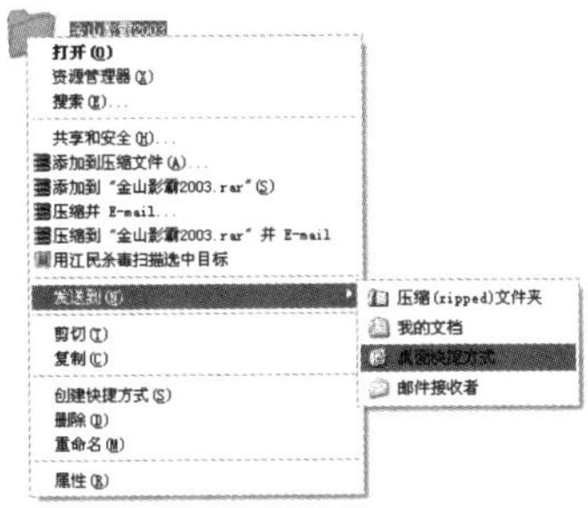

图 2.1.1　创建桌面快捷方式

图 2.1.2　移动图标

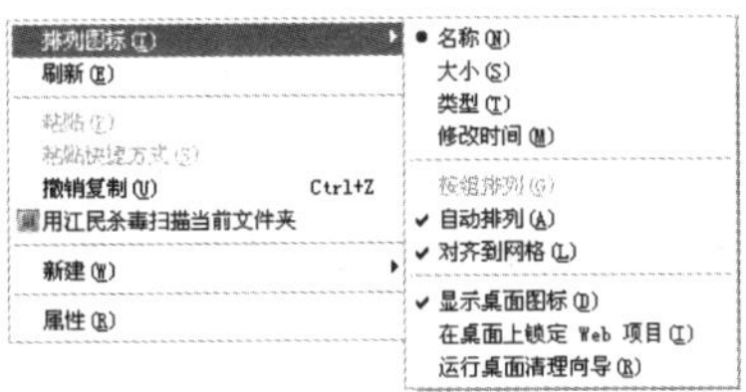

图 2.1.3　“排列图标”子菜单

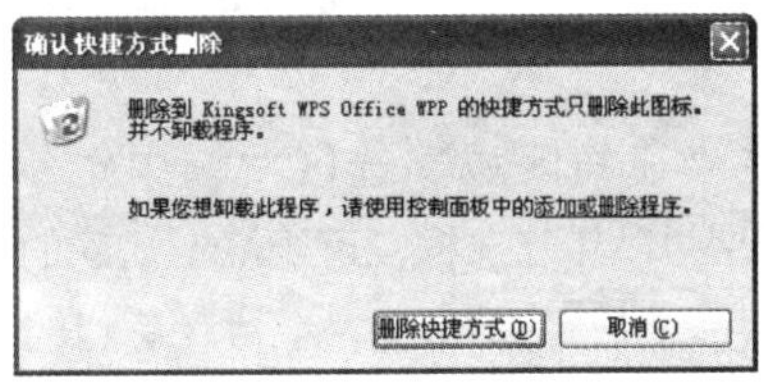

图 2.1.4　“确认快捷方式删除”对话框

（2）在该对话框中单击 删除快捷方式(D) 按钮即可。

5. 重命名图标

重命名图标就是为图标重新取名，其方法是在要重新命名的图标上单击鼠标右键，在弹出的快捷菜单中选择 重命名(M) 命令，然后直接输入名称即可。

2.2　操作任务栏

任务栏的操作包括锁定任务栏、改变任务栏的位置和大小、隐藏和显示任务栏、分组相似任务栏按钮、显示快速启动区及设置通知区域显示内容等。用户还可以根据自己的习惯来设置一个个性化的任务栏，这样可以方便用户的管理和使用。

2.2.1　设置任务栏属性

设置任务栏属性的具体操作步骤如下：

（1）在任务栏的空白处单击鼠标右键，在弹出的快捷菜单中选择 属性(R) 命令，弹出 任务栏和「开始」菜单属性 对话框，打开 任务栏 选项卡，如图 2.2.1 所示。

（2）在 任务栏 选项卡中的“任务栏外观”选区中有 5 个复选框，分别为：

☑锁定任务栏(L)：选中该复选框，则不能改变任务栏的位置和大小。

☑自动隐藏任务栏(U)：选中该复选框，当任务栏不使用时将自动隐藏起来，避免总是占据着屏幕空间。

☑将任务栏保持在其它窗口的前端(T)：选中该复选框，如果用户打开很多的应用程序窗口，任务栏总是在最前端，而不会被其他窗口挡住。

☑分组相似任务栏按钮(G)：选中该复选框，将相同的程序按钮放在一起。

☑显示快速启动(Q)：选中该复选框，将在任务栏中显示快速启动图标，以便快速启动应用程序。

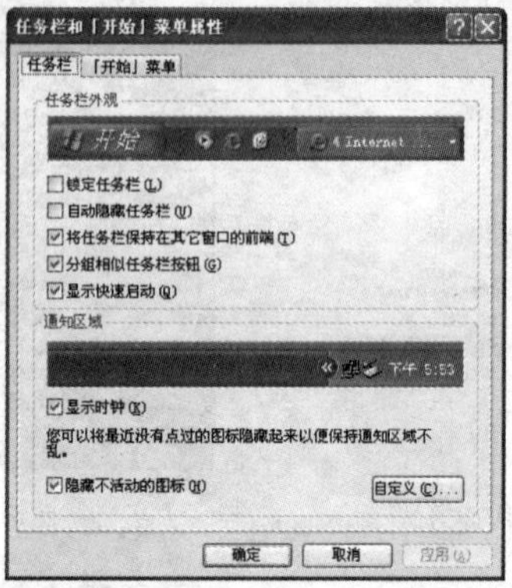

图 2.2.1　“任务栏”选项卡

（3）在“通知区域”选区中选中☑显示时钟(K)复选框，可在状态区中显示时间；选中☑隐藏不活动的图标(H)复选框，可隐藏不活动的项目，以便保持通知区域的简洁明了。

（4）单击 确定 按钮，完成任务栏的属性设置。

2.2.2　改变任务栏大小

当用户打开的窗口比较多而且都处于最小化状态时，在任务栏上显示的按钮将变得很小，用户观察很不方便。这时就需要改变任务栏的宽度来显示所有的窗口。将鼠标指针放在任务栏的边缘上，当指针变为双向箭头时，按住鼠标左键并拖动到合适的位置，即可改变任务栏的大小，如图 2.2.2 所示。

图 2.2.2　改变任务栏大小

2.2.3　改变任务栏的位置

用户可以将任务栏放在桌面的上、下、左、右 4 边中的任何一边。其具体操作步骤如下：

（1）将鼠标指针指向任务栏的空白处。

（2）单击鼠标右键，从弹出的快捷菜单中取消选择 锁定任务栏(L) 选项。

（3）重新将鼠标指针指向任务栏的空白处，按住鼠标左键并拖动到桌面的任意一侧，释放鼠标左键，任务栏的位置将被改变。

2.3　操作 Windows XP 窗口

在 Windows XP 中，启动应用程序或双击图标等操作会打开一个窗口，在打开的窗口中包含多个对象，一般以图标形式显示。用户可以同时打开多个窗口，显示在最前面的窗口为当前活动窗口。

2.3.1　窗口的组成

窗口是 Windows 的重要组成部分，它限定了每个应用程序在屏幕上的工作范围，当窗口被关闭时，应用程序也同时被关闭。窗口主要由标题栏、菜单栏、工具栏、滚动条等组成，如图 2.3.1 所示。

图 2.3.1　“我的文档”窗口组成

窗口的组成部分及其作用如表 2.1 所示。

表 2.1　窗口的组成部分及其作用

组成部分	作　用
标题栏	位于窗口的顶部，用于显示窗口的名称。用鼠标拖动标题栏可以移动窗口，双击标题栏可以将窗口最大化或者还原
状态控制按钮	其中有 3 个按钮，用来改变窗口的大小及关闭窗口
菜单栏	在标题栏的下方，用于显示应用程序的菜单项，单击每一个菜单项可打开相应的菜单，然后从中选择需要的操作命令
工具栏	用于显示一些常用的工具按钮，如 后退 、“向上” 、 搜索 等。用鼠标单击这些工具按钮可以执行相应的操作
地址栏	在地址栏中输入文件夹路径，并单击旁边的 转到 按钮，将打开该文件夹。若计算机已经连接到 Internet，在地址栏中输入网址后，系统将自动启动浏览器并打开网页
窗口区域	用于显示窗口中的内容
任务栏	使用该栏中的命令可以快速地执行一些需要的操作
滚动条	拖动该滚动条可显示出任务栏中没有被显示出来的任务命令
控制菜单图标	标题栏最前面的图标，单击可完成调整窗口大小、位置等操作，双击关闭窗口

2.3.2　窗口的操作

用户可以对窗口进行打开、最大化和最小化、缩放、移动、排列、关闭等操作。

1. 打开窗口

用户可以通过以下两种方法打开一个新的窗口：

（1）选中要打开窗口的图标或者菜单，双击鼠标左键即可。

（2）在选中的图标或者菜单上单击鼠标右键，在弹出的快捷菜单中选择 打开(O) 命令即可。

2. 最大化和最小化窗口

用户可以根据自己的需要最大化和最小化窗口，具体步骤如下：

（1）单击“最大化”按钮，可将窗口最大化并铺满整个桌面，此时不能移动窗口，也不能调整窗口的大小。

（2）单击“最小化”按钮，可将暂时不需要的窗口最小化以节省桌面空间，窗口将以按钮的形式缩小到任务栏上。

（3）单击“向下还原”按钮，可以将窗口恢复到原来打开时的初始状态。

3. 窗口的缩放

在使用操作系统时，用户可以根据自己的需要对窗口的大小进行调整，以取得对窗口中信息浏览的最佳效果。将鼠标指针移到窗口的边框上，当指针变为↕、↔、↘或↙状时，按住鼠标左键并拖动即可对窗口进行缩放。

4. 窗口的移动

当窗口挡住了其他应用程序窗口，或挡住了桌面的某个部位时，就要移动窗口。将鼠标指针移到窗口的标题栏上，按住鼠标左键并拖动，就可以将窗口移动到新的位置。

5. 窗口的排列

在中文 Windows XP 中，用户可以同时打开多个窗口，并对窗口进行排列。在任务栏的空白处单击鼠标右键，在弹出的快捷菜单中选择窗口的排列方式，桌面上的窗口将会显示相应的排列。

6. 关闭窗口

关闭窗口最常用的方法有以下两种：

（1）单击标题栏上的“关闭”按钮。

（2）按快捷键“Alt+F4”。

2.4 Windows XP 的菜单和对话框操作

在 Windows XP 中运行应用程序时，常会用到菜单和对话框操作。用菜单和对话框方式显示命令直观简洁，因此很多应用程序的命令选择都是通过菜单来实现的。

所谓菜单，就是一些程序、命令、文件或文件夹的集合，按照类别可以分为窗口主菜单、右键快捷菜单和“开始”菜单。

2.4.1 菜单的约定

菜单中的菜单选项各不相同，它们分别代表不同的含意，下面对常见的菜单项进行简单介绍。

（1）右端带有右箭头的菜单命令。这种菜单称为层叠式菜单，表示该菜单还有下一级菜单，有时也将其下一级菜单称为子菜单。

（2）右端带有省略号的菜单命令。选择并执行这些菜单命令时，通常会弹出一个对话框，要求用户进行一些必要的设置，然后再执行用户指定的操作。

（3）带有组合键的菜单命令。带有组合键的菜单命令表示用户可以直接使用这些组合键执行该命令。

（4）呈灰色显示的菜单命令。在 Windows XP 中，正常的菜单命令其文字呈黑色显示，表示用户可以执行该命令。当菜单命令以灰色显示时，表示用户目前不能使用该命令。

（5）菜单命令中的选中标记。在某些菜单命令的左侧，经常会出现对勾标记或圆点标记，这表示该命令当前处于激活状态。

（6）菜单命令的分组。在同一个下拉式菜单中，有时菜单命令之间会出现分隔线，从而将众多的菜单命令分隔成若干个小组。分在同一组中的菜单命令功能相似或具有某种共同的特征。

2.4.2　菜单的基本操作

要对菜单进行操作就要打开菜单，可以用鼠标打开菜单，也可以用键盘打开菜单。

1．用鼠标打开菜单

用鼠标打开菜单并使用其中的命令的方法如下：

当鼠标指针移动到菜单标题上时，菜单标题就自动显示出一个带颜色的小方框，这表明它处于活动状态，单击它就可以打开下拉菜单。单击菜单上的命令，就可以执行它。

提示　用鼠标在菜单以外的任意位置处单击，就可以撤销该菜单。

2．用键盘打开菜单

这里以用键盘打开“我的电脑”窗口中的工具菜单并执行“文件夹选项”命令为例介绍用键盘打开菜单并执行菜单命令的方法。

（1）在桌面上双击图标，打开**我的电脑**窗口，按下“Alt”键或“F10”键来激活菜单栏，此时窗口中菜单栏上当前选中的“文件”菜单将以高亮显示，如图 2.4.1 所示。

（2）按向右的方向键移动该亮条选择不同的菜单，当该亮条到达所要选择的“工具”菜单时，按回车键或上下方向键就可以打开该菜单，如图 2.4.2 所示。

图 2.4.1　按下“Alt”键或“F10”键来激活菜单栏

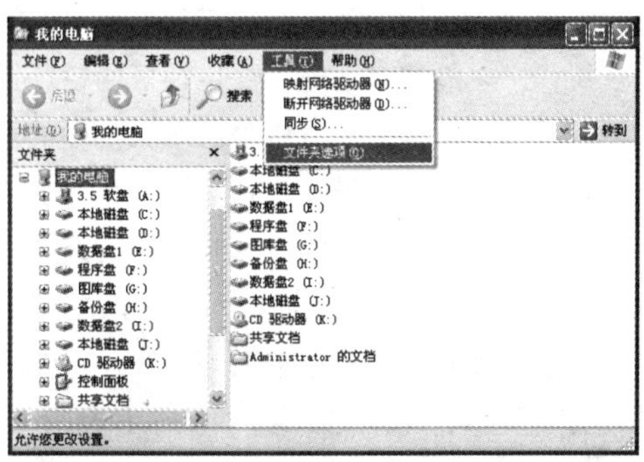

图 2.4.2　打开“工具”菜单

（3）按上下方向键可激活相应的菜单命令，这里激活“文件夹选项”命令，按下回车键就可以执行该菜单命令，弹出**文件夹选项**对话框。

提示 打开菜单也可以使用快捷键，即按“Alt”+菜单名后面括号中的字母键打开菜单。例如，按下“Alt+T”快捷键就可以打开“工具”菜单。打开菜单后，如果不想选择菜单命令，可以按下“Esc”键撤销菜单。

2.4.3 “开始”菜单的设置

用户还可以对“开始”菜单进行设置，具体操作步骤如下：

（1）在 开始 按钮上单击鼠标右键，在弹出的快捷菜单中选择 属性(R) 命令，弹出 任务栏和「开始」菜单属性 对话框，打开 「开始」菜单 选项卡，如图 2.4.3 所示。

（2）在该选项卡中，用户可以设置当前所使用的“开始”菜单是标准的 Windows XP 类型的“开始”菜单还是经典类型的“开始”菜单。

（3）单击 自定义(C)... 按钮，弹出 自定义「开始」菜单 对话框，如图 2.4.4 所示。

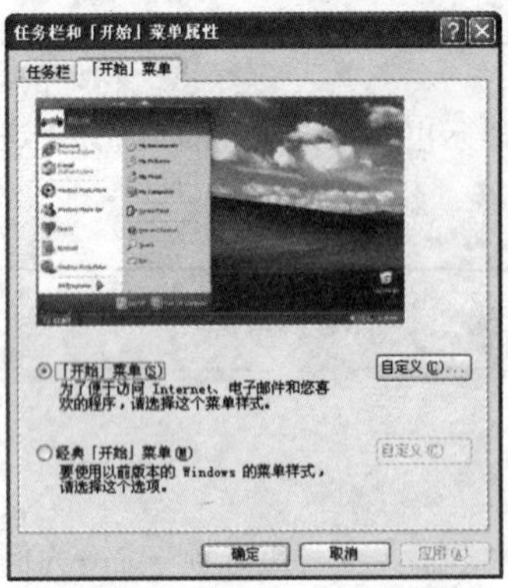

图 2.4.3 “「开始」菜单”选项卡

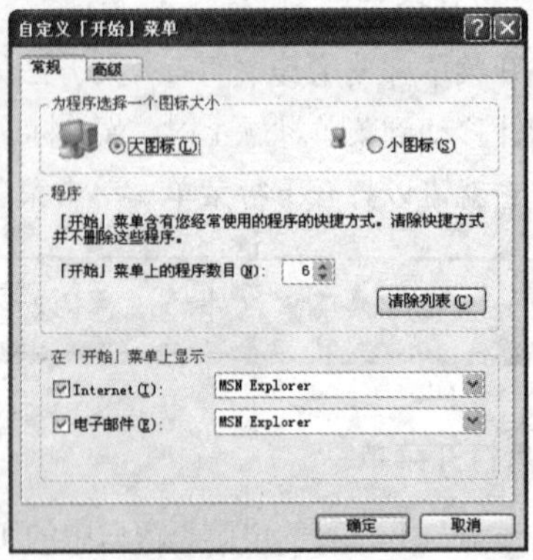

图 2.4.4 “自定义「开始」菜单”对话框

（4）在该对话框中自定义“开始”菜单，单击 确定 按钮完成设置。

2.4.4 对话框的操作

对话框与窗口有些共同点，但对话框比窗口更简洁、更直观、更侧重于与用户的交流。对话框的主要功能是要求用户输入一些相应的参数，选择设置的选项或者确定所执行的操作，使应用程序按指定方式执行。一般的对话框主要包括标题栏、标签和选项卡、文本框、复选框、列表框、下拉列表、微调框、单选按钮、命令按钮等。对话框中的常见控制项如图 2.4.5 所示。

（1）标签：当对话框中内容较多时，就会分成若干个标签，单击标签，打开相应的选项卡，可以显示出关于同一对象的各个不同方面的设置。

（2）单选按钮：通常由多个按钮组成一组，选中某个单选按钮可以选择相应的选项，但在一组单选按钮中只能有一个单选按钮被选中。

（3）下拉列表：单击下拉列表框右侧的下拉列表按钮即可显示出下拉列表，在下拉列表中列出了多个选项，使用鼠标和键盘都可从下拉列表中选择其中的一个选项。

（4）复选框：可以是一组相互之间并不排斥的选项，用户可以根据需要选中其中的某些选项。选中后，在选项前面方框中有一个“√”符号。

（5）微调按钮：利用上箭头和下箭头可以调整左侧数字框中的数字。

（6）命令按钮：使用该按钮可执行一个动作。若命令按钮带有省略号（…），则单击此按钮后将弹出另一个对话框。若命令按钮带有两个尖括号（>>），则单击此按钮后，可扩展当前的对话框。

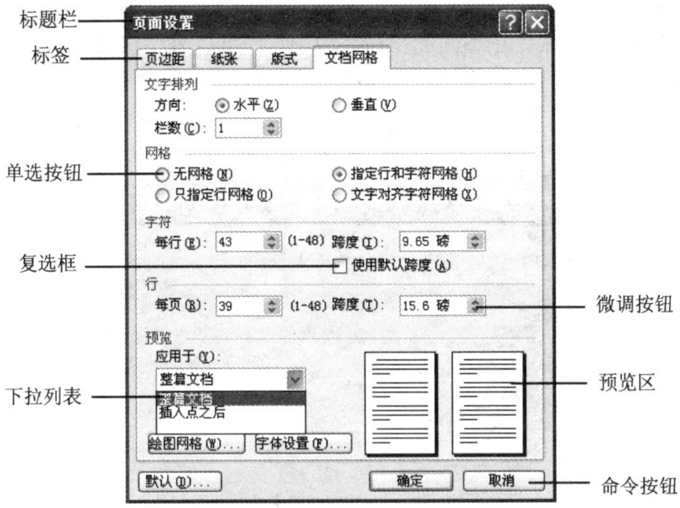

图 2.4.5　对话框中常见的控制项

对话框的基本操作包括移动对话框和关闭对话框。

（1）移动对话框。将鼠标移到对话框的标题栏上，按住鼠标左键拖动，即可将对话框移动到屏幕上的任何位置，但形状、大小不改变。

（2）关闭对话框。用鼠标单击对话框标题栏右边的关闭按钮即可关闭对话框。如果在对话框中设置了参数，单击“确定”命令按钮并退出；如果不应用所设置的参数，单击“取消”命令按钮并退出对话框。

提示　（1）在对话框的组成部分中，凡是以灰色状态显示的按钮或选项，表示当前不可执行。选择各选项或按键时，除了用鼠标外，还可以通过按“Tab”键激活并选择参数，然后按“Enter”键确定设置的参数。

（2）在对话框中可以方便地获得各选项的帮助信息，在对话框的右上角有一个带有问号（？）的按钮，单击该按钮，然后选择一个选项，即可以获得该选项的帮助信息。

2.5　管理文件和文件夹

在使用计算机的过程中常会遇到对文件和文件夹的操作，其操作方法很简单，但非常重要。熟练掌握文件与文件夹的基本操作，可轻松地将计算机中的文件分类整理好，提高工作效率。

2.5.1　Windows 资源管理器

用过 Windows 的用户可能会对 Windows 资源管理器有一些了解，通过使用资源管理器可以很方便地浏览和操作计算机中的文件和文件夹。Windows 资源管理器显示了计算机上的文件、文件夹和驱动器的分层结构，同时显示了映射到用户计算机上的驱动器号的所有网络驱动器名称。使用 Windows

资源管理器，用户可以完成复制、移动、重新命名以及搜索文件和文件夹的操作。

1. 打开资源管理器

资源管理器有多种打开方式，在不同的操作环境中，均可以方便快捷地打开资源管理器窗口。常用的方法有以下几种：

（1）从窗口打开：在用户已经打开的任意一个窗口中，单击窗口中工具栏上的 文件夹 按钮，即可切换到“资源管理器”窗口，如图 2.5.1 所示。

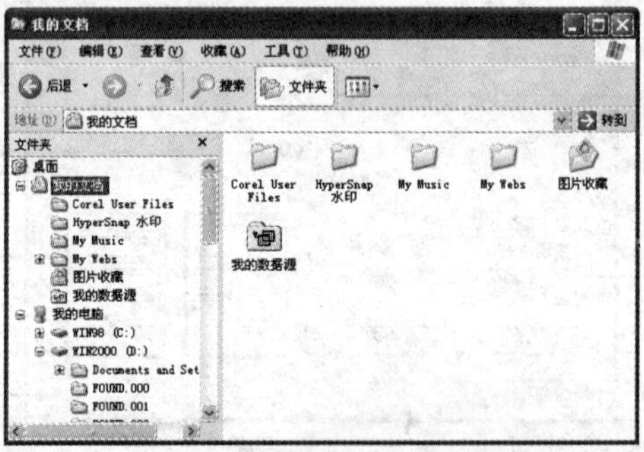

图 2.5.1 “资源管理器”窗口

（2）从“开始”菜单打开：选择 开始 → 所有程序(P) → 附件 → Windows 资源管理器 命令即可。

（3）从“开始”按钮打开：将鼠标指针指向 开始 按钮，单击鼠标右键，然后从弹出的快捷菜单中选择 资源管理器(X) 命令即可。

（4）从“我的电脑”图标打开：在桌面中“我的电脑”图标上单击鼠标右键，然后从弹出的快捷菜单中选择 资源管理器(X) 命令即可。

2. 资源管理器的窗口

资源管理器的使用同前面介绍的文件夹窗口基本相似。资源管理器窗口分为左、右两部分，左面窗口称为浏览栏，用于显示桌面对象、存储器、文件夹的层次结构；右面窗口显示左面窗口中选定对象所包含的存储器、文件夹和文件。

3. 浏览文件

使用资源管理器窗口浏览某个存储器或文件夹中所存储的文件时，可按下述操作方法进行：

（1）单击资源管理器左面窗口中 我的电脑 图标，在右面窗口中将显示“我的电脑”中第二层次的内容。

（2）如果要在左窗口中浏览某个选项（我的电脑、存储器或文件夹）的其他层次，可单击该选项前面的⊞号将其展开（如果在某个选项前面显示⊞号，则表示该选项下面还有子选项；如果显示⊟号，则表示该选项已被展开）。

（3）单击左窗口中的某个选项，可以在左窗口和右窗口中同时显示下级文件夹及文件。如果要打开某个文件，则可以按此方法逐步展开其文件夹，找到该文件，双击文件图标即可启动应用程序并打开文件。

为了便于查看文件，可以使右窗口中的文件按照文件的名称、类型、大小或日期排列。其方法是选择 查看(V) → 排列图标(I) 命令，然后从其展开的级联菜单中选择 名称(N)、大小(S)、类型(T)或者修改时间(M)命令即可。

2.5.2　文件和文件夹的基本操作

管理文件和文件夹的基本操作包括文件和文件夹的选择、移动、复制、删除、重新命名和查找等。

1. 选择文件和文件夹

用户在处理一个或多个文件或者文件夹之前，必须首先选择要处理的文件或者文件夹，而选中后的对象将以反白显示。如果要选择一个文件或者文件夹，只需单击它即可选中。如果要选择连续放置的多个文件或文件夹，可以按下述操作步骤进行：

（1）打开文件夹窗口，找到要处理的多个文件或文件夹。

（2）单击第一个要选择的文件或文件夹。

（3）按住“Shift”键，单击最后一个要选择的文件或文件夹。这样，第一个文件或文件夹和最后一个文件或文件夹以及之间的所有的文件或文件夹都被选中。

如果要选择不连续放置的多个文件或文件夹，可以按下述操作步骤进行：

（1）打开文件夹窗口，找到要处理的多个文件或文件夹。

（2）单击第一个要选择的文件或文件夹。

（3）按住“Ctrl”键，单击第二个要选中的文件或文件夹，然后单击第三个、第四个……

技巧　在文件夹窗口内，按住鼠标左键并拖动，会形成一个矩形框，释放鼠标后，被这个矩形框罩住的文件或文件夹都会被选中。这种方法适合选中连续放置的文件。

2. 移动与复制文件和文件夹

复制是指将选中的文件或文件夹在其他驱动器或文件夹中复制一个备份，原来的文件和文件夹仍然留在原位，而移动是将当前的文件夹或文件移到其他驱动器或文件夹中。要复制和移动文件或文件夹，可以利用鼠标拖动，也可以利用菜单中的命令。

（1）利用鼠标拖动复制和移动文件或文件夹，可以按下述操作步骤进行：

1）打开文件夹窗口，找到需要复制或移动的文件或文件夹。

2）选中要复制或移动的文件或文件夹。

3）如果要将对象复制到对象所在驱动器的其他文件夹中，在按住“Ctrl”键的同时，用鼠标将对象拖到目标文件夹中即可。

4）如果要将对象移动到对象所在驱动器的其他文件夹中，则用鼠标将对象直接拖到目标文件夹中即可。

（2）利用菜单命令复制和移动文件或文件夹，可以按下述操作步骤进行：

1）打开文件夹窗口，找到需要复制或移动的文件或文件夹。

2）选中要复制或移动的文件或文件夹。

3）如果要复制文件或文件夹，则选择编辑(E)→复制(C)　Ctrl+C命令；如果要移动文件或文件夹，则选择编辑(E)→剪切(T)　Ctrl+X命令。

4）打开目标文件夹或驱动器，选择编辑(E)→粘贴(P)　Ctrl+V命令即可将原文件或文件夹粘贴到目标驱动器或文件夹中。

注意 在复制或移动对象时，如果目标文件夹中含有与复制或移动文件同名的文件，系统将弹出是否覆盖原文件的提示框。如果要覆盖原文件，单击 是(Y) 按钮，否则单击 否(N) 按钮。

3. 重命名文件或文件夹

在“我的电脑”、“我的文档”和“资源管理器”窗口中可以给文件或文件夹重新命名。具体操作步骤如下：

（1）选中要重新命名的文件或文件夹。

（2）选择 文件(F) → 重命名(M) 命令，或者将鼠标指针指向已选中的文件或文件夹，单击鼠标右键，从弹出的快捷菜单中选择 重命名(M) 命令。这时在文件或文件夹名称文本框周围出现一个方框，并且名称呈反白状态。

（3）输入新的文件或文件夹名称，按“Enter”键即可。

注意 不能改变用于运行应用程序的可执行文件（.exe 文件）的文件名，因为这样会导致程序无法运行。一般不要更改文件的扩展名。

4. 删除文件和文件夹

当一个文件或文件夹不再需要时，可以将其删除，以腾出空间来存放其他文件。删除文件夹时，其所含的子文件或文件夹也一并被删除。删除文件或文件夹的具体操作方法如下：

（1）首先选中要删除的文件或文件夹。

（2）选择 文件(F) → 删除(D) 命令，或者将鼠标指针指向已选中的文件或文件夹，单击鼠标右键，从弹出的快捷菜单中选择 删除(D) 命令或者按键盘上的“Delete”键即可。

（3）系统将弹出如图 2.5.2 所示的 确认文件删除 提示框，确定删除操作单击 是(Y) 按钮，否则单击 否(N) 按钮。

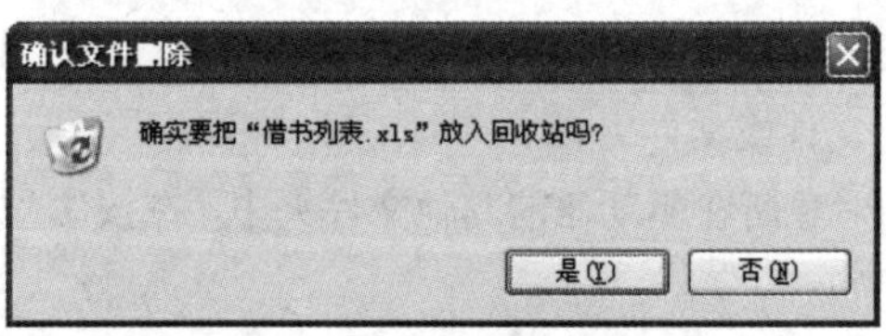

图 2.5.2 “确认文件删除”提示框

利用上面的方法删除的文件或文件夹，被放到“回收站”中，并没有真正从硬盘上彻底删除，要彻底删除文件或文件夹，可单击 回收站 窗口中的“清空回收站”超链接。

5. 查看文件和文件夹的属性

每个文件和文件夹都有属性页，其中显示了诸如大小、位置以及创建日期等信息。在查看文件或文件夹的属性时，还可以获得有关文件或者文件夹属性（指出文件是否为只读、隐藏、准备存档、压缩或加密等）、文件的类型、打开文件程序的名称、包含在文件夹中的文件和子文件夹的数目、文件被修改或访问的最后时间等信息。

查看文件或文件夹的详细属性有以下两种方法：

（1）选中需要查看属性的文件或文件夹，然后选择 文件(F) → 属性(R) 命令，如果选中的是文档，则弹出如图 2.5.3 所示的对话框（弹出的对话框将随选中的文件类型的不同而不同）；如果选中的是文件夹，则弹出如图 2.5.4 所示的对话框。

（2）将鼠标指针移到要查看属性的文件或文件夹上，单击鼠标右键，然后从弹出的快捷菜单中选择 属性(R) 命令，也可以弹出相应的对话框。

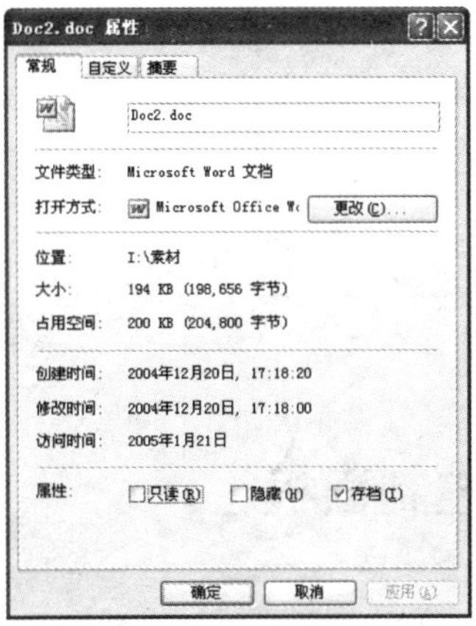

图 2.5.3　显示文档属性的对话框

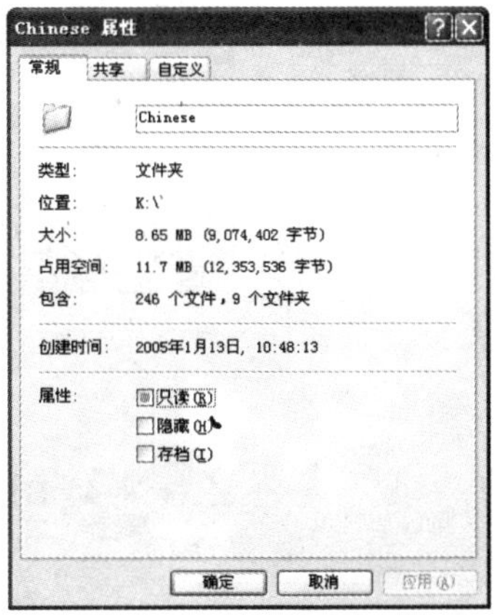

图 2.5.4　显示文件夹属性的对话框

对于“只读”和“隐藏”属性的文件或文件夹，如果没有经过慎重考虑，不要进行修改。因为如果用户修改了一个只读文件的属性，或者删除了一个只读文件，可能会对 Windows XP 造成很严重的后果，因为要保证 Windows 正常运行的某些文件必须是只读的。

6．查找文件和文件夹

如果忘记某个文件或文件夹存放在什么位置了，可以使用 Windows 提供的搜索功能，根据文件的名称、类型、大小、修改日期以及索引关键字查找文件和文件夹。

如果不知道文件的全名，那么可以使用通配符来搜索。通配符也就是一些符号，这些符号可以代表任意字符，如星号（*）所代表的字符数不受限制，问号（？）则只代表一个字符。假设要找一个文件，而只知道文件名为两个字符且第二个字母是“S”，扩展名为.doc，那么就可以这样来搜索：？S*.doc。

使用下面的任意一种方法即可打开搜索窗口：

（1）在“资源管理器”窗口中单击工具栏中的 搜索 按钮。

（2）在“我的电脑”窗口中单击工具栏中的 搜索 按钮。

（3）在桌面上，选择 开始 → 搜索(S) 命令（如果“开始”菜单为普通模式）。打开的“搜索结果”窗口如图 2.5.5 所示。

如果要在如图 2.5.5 所示的 搜索结果 窗口中搜索文件或文件夹，可以按下述操作步骤进行：

（1）单击 所有文件和文件夹(L) 超链接。

（2）在“全部或部分文件名”文本框中输入该文件或文件夹的全名或部分名称。

（3）在“在这里寻找”下拉列表中选择文件或文件夹可能在的磁盘或文件夹。

（4）如果要按文件的修改日期搜索文件或文件夹，则单击“什么时候修改的？”右侧的按钮，从展开的选项中选择需要的选项。

（5）如果要按文件的大小搜索文件或文件夹，则单击“大小是？”右侧的按钮，从展开的选项中选择需要的选项。

（6）单击 搜索(R) 按钮即可按输入的文件名在指定的盘符或文件夹中搜索文件或文件夹。

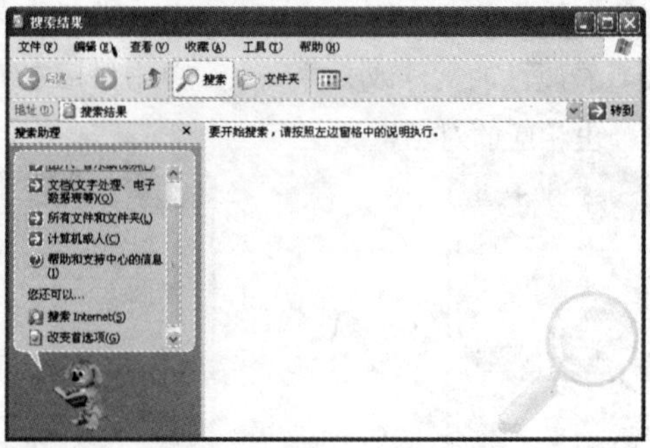

图 2.5.5　“搜索结果”窗口

2.6　Windows XP 控制面板

控制面板是由一组应用程序组成的，可以让用户对系统资源进行自由灵活的配置，使 Windows XP 按照个人爱好的方式运行。

选择 开始 → 控制面板(C) 命令，打开 控制面板 窗口，如图 2.6.1 所示。从图中可以看出，Windows XP 的控制面板与其他操作系统相比，外观有所改变，使查看和使用更加方便灵活。

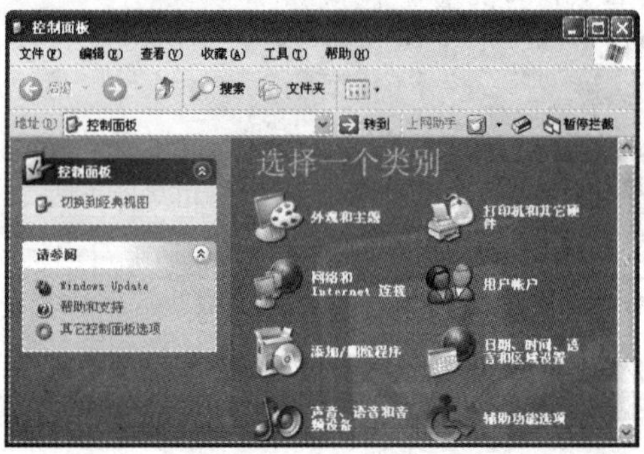

图 2.6.1　“控制面板”窗口

2.6.1　设置日期和时间

在 Windows XP 操作系统的控制面板中可以调整日期和时间，具体操作步骤如下：

（1）在 控制面板 窗口中单击 日期、时间、语言和区域设置 超链接，然后在打开的 日期、时间、语言和区域设置 窗口中单击 更改日期和时间 超链接，弹出 日期和时间 属性 对话框，默认打开 时间和日期 选项卡，如图 2.6.2 所示。

图 2.6.2　“时间和日期”选项卡

（2）在该选项卡中“日期”选区中的“月份”下拉列表中选择月份；在“年份”微调框中调整准确的年份；在“日期”列表框中选择日期和星期；在“时间”选区中的“时间”微调框中输入准确的时间。

（3）设置完成后，单击 确定 按钮即可。

2.6.2　设置显示属性

Windows XP Professional 是一个图形化的操作系统，用户可以通过 控制面板 窗口中的 外观和主题 控件来更改界面上的各种显示设置，使计算机更加美观。

1．打开“显示属性”对话框

打开 显示 属性 对话框，主要有以下两种操作方法：

（1）单击 控制面板 窗口中的 外观和主题 图标，打开 外观和主题 窗口，在该窗口中单击 显示 图标。

（2）在 Windows 桌面中单击鼠标右键，从弹出的快捷菜单中选择 属性(R) 命令。

打开的 显示 属性 对话框如图 2.6.3 所示。在该对话框中有 主题 、 桌面 、 屏幕保护程序 、 外观 和 设置 5 个选项卡，在不同的选项卡中可以设置显示器的不同属性。

2．设置桌面背景

Windows XP 在安装时只提供一个默认的桌面背景，用户可以对桌面背景进行更改，具体操作方法如下：

（1）在如图 2.6.3 所示的对话框中单击 桌面 标签，打开 桌面 选项卡。

（2）在“背景”列表框中选择所需的背景图案，在对话框中的小显示器中会显示出该图案的效果；对于某些小于屏幕大小的图片，系统会默认将其拉伸，如果用户不喜欢这种效果，可在“位置”下拉列表中选择“平铺”或“居中”选项，同样，在对话框中的小显示器中会显示出效果。

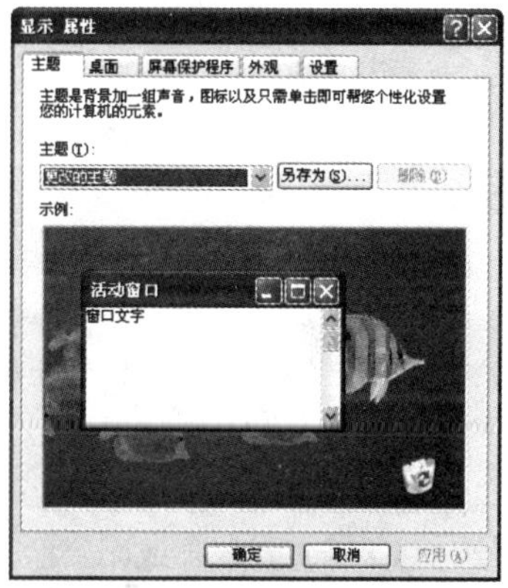

图 2.6.3　“显示 属性”对话框

（3）如果用户希望使用其他图片，可以单击 浏览(B)... 按钮，在打开的 浏览 对话框中选择自己需要的图片。

（4）如果用户喜欢用其他颜色作为背景图案，可以打开颜色下拉列表，从中选择其他颜色。

（5）当对小显示器中的预览效果感到满意后，单击 确定 按钮即可更改桌面背景。

2.6.3　用户管理

Windows XP 具有多用户管理功能，可以让多个用户共同使用一台计算机，并且每一个用户都可以拥有属于自己的操作环境。

1．创建新账户

安装 Windows XP 后，默认只有 Adminstrator 和 Guest 两个账户，如果要添加新的账户，可以按以下操作步骤进行：

（1）单击控制面板窗口中的用户帐户图标，打开用户帐户窗口。

（2）在用户帐户窗口中单击创建一个新帐户超链接，打开一个新的用户帐户窗口，如图 2.6.4 所示。

（3）在“为新账户键入一个名称”文本框中为新账户取一个名称，单击下一步(N) >按钮，打开一个窗口，要求选择一个账户种类。

（4）选中◉计算机管理员(A)单选按钮，然后单击创建帐户(C)按钮即可在接下来弹出的窗口中显示出刚创建的账户。用鼠标单击新创建的账户图标，可打开一个如图 2.6.5 所示的窗口，在该窗口中可以对创建的账户更改名称、创建密码、更改图片或更改账户类型。

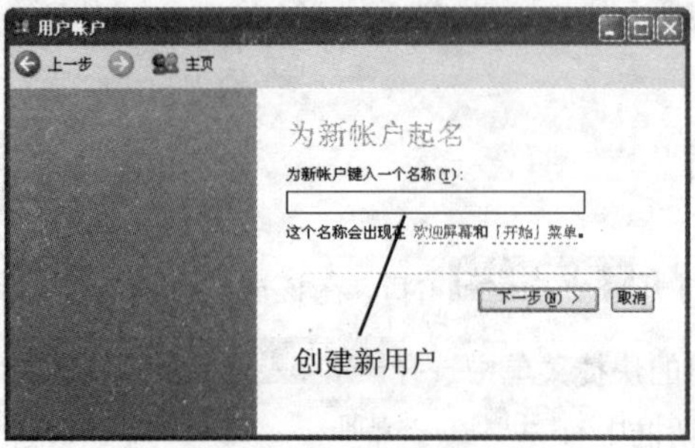

图 2.6.4　“用户账户”窗口

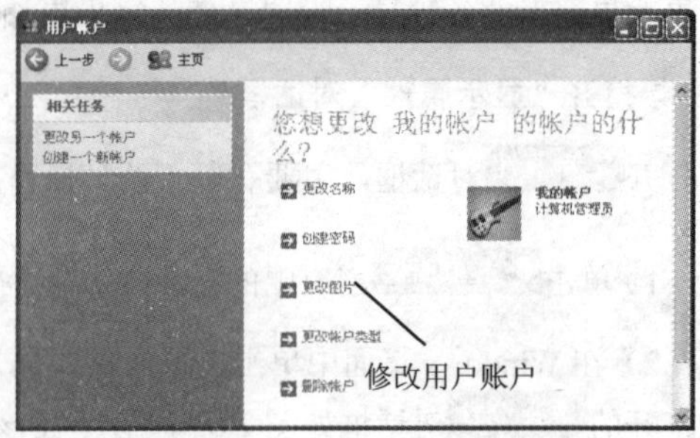

图 2.6.5　更改账户选项窗口

2. 切换用户账户

利用 Windows XP 的注销功能可以方便地从一个账户切换到另一个账户，并在该账户的使用环境下进行各种操作。

2.6.4　添加或删除程序

添加程序是指在计算机中添加新的应用程序，删除程序是指从计算机的硬盘中删除一个应用程序的全部程序和数据。

在控制面板窗口中单击添加/删除程序超链接，打开添加或删除程序窗口，如图 2.6.6 所示。在该窗口中可以为计算机添加或删除程序。

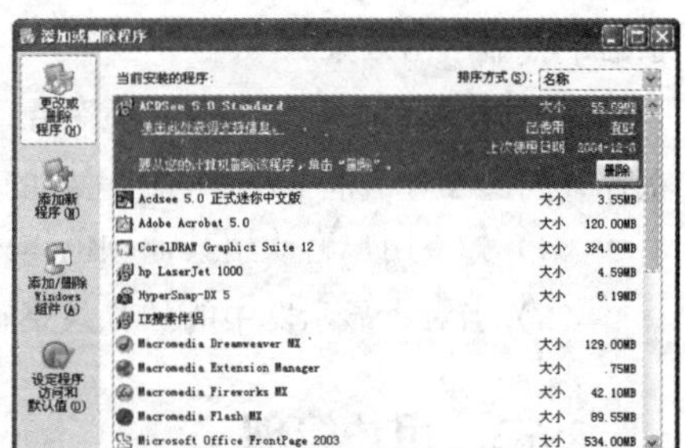

图 2.6.6　“添加或删除程序”窗口

1. 添加或删除应用程序

在 Windows XP 中包含了很多的应用程序，但仅靠这些应用程序还不能满足用户的需求，所以用户还要添加其他应用程序来扩展计算机的功能。

添加应用程序的具体操作步骤如下：

（1）在添加或删除程序窗口中单击添加新程序(N)图标，打开的窗口如图 2.6.7 所示。

（2）在该窗口中单击CD 或软盘(F)按钮，弹出从软盘或光盘安装程序对话框，如图 2.6.8 所示。

（3）在该对话框中单击下一步(N) >按钮，弹出运行安装程序对话框，如图 2.6.9 所示。

（4）在该对话框中的“打开”文本框中输入安装程序的位置，或者单击浏览(R)...按钮，从弹出的如图 2.6.10 所示的浏览对话框中找到应用程序的安装程序，双击该安装程序，返回到运行安装程序对话框，然后单击 完成 按钮，安装新程序向导将启动该安装程序。

图 2.6.7　添加新程序

图 2.6.8　"从软盘或光盘安装程序"对话框

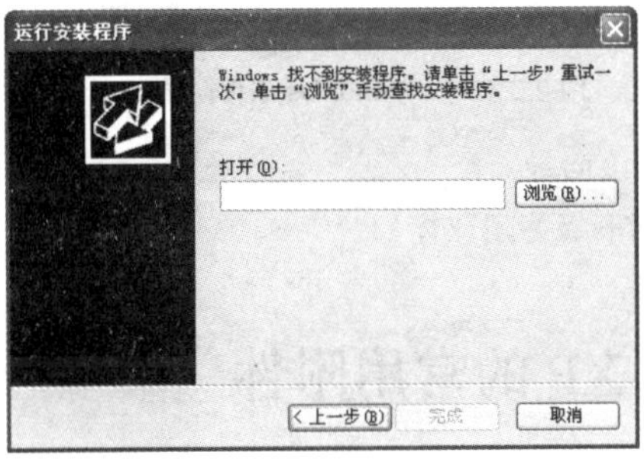

图 2.6.9　"运行安装程序"对话框

图 2.6.10　"浏览"对话框

（5）按照安装程序的提示进行操作，即可完成应用程序的安装。

删除应用程序的具体操作步骤如下：

（1）在 添加或删除程序 窗口中单击 更改或删除程序 图标，打开 添加或删除程序 窗口，如图 2.6.6 所示。

（2）在该窗口中选中将要删除的应用程序，然后单击 删除 按钮，弹出 添加或删除程序 对话框，如图 2.6.11 所示。

图 2.6.11　"添加或删除程序"对话框

（3）在该对话框中单击 是(Y) 按钮，系统将自动删除该应用程序。

2. 添加或删除 Windows 组件

"Windows 组件"是 Windows XP 的组成部分。Windows XP 提供了功能齐全的组件，但在安装 Windows XP 程序时，往往只安装一些最常用的组件，在使用 Windows XP 的过程中，用户可以根据需要添加或删除某些组件。

添加或删除 Windows 组件的具体操作步骤如下：

（1）在 添加或删除程序 窗口中单击 添加/删除 Windows 组件 图标，弹出 Windows 组件向导 对话框（一），如图 2.6.12 所示。

（2）在该对话框中的"组件"下拉列表中选择要安装的组件，单击 详细信息(D)... 按钮，在弹出的对话框中查看该组件的详细资料，并对其进行设置。

（3）设置完成后，单击下一步(N) >按钮，即可进行 Windows 组件的添加或删除操作。

（4）操作完成后，弹出如图 2.6.13 所示的Windows 组件向导对话框（二）。

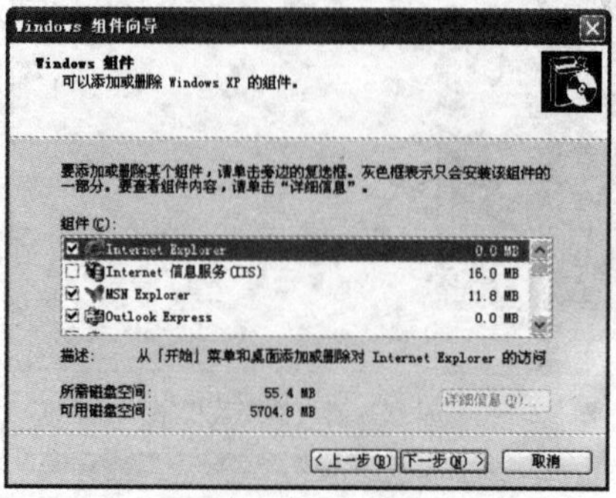

图 2.6.12　“Windows 组件向导”对话框（一）

图 2.6.13　“Windows 组件向导”对话框（二）

（5）单击该对话框中的完成按钮，关闭该向导。

（6）单击添加或删除程序窗口中的“关闭”按钮关闭该窗口。

2.7　Windows XP 的常用附件

Windows XP 系统的附件中包括“画图”、“写字板”、“计算器”、“娱乐”等程序。学会使用附件，不仅可以进行一些简单的文字处理、计算、绘图，而且还可以在学习和工作之余玩游戏或听音乐。

2.7.1　画图

“画图”是一个位图图像绘制程序，它有一整套绘制工具，用户使用它可以创建黑白或彩色图形，并可将这些图形保存为位图（.bmp）文件。

选择开始→程序(P)→附件→画图命令，打开“画图”窗口，如图 2.7.1 所示。该窗口主要由标题栏、菜单栏、工具栏、绘图区、颜料盒、状态栏等组成。

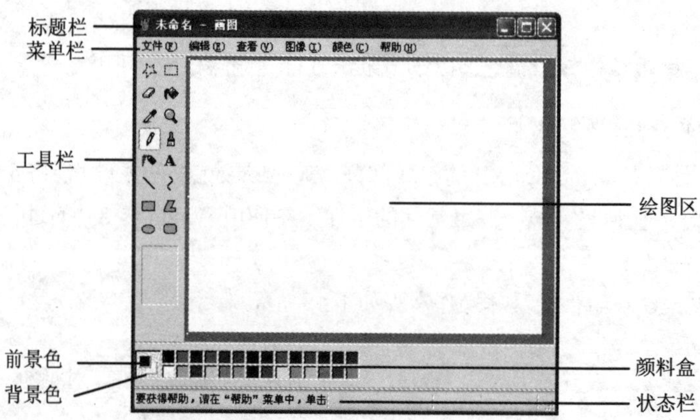

图 2.7.1　“画图”窗口

其中，“工具箱”提供画图时要用到的各种常用工具，使用这些工具可以绘制直线、曲线、矩形、圆、多边形等图形。

2.7.2 写字板

使用写字板可以进行基本的文本编辑或网页创建，不同于记事本的是，利用写字板可以创建或编辑包含格式或图形的文件。

选择 开始 → 所有程序(P) → 附件 → 写字板 命令，打开如图 2.7.2 所示的 文档 - 写字板 窗口。

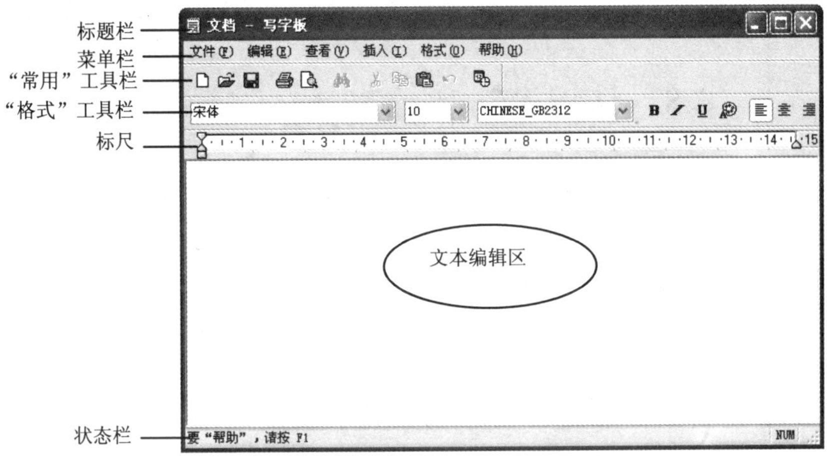

图 2.7.2 "文档-写字板"窗口

该窗口主要由标题栏、菜单栏、"常用"工具栏、"格式"工具栏、标尺、文本编辑区和状态栏组成。用户在文本编辑区中输入文本，就可以使用"常用"工具栏和"格式"工具栏中的命令按钮或菜单命令对其进行各种编辑操作。

2.7.3 Windows Media Player 播放器

Windows Media Player 又叫媒体播放器，是专门用来播放各种媒体文件的程序。选择 开始 → 所有程序(P) → 附件 → 娱乐 → Windows Media Player 命令，即可启动 Windows Media Player，如图 2.7.3 所示。

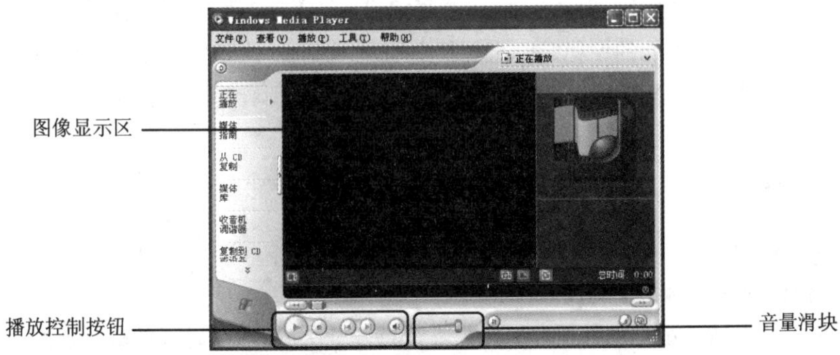

图 2.7.3 Windows Media Player

用 Windows Media Player 播放存储在电脑中的媒体文件的具体操作步骤如下：

（1）在“Windows Media Player”窗口中选择 文件(F) → 打开(O)... Ctrl+O 命令，弹出 打开 对话框。

（2）在“文件类型”下拉列表中选择媒体文件的类型，在“查找范围”下拉列表中选择媒体文件的位置。如果只播放其中一个文件，双击该文件名称即可播放；如果要播放多个媒体文件，可以拖动鼠标将其全部选中，然后单击 打开(O) 按钮即可。

注意 用 Windows Media Player 也可以播放 CD 中的音乐。将 CD 放入光驱，Windows Media Player 将自动播放 CD 中的音乐。

2.8 认识 Windows Vista

Windows Vista 以其突破性的设计、轻松易用的查找和组织工具以及更安全的上网体验显示出诸多独到之处。它代表迄今以来微软发布的质量最高且获得反馈最多的操作系统，是新一代 PC、应用程序、硬件和设备的核心，用户能够获益于整个产业生态系统合作的共同成果，并享受前所未有的个人计算体验。

2.8.1 Windows Vista 的特点

Windows Vista 主要有以下几个特点。

1．快速、方便的查找功能

（1）快速查找资料。即时查找（Instant Search）功能能够帮助用户在 PC 上轻松地查找任意文档、照片、电子邮件、歌曲、视频、文件或程序。活动图标（Live Icon）显示每个文件的内容缩略图，让用户一目了然。Windows Vista（家庭高级版、商用版和旗舰版）各个版本中提供的 Windows Flip 3D 以 3D 视角快速翻转所有打开的窗口，为用户提供一种全新的方式来找到自己需要的窗口。

（2）井然有序的文件组织。用户可以为文件添加“标签”，从而便于查找。它们可以用最有效的方式存储、组织和提取信息，而不仅限于传统的文件夹方式。

（3）快速接入。Windows Vista 中的新技术让 PC 在执行日常任务时极大地提高反应效率，改进的启动和睡眠性能有助于台式电脑和移动 PC 在瞬间完成启动、运行和关闭的操作。

（4）顺畅的响应。PC 性能的不稳定一直困扰着用户。Windows Vista 提供一组创新性的技术，包括一种新的内存管理系统（Windows SuperFetch）。它在用户启动电脑时让各个应用程序更快地启动，并且确保这些应用程序能够在需要时及时响应。

2．安全、可靠性能

Windows Vista 是微软公司推出的最安全可靠的 Windows 版本，在用户浏览网页或从事其他在线活动时提供史无前例的安全感和控制性能。

（1）多层安全保护。Windows Vista 具备共同协作的多层保护，包括强大的默认保护，如 Windows Vista 中的 Windows Internet Explorer 7 具备的保护模式（Protected Mode）。保护模式有助于防止恶意代码悄无声息地安装到用户的计算机上。为了进一步减少网络交易中用户身份被泄露的情况，增加用户的安全感，当 Internet Explorer 7 在地址栏检测到用户正在浏览具备 Extended Validation Certificate 的安全网站时会呈绿色高亮显示。

（2）全面测试。Windows Vista 和 Office system 2007 这两款产品在全球数百万客户的帮助下设计完成，是迄今为止微软发布的质量最高、得到反馈最多的版本。

（3）防恶意软件保护。Windows Defender 监控关键系统定位，并观测电脑的变化，以便了解是否存在恶意软件或其他不需要的程序。如果经检测存在问题，Windows Defender 提供直接而彻底的间谍软件移除工具，使用户的电脑恢复正常状态。

（4）反网络钓鱼保护。Windows Vista 帮助阻截试图诱使人们泄露个人信息的“网络钓鱼”网站。微软反网络钓鱼技术结合针对可疑网站特征的客户端扫描，通过在线附加服务提供给用户，每小时都根据业内最新的关于欺诈网站的信息进行数次更新，从而及时地提醒用户防范可疑的网站。

（5）家庭安全设置。Windows Vista 针对孩子使用电脑的情况为家长提供全新层次的控制性能。根据实际需要，家长们有以下选择：限制孩子使用电脑的时间段和时间长度，限制孩子访问的网站和使用的应用程序，根据名称、内容或 Entertainment Software Rating Board（ESRB）级别限制 PC 游戏的使用以及创建有关孩子在线操作和其他电脑使用情况的报告等信息。

3. 更强的娱乐功能

Windows Vista 重新诠释了数字娱乐，为人们提供更轻松的方式来管理和欣赏数量不断增多的数字音乐、照片、影片和其他娱乐内容。

（1）轻松地管理音乐。在 Windows Media Player 11 中，人们可以用和查找文档、程序同样的高级搜索技术来搜索音乐。可自定义的艺术专辑和视图排列让人们可以像浏览 CD 集合那样查看数字音乐，同时快如闪电的 Wordwheel 查找工具帮助用户在大批收集的音乐中迅速搜索。此外，Windows Media Player 11 能够与 200 多种便携式播放机和家庭网络设备配合使用。

（2）亲手制作数字纪念品。有了 Windows Vista，即使不懂技术，也能将照片和家庭录像与音乐、标题和创新性过渡效果等综合起来，制作数字纪念品。新的 Windows Photo Gallery 和增强的 Windows Movie Maker 帮助人们轻松地将照片和视频上传、修复或传输到 DVD2 及便携式移动设备，便于和他人分享。

（3）全新的播放水平。只有 Windows Vista 才能充分发挥 DirectX 10 技术的优势，在进行游戏时提供更真实的图像、复杂的环境和角色效果。新的 Games Explorer 和 Game Folder 有助于轻松地查找和进行游戏。玩家可以像在 Xbox 360 控制台上进行游戏那样在 PC 上使用控制装置。

4. 互联性能

Windows Vista 让人们随时随地享受数字娱乐和其他资源。

（1）美妙体验的延伸。Windows Vista 中的 Windows Media Center 让人们在家中随心所欲地分享数字音乐、电视、图片及其他娱乐内容，或把内容传输到 Xbox 360 控制台。用户还可以使用 Media Center 遥控器在沙发上舒适地调节音量，控制娱乐的节奏。

（2）旅途好帮手。Windows Vista 中的 Tablet PC3 功能让人们无论身在何处，都能享受全面的计算体验，同时消除移动计算存在的大部分典型问题。用户可以不需要键盘就可以轻松地进行工作，并和家中、办公室或移动设备上的信息进行同步。他们可以观看电视节目、浏览收集的照片，甚至在移动 PC 上编辑家庭录像。

（3）Origami Experience。超便携 PC（Ultra-mobile PC）结合了 Windows Vista 的完整功能和优

势，其设计具备轻巧、易于携带等特点，为互联数字生活提供更多选择。很多新式超便携 PC 得益于微软的创新型软件，例如 Origami Experience 和 Windows tablet，以及“触摸”技术，使连接、交流和任务的完成更为便捷，即使在旅途中也能随时享受娱乐。

2.8.2 Windows Vista 的硬件要求

Windows Vista 的硬件要求分为“Visa Capable”和“Vista Premium Ready”两个规格。

（1）Windows Vista Capable PC。要求 CPU 最低为 800 MHz，内存为 512 MB，硬盘空间至少 15 GB，兼容显卡 DirectX 9，显示器分辨率至少 800×600，光驱为 CD-ROM，当然，这一规格不可能运行 Aero 特效。

（2）Windows Vista Premium Ready。要求 CPU 最低为 1 GHz，内存为 1 GB，显卡 DirectX 9（支持 WDDM 驱动），显存 128 MB（对 Aero 至关重要），支持 Pixel Shader 2.0，DVD-ROM 光驱，声卡，互联网链接以及 40 GB 硬盘，15 GB 空余硬盘空间——也许用户可以在这个配置上运行 Aero 特效。

2.9 典型实例——设计奥运五环标志

利用附件中的画图程序，设计一个奥运五环标志，并以居中方式显示在桌面上，如图 2.9.1 所示。

操作步骤

（1）选择 开始 → 所有程序(P) → 附件 → 画图 命令，启动“画图”程序。

（2）利用鼠标拖动适当调整画布的大小；或者选择 图像(I) → 属性(A)... Ctrl+E 命令，弹出 属性 对话框，如图 2.9.2 所示，设置宽度为 500 像素，高度为 400 像素，然后单击 确定 按钮。

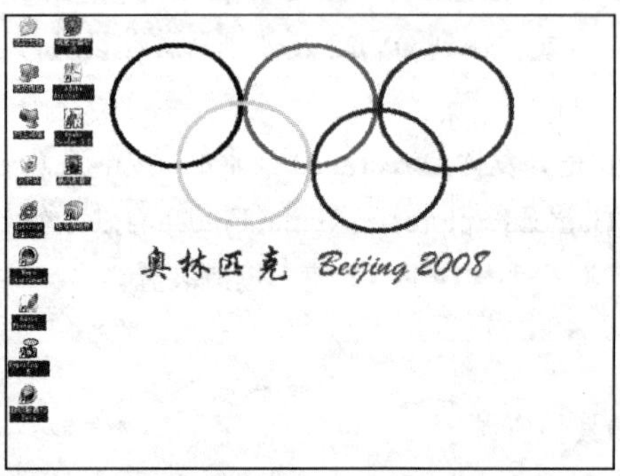

图 2.9.1 效果图

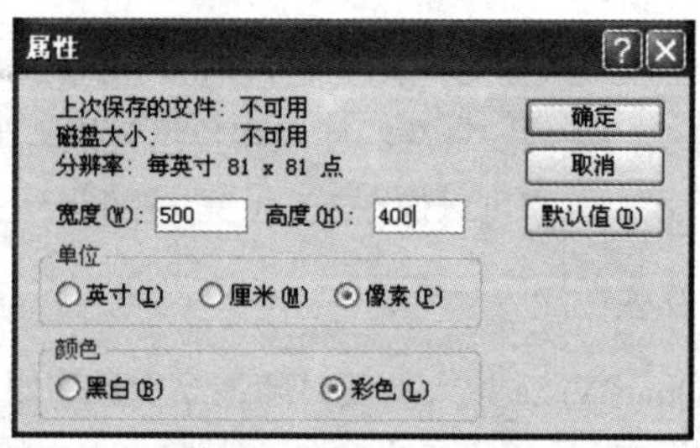

图 2.9.2 设置画布大小

（3）单击“直线”按钮，在工具箱下方的线宽设置中选择一种稍宽的线条，用于画圆环，然后单击“椭圆”按钮，按住“Shift”键，用鼠标在画布上拖动，画一个适当大小的圆环，如图 2.9.3 所示。

（4）单击“选定”工具，用鼠标在画布上拖动，将所画的圆环整个选取在虚线的矩形框内，将鼠标放在选定框内拖动，把圆环移到中心位置，如图 2.9.4 所示。

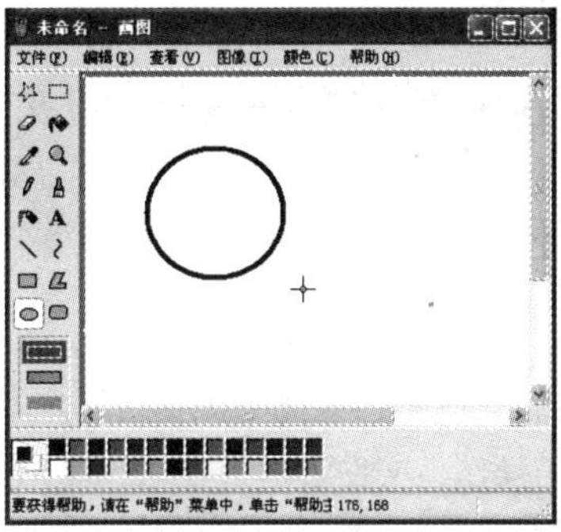

图 2.9.3　绘制圆环

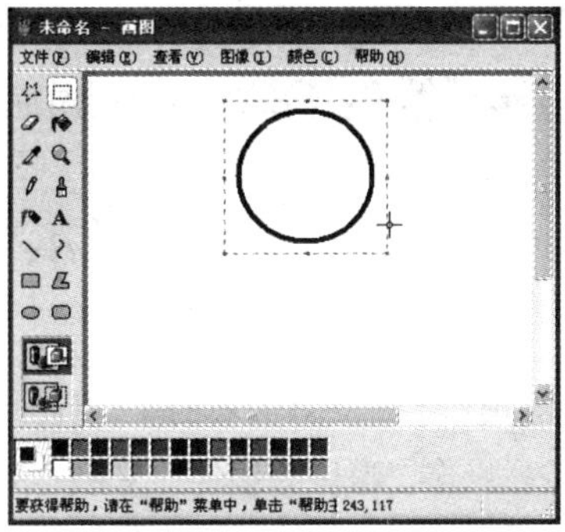

图 2.9.4　移动圆环

（5）选择 编辑(E) → 复制(C) Ctrl+C 命令，再选择 编辑(E) → 粘贴(P) Ctrl+V 命令，在画布的左上角复制一个同样的圆环，将鼠标放到该圆环上，鼠标指针变为四向箭头时拖动鼠标，将所复制出的圆环移到右下角。采用同样的方法，复制出另外三个圆环，并分别将其移到右上角、左下角和左上角，这样就得到了五个同样大小的圆环，如图 2.9.5 所示。

（6）单击“用颜色填充”按钮，然后在颜料盒中设置前景色为红色，移动鼠标，用填充工具的尖端在其中的一个圆环的边框上单击，将圆环填充为红色。用同样的方法，将其他圆环填充为不同的颜色，如图 2.9.6 所示。

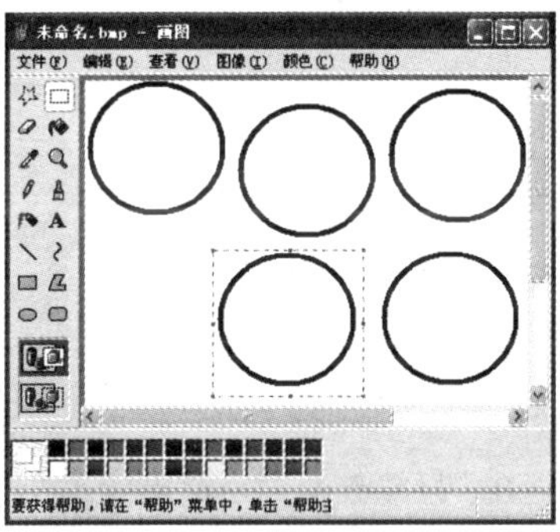

图 2.9.5　复制五环

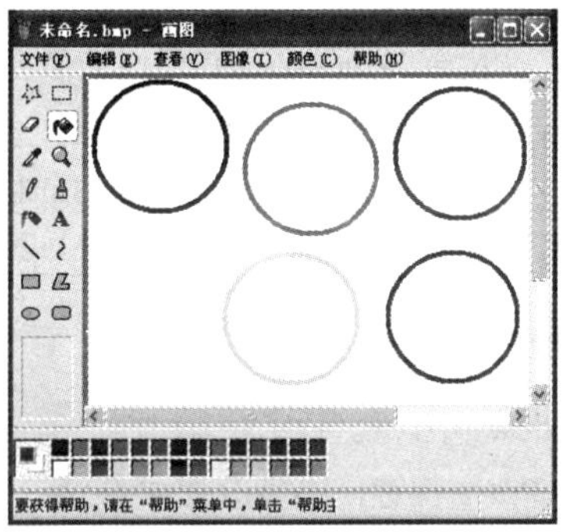

图 2.9.6　填充颜色

（7）单击“选定”工具，在工具箱下方选择按钮设置图形为透明方式，然后依次选取各个圆环并移动位置，排列成奥运五环形状，如图 2.9.7 所示。

（8）单击“文字”工具，用鼠标在要写文字的地方拖动，将弹出文字工具栏。如果没有，则可以通过 查看(V) 菜单，将文字工具栏调出并显示，然后通过文字工具栏设置合适的字体、字号及字形，再在写字处单击即可输入相应的文字“奥林匹克”、“Beijing 2008”，如图 2.9.8 所示。

图 2.9.7　排列奥运五环的形状

图 2.9.8　输入文字

（9）单击 文件(F) → 保存(S) Ctrl+S 命令，将所画的图形保存起来，再选择 文件(F) → 设置为墙纸（居中）(K) 菜单，将图形设置为桌面背景的墙纸，如图 2.9.1 所示。

小　结

Windows XP 操作系统具有美观的操作界面，是可视化图形的多任务操作系统。本章主要介绍了桌面图标和任务栏操作、窗口的操作、菜单和对话框的操作、文件管理、Windows XP 控制面板及常用附件等知识。通过本章的学习，使用户能够轻松地完成各种管理和操作。

过关练习二

一、填空题

1．“开始”菜单带有用户的个人特色，它由两个部分组成，左边是________，右边为________。

2．Windows XP 中所有的应用程序都是以________的形式出现的，Windows XP 的窗口一般包括 3 种状态：________、________和________。

3．________位于 Windows XP 窗口的最下方。

4．Windows XP 桌面的 5 个常用图标是________、________、________、________和________。

5．使用________快捷键可在多个窗口间进行切换。

6．任务栏由________、________、________以及________组成。

二、选择题

1．在 Windows 中，任务栏（　）。

A．只能改变位置，不能改变大小　　B．只能改变大小，不能改变位置

C．既不能改变位置，也不能改变大小　　D．既能改变位置，也能改变大小

2．为了重新排列多个窗口，首先应进行的操作是（　）。

A．用鼠标右键单击桌面空白处　　B．用鼠标右键单击“任务栏”空白处

C．用鼠标右键单击已打开窗口的空白处　　D．用鼠标右键单击“开始”按钮

3．利用窗口左上角的控制菜单图标不能实现的操作是（　）。

A．改变窗口大小　　B．移动窗口

C．打开窗口　　D．关闭窗口

4．窗口和对话框的区别是（　）。

A．对话框不能移动，也不能改变大小

B．两者都能移动，但对话框不能改变大小

C．两者都能改变大小，但对话框不能移动

D．两者都能移动和改变大小

5．在 Windows XP 操作系统中，能弹出对话框的操作是（　）。

A．运行了某一应用程序

B．在菜单项中选择了颜色变灰的命令

C．在菜单项中选择了带有省略号的命令

D．在菜单项中选择了带有三角形箭头的命令

6．Windows XP 用来与用户进行信息交换的是（　）。

A．菜单　　B．工具栏

C．对话框　　D．应用程序

7．在 Windows XP 的“资源管理器”左部窗口中，若显示的文件夹图标前带有加号（+），意味着该文件夹（　）。

A．含有下级文件夹　　B．不含下级文件夹

C．仅含文件　　D．为空的文件夹

8．打开资源管理器时（　）。

A．至少有一个已打开的文件夹　　B．只能有一个被打开的文件夹

C．有多个文件夹已打开　　D．所有的文件夹都没有打开

9．（　）是中文 Windows XP 提供的字处理程序。

A．写字板　　B．记事本

C．画图　　D．计算器

10．对于创建的用户，不能对其进行的操作是（　）。

A．更改图片　　B．更改名称

C．设置密码　　D．更改权限

二、简答题

1．在 Windows XP 中如何执行菜单命令？有哪几种方法？

2．对话框中复选框的作用是什么？可以在一个命令组中选择多个复选框吗？

3．如何选择一个文件和多个不连续的文件？

4．复制文件或文件夹的操作与移动文件或文件夹的操作有何不同？结果是否一样？

三、上机操作题

1．将桌面图标按大小顺序排序。

2．为自己的计算机更换一张漂亮的桌面背景。

3．在计算机上设置屏幕保护程序，要求在 20 分钟之内没有对计算机进行任何操作便自动进入屏幕保护，并且在退出屏幕保护程序时，返回到用户选择界面。

第 3 章　在计算机中输入字符

在操作计算机的过程中，任何用户都要使用到输入法，而对于经常从事文字编辑工作的用户，熟练掌握一种汉字输入法是非常重要的。

本章重点

（1）输入前的准备。

（2）使用拼音输入法输入汉字。

（3）使用五笔字型输入法输入汉字。

3.1　输入前的准备

键盘是计算机的一个重要输入设备。使用键盘可以在计算机中输入汉字、字母、数字或实现某些功能，在使用键盘前应先熟悉键盘的结构、各键位的分布以及正确的输入方法。本节将主要介绍键盘的分区及使用键盘的正确姿势。

3.1.1　认识键盘的结构

目前，计算机上一般配置的都是标准的 104、107 或者 108 键键盘。标准键盘可以划分为 5 个区域，如图 3.1.1 所示，分别是主键盘区（打字键区）、功能键区、游标/控制键区、键盘状态指示灯区和数字键区（数字小键盘区或副键盘区）。

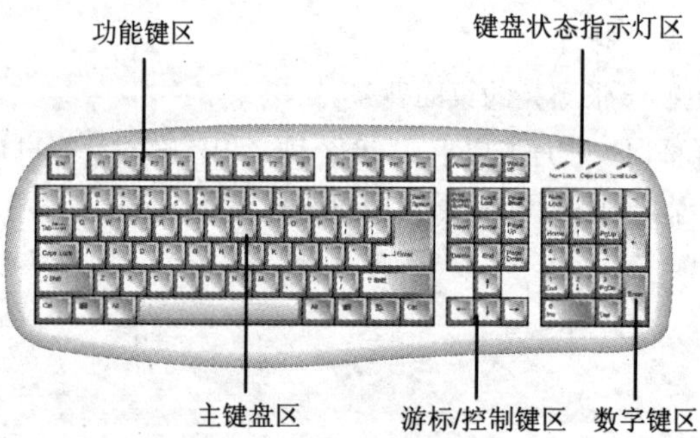

图 3.1.1　标准键盘区域划分示意图

1．主键盘区

主键盘区是键盘的主要区域，如图 3.1.2 所示，是位于键盘中央偏左的大片区域，有 58 个键位，各键位功能如下：

字母键：26 个，[A]～[Z]，输入英文字母或进行汉字编码。

数字键：10 个，[0]～[9]，输入阿拉伯数字，有的汉字编码也用到数字键。

图 3.1.2　主键盘区

符号键：21 个，可以输入 32 个常用符号，如＋，－，？，！等。其中有 10 个符号键与数字键在同一键位上。

空格键：位于键盘下面的长键，用于输入空格。

[Shift]：上档键，2 个，左右各一，操作方便。按下此键和一字母键，输入的是大写字母；按下此键和一数字键或符号键，输入的是这些键位上面的符号；例如按下[Shift]+[A]，输入的是字母“A”；按下[Shift]+[8]，输入的是“*”。

[Enter]：执行键，也称回车键。一般情况下，当向计算机输入命令后，计算机并不马上执行，直至按下此键后才执行，所以称为执行键。在输入信息、资料时，按此键光标就会换到下一行开头，所以又称回车键、换行键。不管是执行，还是换行、回车，口头上统称回车。当说到“回车”时，表示的就是按一下此键。

[Ctrl]：控制键，2 个。此键一般不单用，和其他键合用起控制作用。详见复合键部分。

[Alt]：转换键，2 个。此键不单用，和其他键合用起转换作用。详见复合键部分。

[Back Space]：退格键。按一下此键，光标后退一格。

[Caps Lock]：大写转换键。按下此键，输入的字母为大写字母，再按一下则输入的为小写字母。此键只对字母键起作用，对符号键、数字键不起作用，这一点和[Shift]键不同。

[Tab]：跳格键。按一下此键，光标向右跳一定距离。

2．功能键区

功能键区共设置了[F1]～[F12] 12 个功能键，如图 3.1.3 所示，这些键的功能一般总是由用户的应用程序决定。

图 3.1.3　功能键区

在不同的操作系统和不同的应用软件中，这些功能键都会有不同的功能。

3．游标/控制键区

游标/控制键区集中在键盘右中侧，共有 17 个按键，如图 3.1.4 所示。各键的功能介绍如下：

[Esc]：取消键，取消输入的命令。此键的功能也常常被软件重新定义。

[Power]：关闭计算机电源。

[Sleep]：使计算机处于睡眠状态。

[Wake Up]：使计算机从待机状态回到正常运行状态。

[Print Screen SysRq]：复制计算机当前屏幕界面。

[Scroll Lock]：滚屏锁定，此键一般不用。

[Pause Break]：暂停键，使正在滚动的屏幕显示停下来，再按任意键后恢复滚动。

[Insert]：插入键，插入字符或汉字。

[Delete]：删除键，删除字符或汉字。

[Home]：按一下可使光标回到屏幕左上角。

[End]：按一下可使光标回到屏幕最后一行字符。

[Page Up]：上翻一页。

[Page Down]：下翻一页。

[→]：光标右移。

[←]：光标左移。

[↑]：光标上移。

[↓]：光标下移。

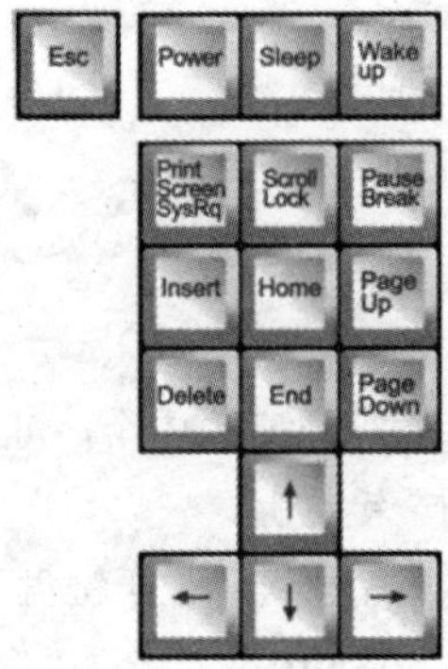

图 3.1.4　游标/控制键区

4．键盘状态指示灯区

键盘的右上角有 3 个指示灯，它们分别是 Num Lock 指示灯、Caps Lock 指示灯和 Scroll Lock 指示灯。当对应的按键被按下时，相应的指示灯就亮，以便指示用户键盘的状态。

5．数字键区（数字小键盘区）

数字键区也称小键盘区，位于键盘右侧，共 17 个键，如图 3.1.5 所示。其中大部分键和打字键区的某些键是重复的，而且功能也是完全相同的，使用这些数字键可以进行数学运算。

数字键：[0]～[9]，用于输入数字。

符号键：[+]、[－]、[*]、[/]，共 4 个键，表示加、减、乘、除 4 个符号。

[Enter]：回车键，功能和主键盘区的[Enter]键相同。

[Num Lock]：数字锁定键，按下该键，键盘中的指示灯亮后，可以输入数字；再次按下该键，指示灯灭，此时为光标控制状态，其功能与其他键区相应键位的功能完全相同。

图 3.1.5　数字键区

3.1.2　复合键的使用

在操作键盘时，除进行单键操作外，也可进行两个键或三个键的操作。两键或三键同时操作称为复合键操作，计算机中有很多复合键操作，表 3.1 所示的就是一些常用的复合键及其功能。

表 3.1　常用复合键

快捷键	功　能	快捷键	功　能
Alt+F4	关闭当前窗口	Ctrl+Z	撤销
Alt+Tab	选择性地切换打开的应用程序	Ctrl+A	全选
Alt+Esc	依次切换打开的应用程序	Ctrl+O	打开文件
Shift+F10	打开快捷菜单	Ctrl+N	新建文件
Ctrl+C	复制	Ctrl+Home	光标移至首页行首
Ctrl+V	粘贴	Ctrl+End	光标移至末页行尾
Ctrl+X	剪切	Shift+Delete	永久删除文档

3.1.3　文字录入的正确姿势

前面已经介绍了键盘格局和各键位的基本功能，在介绍输入法之前，首先要介绍文字录入的正确姿势。如果录入姿势不正确，就会影响录入速度，也很容易产生疲劳。

1. 正确坐姿

正确的坐姿是快速、准确录入的前提条件，如果坐姿不正，则很容易疲劳，严重时还会使身体不适，所以在录入文字之前应注意以下几点：

（1）身体应保持笔直，稍偏于键盘右方。

（2）应将全身重量置于椅子上，座椅要旋转到便于手指操作的高度，两脚平放。

（3）两肘轻轻贴于腋边，手指轻放于规定的键上，手腕平直。人与键盘的距离可通过调整椅子或键盘的位置来调节，以调节到人能保持正确的击键姿势为准，如图 3.1.6 所示。

（4）显示器宜放在键盘的正后方，放置待输入的原稿前，先将键盘右移 5 cm，再将原稿紧靠键盘左侧放置，以便阅读。

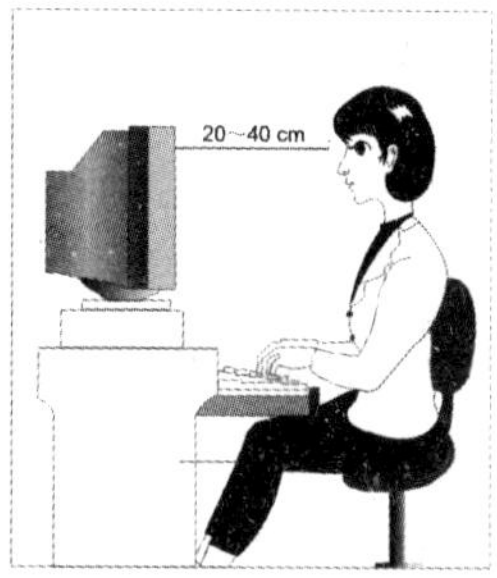

图 3.1.6　打字姿势示意图

2. 护眼要点

显示器的辐射对人体尤其对眼睛的伤害比较大，所以在使用电脑时应注意保护眼睛，这里提供以下几点供读者参考。

（1）显示器屏幕与眼睛的距离应保持在 20～40 cm。

（2）屏幕应在水平视线以下 15～20°。

（3）要录入的文稿应靠近屏幕并与屏幕位于同一水平线上。

（4）头顶上不应有强烈的灯光，台灯光线要柔和，不要直射到眼睛或屏幕上。

（5）工作 15 分钟左右就应使眼睛放松一下。

3.1.4　添加/删除输入法

在安装 Windows XP 过程中，系统自带微软拼音输入法、全拼输入法、王码五笔输入法等，由于不同的用户使用的输入法不相同，因此可根据需要添加或删除一些输入法。

1. 添加输入法

添加输入法的具体操作步骤如下：

（1）在语言栏上单击鼠标右键，在弹出的快捷菜单中选择 设置(E)... 命令，弹出 文字服务和输入语言 对话框，如图 3.1.7 所示。

（2）在该对话框中单击 添加(D)... 按钮，弹出 添加输入语言 对话框，如图 3.1.8 所示。

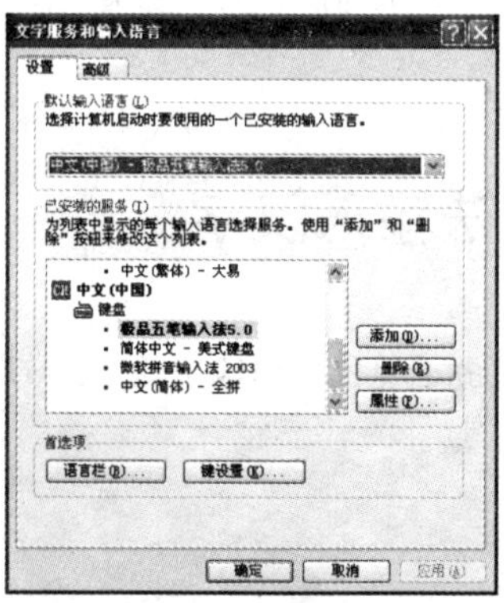

图 3.1.7　“文字服务和输入语言”对话框

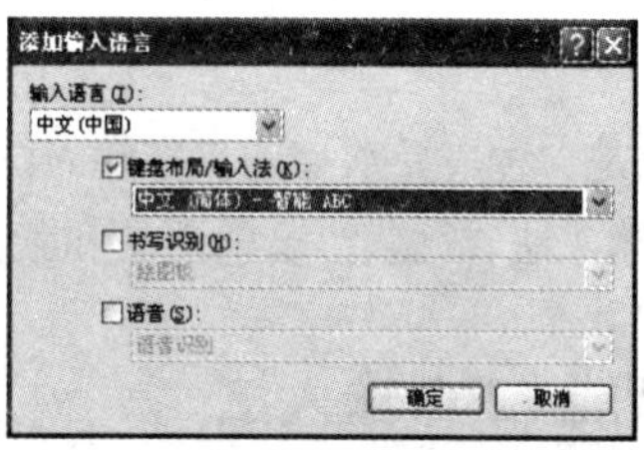

图 3.1.8　“添加输入语言”对话框

（3）在 ☑键盘布局/输入法(K): 下拉列表框中选择相应的输入法，单击 确定 按钮，返回到文字服务和输入语言对话框，可以看到添加的输入法。

（4）单击确定按钮关闭对话框，完成设置。

2．删除输入法

删除输入法的具体操作步骤如下：

（1）用鼠标右键单击语言栏上的输入法图标，在弹出的快捷菜单中选择设置(E)...命令，弹出文字服务和输入语言对话框，如图 3.1.7 所示。

（2）在已安装的服务(I)列表框中选中要删除的输入法，单击删除(R)按钮，再单击确定按钮完成删除。

3.1.5 选择和使用输入法

Windows XP 中默认的输入法是英文输入法，单击语言栏中的“输入法选择”按钮CH，打开输入法选择菜单，如图 3.1.9 所示。在该菜单中选择所需的输入法，即可打开该输入法的状态栏，并开始使用该输入法。

默认情况下，用“Ctrl+Space”键可以切换中/英文输入法，用“Ctrl+Shift”键在各种输入法之间切换。用户也可以自定义切换快捷键的方式。

在使用输入法时，首先要启动一个字处理软件，如写字板，打开写字板后，启动输入法，如五笔字型输入法。用户可直接键入汉字编码，在候选汉字窗口中就会显示该编码所对应的汉字，如图 3.1.10 所示。

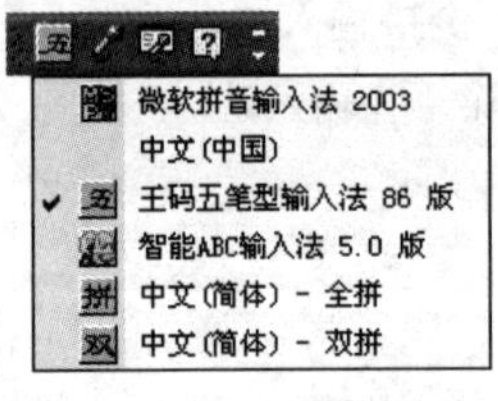

图 3.1.9 输入法选择菜单

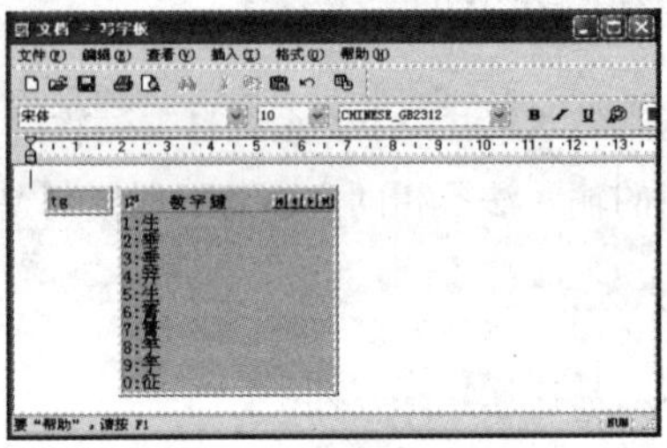

图 3.1.10 使用输入法

用户可用数字键在候选汉字窗口中选择要输入的汉字。当候选汉字很多（也就是重码）时，可以按“+”、“－”键（也可以用“Page Up”，“Page Down”键）来向前、向后翻页，找到所要输入的汉字，然后再按相应的数字键选中该汉字。

3.2 使用拼音输入法输入汉字

拼音输入法是一种广受欢迎的汉字输入法。只要会用拼音，就可以输出汉字。常用的拼音输入法包括智能 ABC 输入法、微软拼音输入法和紫光拼音输入法。

3.2.1 智能 ABC 输入法

智能 ABC 输入法是一种能自动记录词组的拼音输入法，它除提供全拼和双拼两种输入方法外，还提供了智能 ABC 笔形输入法、音形混合输入法。

智能 ABC 在默认情况下使用全拼输入汉字，使用该方法输入汉字时应注意以下几点：

（1）用户可连续输入汉语语句的拼音，系统将自动选择最合适最常用的汉字。

（2）输入时尽量输入词组。在输入词组的过程中，一次性将词组中所有汉字的汉语拼音全部输入，然后再按空格键，这时在候选窗口中将出现相应的词组列表，用户可在该列表中选择需要的词组。

（3）智能 ABC 输入法提供了简拼功能，对于较长的词组，只要输入词组中每个字汉语拼音的声母，相应的词组即可列出。例如，“计算机”的简拼编码是“jsj”。

（4）如果词库中没有所输入的词组，此时可以逐个字选择。当输入一次该词组后，它会自动加入到词库中，以后再输入该词组时，该词组将出现在候选窗口中。

使用智能 ABC 输入法全拼输入词组的具体操作如下：

（1）切换到智能 ABC 输入法。

（2）使用该输入法输入一句话，此时的状态如图 3.2.1 所示。

（3）按空格键选择汉字，此时，系统会根据输入的拼音自动选择汉字，如果用户要更改系统选择的汉字，可按“BackSpace”键，将光标切换到第一个拼音处，逐个选择汉字，如图 3.2.2 所示。

图 3.2.1　输入一句话

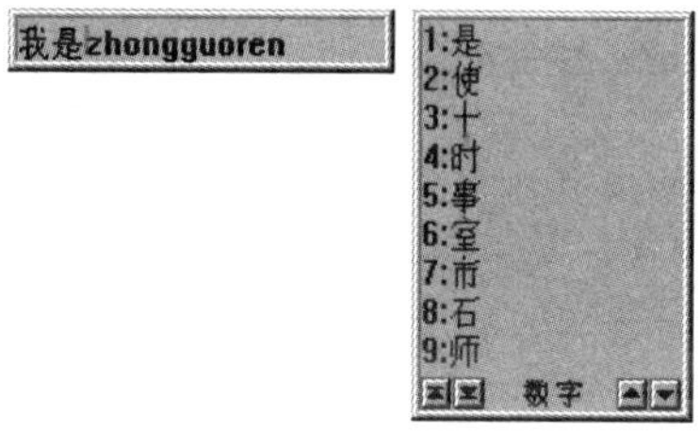

图 3.2.2　逐个选择汉字

3.2.2　微软拼音输入法

微软拼音输入法采用基于语句的连续转换方式，用户可以不间断地输入整句话的拼音，而不必关心分词和候选，这样既能保证用户输入时思维流畅，又提高了输入效率。

1．输入法状态条

选择微软拼音输入法后，在语言栏上将出现微软拼音输入法状态条，如图 3.2.3 所示，单击状态条上的按钮可以切换输入状态或者激活菜单。

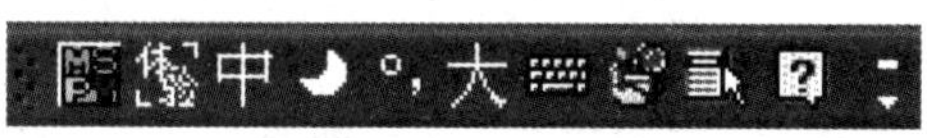

图 3.2.3　微软拼音输入法状态条

状态条上各图标的功能如下所示：

：当前选择的输入法　　：选择输入风格

中/英：切换中/英文输入法　　：切换全/半角

：切换中/英文标点　　大：选择字符集

：软键盘开关，使用软键盘　　：输入板开关，使用输入板

：功能菜单　　：帮助开关，打开帮助文件

2．使用微软拼音输入法

使用微软拼音输入法输入汉字的具体操作如下：

（1）切换到微软拼音输入法，使用该输入法输入一句话，如“我和他是好朋友”，此时输入汉字状态条如图 3.2.4 所示。

（2）虚线上的汉字是用户输入拼音的转换结果，下画线上的字母是用户正在输入的拼音，用户可以按左、右方向键定位光标来编辑拼音和汉字。

（3）拼音下面是汉字候选栏，1 号候选用蓝色显示，是微软拼音输入法对当前拼音串转换结果的推测，如果正确，用户可以按空格键或按 1 来选择。其他候选项列出了当前拼音可能对应的全部汉字或词组，用户可以按“PageDown”键或“PageUp”键查看更多的候选项。

（4）选择好所有汉字后，按空格键或回车键，即可输入所需汉字，如图 3.2.5 所示。

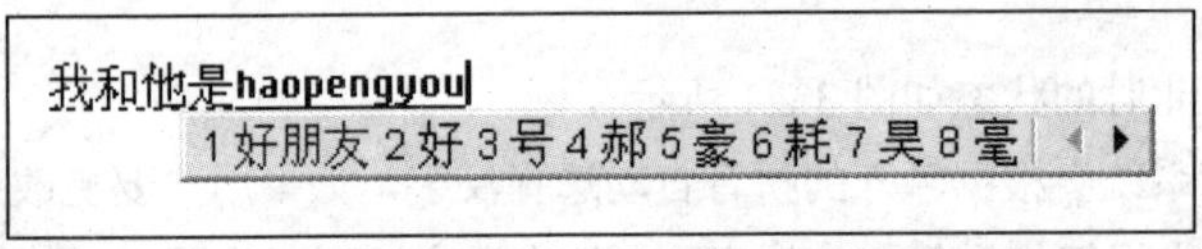

图 3.2.4　输入汉字状态条

图 3.2.5　输入的汉字

技巧

（1）微软拼音输入法的缺省设置支持简拼输入，对一些常用词，用户可以只用它们的声母来输入。比如可以用“dj”输入“大家”。

（2）在输入状态，用户可以用加号、减号或者“PageDown”键和“PageUp”键来翻页查看更多候选汉字，但不可以用上下方向键来移动光标。

3.2.3　紫光拼音输入法

紫光拼音输入法是目前较为流行的拼音输入法之一，它具有简单易学、方便实用的特点。用户可根据自己的使用习惯对紫光拼音输入法进行设置，以提高输入速度。

1．紫光拼音输入法状态条

状态条窗口用于显示和设置输入法状态，如图 3.2.6 所示。用鼠标左键单击相应的按钮来修改输入法状态设置。

图 3.2.6　紫光拼音输入法状态条

状态条各图标的功能如下：

：标题区，在此区域按下鼠标可以拖动标题条；

中/En：表示中/英文输入状态，按“Shift”键可以在两者之间进行切换；

：表示中/英文标点输入状态，按“Ctrl+ .”键可以在两者之间进行切换；

：表示半角/全角输入状态，按“Shift+空格”键可以在两者之间进行切换；

：表示软键盘关闭/开启状态。

2．输入法设置

紫光拼音输入法提供了 11 组拼音的模糊输入能力。对某一组拼音的模糊是指输入法不区分该组拼音中互相模糊的两个拼音。例如，模糊“z=zh”后，拼音串“zong”和“zhong”都可以用来输入

“中”。使用模糊音可以提高输入的方便性，但会导致重码的增多。

默认情况下，紫光拼音输入法不支持模糊音输入。选择紫光拼音输入法后，在其输入法状态条上单击鼠标右键，在弹出的快捷菜单中选择设置属性...命令，打开紫光拼音输入法 — 属性设置和管理中心窗口，单击“设置与管理项”中的“模糊音”选项，在打开的对话框中选中要设置模糊音前的复选框，如图 3.2.7 所示，单击确定按钮即可完成设置。

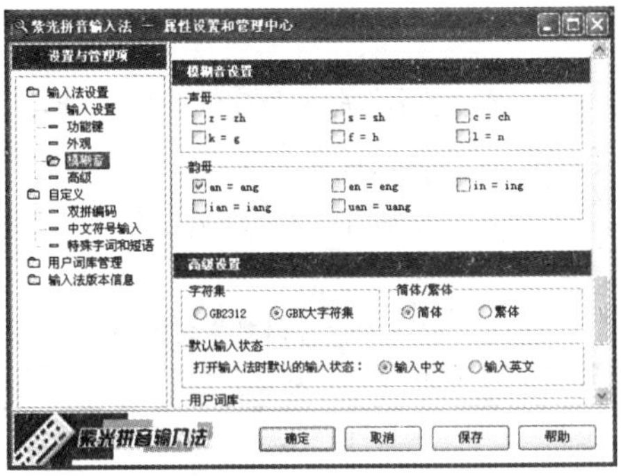

图 3.2.7　设置模糊音

3. 使用紫光拼音输入法

使用紫光拼音输入法的具体操作步骤如下：

（1）打开字处理软件，选择紫光拼音输入法。

（2）输入“紫光拼音输入法”，在键盘上输入“zi”，将弹出汉字候选框，如图 3.2.8 所示。

（3）按数字键“5”，就可以将“紫”字输入到文本中。用户也可以输入词语以提高输入速度，在如图 3.2.8 所示的界面中，不按数字键或空格键，继续输入“guang”，将出现两个字母组合的词组，如图 3.2.9 所示。

图 3.2.8　输入单个汉字

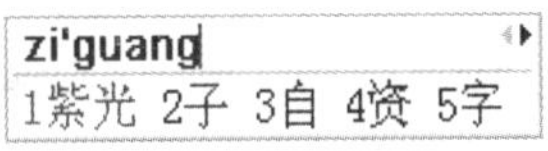

图 3.2.9　输入词组

按照上述操作步骤还可输入三字词、四字词、五字词或整个句子后再确认。例如输入“shiyongquanpinshuru”（使用全拼输入），输入过程如图 3.2.10 所示。按数字键“3”进行选择，结果如图 3.2.11 所示，再按空格键，或按数字键“1”，即可得到“使用全拼输入”。

图 3.2.10　输入过程

图 3.2.11　选择结果

注意　紫光拼音输入法在输入字词或短语时，一次通过连续的拼音串输入的词或短语不能多于 9 个汉字。

3.3　使用五笔字型输入法输入汉字

五笔字型输入法是专业录入人员最常用的一种输入法，它以汉字形状为基础，不需要拼音知识。

这种编码方案较其他汉字编码方案有着显著的优点：构思巧妙、形象生动、易学易用、重码率低。

3.3.1 汉字的结构分析

汉字结构涉及汉字的笔画、字型和书写顺序等，下面将做详细介绍。

1. 笔画

笔画是构成汉字的最小单位，是一次写成的一个连续不断的线段。在对王码五笔 98 版进行编写时，将汉字分成 5 种笔画。五笔字型对笔画只考虑走向，而对笔画的长短和轻重不要求，它将汉字分成横、竖、撇、捺、折 5 种基本笔画，分别以 1，2，3，4，5 作为代号。表 3.2 所示列出了 5 种基本笔画以及其他笔画的归并。

表 3.2 五笔字型 5 种基本笔画及代号

代 号	笔画名称	基本笔画	笔画走向
1	横	一	左→右
2	竖	丨	上→下
3	撇	丿	右上→左下
4	捺	、	左上→右下
5	折	乙	带转折

在书写汉字时应该注意以下几点：

（1）两笔或两笔以上写成的，如“木”、“土”、“二”等不叫笔画，而叫笔画结构。

（2）一个笔画不能断开成几段来处理，如“里”，不能分解为“田、土”，而是分解为“日、土”。

（3）将“提”归并到“横”类；“竖钩”归并到“竖”类；“点”归并到“捺”类；带“折”的均归并到“折”类，例如：

1）“现”是“王”字旁，将“提”笔视为“横”。

2）“利”的右边是“刂”，将末笔的“竖钩”视为“竖”。

3）“村”是“木”字旁，将“点”笔应视为“捺”。

2. 字型

在所有的方块字中，五笔字型将其分为左右型、上下型、杂合型 3 种类型，并以 1，2，3 为顺序代号。字型是对汉字从整体轮廓上来区分的，这对确定汉字的五笔字型编码十分重要。

（1）1 型：左右型，左右型汉字又分为两类。

1）整个汉字有着明显的左右结构，如好、汉、码、轮。

2）整个字的 3 个部分从左到右并列，或者单独占据一边的一部分与另外两部分呈左右排列，如撇、侣、别。

（2）2 型：上下型，上下型汉字又分为两类。

1）整个汉字有着明显的上下结构，如吴、节、晋、思。

2）汉字的 3 个部分上下排列，或者单独占据的部分与另外两个部分上下排列，如掌、资、装、算。

（3）3 型：杂合型，当汉字的书写顺序没有简单明确的左右关系或上下关系时，都将其归为杂合型，如困、同、这、斗、飞、秉、函、幽、本、天、丹、戍。

关于字型有如下规定：

（1）凡单笔画与字根相连或带点结构都视为 3 型。

（2）“能散不连”的原则也同样适用于字型区分，如矢、卡、平视为 2 型。

（3）内外型字属 3 型，如困、同、西，但“见”视为 2 型。

（4）含两字根且相交的字属 3 型，如东、串、电、本。

（5）下含“走之”的字为 3 型，如进、逞、远、达。

3.3.2　键盘上的字根分布

汉字由字根构成，用字根可以像堆积木那样组合全部的汉字和词汇。五笔字型优选出的 130 个基本字根，按照其起笔笔画代号，并考虑键位设计需要，共分为 5 个区，每个区又分成 5 个位，命名为区号位号，这样可得到 11～15，21～25，31～35，41～45，51～55，共 25 个键位，其中，一区有 27 个基本字根，二区有 23 个，三区有 29 个，四区有 23 个，五区有 28 个，一个键位上一般安排了 2～11 种字根，字体较大的字根是主要字根。每个键位对应一个英文字母键，11～55 这样的数字称为键位代码，再从具体同一键位代码的一级字根中选出一个有代表性的字根作为键名字（每个键位方框左上角的字根就是键名字），这样就形成了五笔字型键盘字根总图，如图 3.3.1 所示。

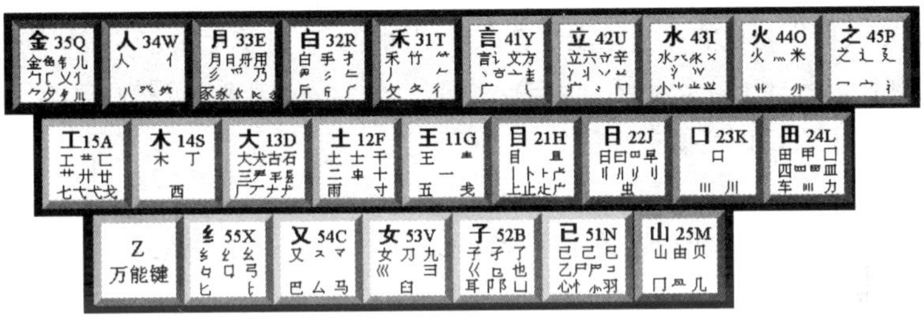

图 3.3.1　五笔字型键盘字根总图

3.3.3　汉字的拆分原则

五笔字型汉字编码方案拆字的基本原则可概括为以下几种情况。

1. 单字根汉字

这种汉字就是我们所说的成字字根。由于这种汉字只有一个基本字根，所以不用再拆，编码方法有单独规定，例如，木、大、女、乙。

2. 散结构的汉字

由于组成这种汉字的字根之间没有什么关联，各部分相对独立，所以拆分时只需简单地将那些字根孤立出来就行，例如：

只：口　八　　　类：米　大　　　汉：氵　又　　　数：米　女　攵

3. 交叉结构或交连混合结构的汉字

如果一个汉字只是由单笔画与基本字根相连组成，那么将这个汉字直接拆分为单笔画和基本字根即可，例如：

乏：丿　之　　　自：丿　目　　　上：卜　一　　　太：大　丶

除此之外，结构较复杂的汉字由于组成字根之间有相连、包含或嵌套的关系，没有很明显的界限，对初学者来说，难以拆分。对这样的汉字，拆分时基本上是按书写顺序拆分成几个已知的最大字根，以增加一笔就不能构成已知字根这个原则来决定笔画的归属。拆分时要注意遵循取大优先、兼顾直观、能连不交、能散不连的原则。

（1）取大优先：也称能大不小。也就是说，如果一个汉字可能有几种拆分方法，有些方法拆出来的字根少，这时就以拆分字根数量少的那种为优先。要使拆分的字根数少，则要使拆分成的字根尽可能大。例如：

果　　拆法 1：曰　木　　（正确）

　　　拆法 2：曰　一　小　（错误，因为第三个码元“小”，完全可以向前凑到“一”上，形成一个更大的码元“木”）

再如：

世　　拆法 1：廿　乙　　（正确）

　　　拆法 2：一　凵　乙　（错误，因为其第二个码元“凵”，完全可以向前凑到“一”上，形成一个更大的已知码元“廿”）

总之，“取大优先”俗称“尽量往前凑”，是一个在汉字拆分中最常用的基本原则。至于什么才算“大”，“大”到什么程度才到“边”，熟悉了码元总表后，便不会再出错。

（2）兼顾直观：拆字的目的是为给汉字输入字根编码，在键盘上组字（键字根码），如果拆分的字根有较好的直观性，就便于联想记忆，给输入带来方便。为了兼顾直观性，“羊”拆成“丷、𦍌”就比拆成“䒑、二、丨”要直观得多。例如：

自：丿　目　　　　生：丿　龶

（3）能连不交：指可以拆成相连关系字根，就不要拆分成相交关系的字根。例如：

刊　　拆法 1：干　刂　　（正确）

　　　拆法 2：二　丨　刂　（错误，因为这样“二”与“丨”就是交的关系了）

（4）能散不连：指能拆成散结构关系的字根，就不要拆分成相连关系的字根。例如：

午　　拆法 1：𠂉　十　　（正确）

　　　拆法 2：丿　干　　（错误，因为这样“丿”与“干”就是连的关系了）

另外，在拆分时还应注意，不能将一个笔画割断放在两个字根中，例如：

果　　拆法 1：曰　木　　（正确）

　　　拆法 2：田　木　　（错误，因为其中的竖笔本来就只是一笔，现分成两笔）

总之，拆字时应当兼顾上述 4 个方面的要求。一般来说，首先应当保证每次拆出最大的基本字根，在拆出字根数目相等的条件下，“散”比“连”优先，“连”比“交”优先。

四句拆分口诀还可再补充四句，则成：

单勿需拆，散拆简单，难在交连，笔画勿断。

能散不连，兼顾直观，能连不交，取大优先。

3.3.4　末笔字型交叉识别

构成汉字的基本字根之间存在着一定的位置关系。例如，同样是“口”与“八”这两个字根，位置关系不同，就构成不同的“叭”与“只”两个字，这两个字的编码为：

叭：口　八　编码：K W（2334）

只：口　八　编码：K W（2334）

两个字的编码完全相同，即出现了重码。可见，仅仅将汉字的字根依书写顺序输到电脑中，还是不够的，还必须告诉电脑刚才输入的那些字根是以什么方式排列的。若用字型代码加以区别，则是：

叭：口 八 编码：23 34 1（左右）

只：口 八 编码：23 34 2（上下）

于是，这两字的编码就不会相同了，最后一个数字称字型识别码。

另外，五笔字型编码方案的键盘设计中，将 130 个字根安排在 25 个英文字母键上，每个键上一般有 2～11 个字根，这样就会造成不同的字根有相同的编码。例如，14（S）键上有“木”、“丁”、“西”3 个字根，当它们左边分别加上“氵”时，则成为：

沐：氵 木 编码：IS（4314）

汀：氵 丁 编码：IS（4314）

洒：氵 西 编码：IS（4314）

上面 3 个字尽管字根分解不同，但由于它们的第二部分字根共处一键，还是出现了重码。于是，仅仅将字根依书写顺序输到电脑中，也还是不够的，还必须告诉电脑刚才输进去的那些字根各有什么特点。若用末笔笔画代码加以区别，则变成：

沐：氵 木 编码：43 14 41 （捺）

汀：氵 丁 编码：43 14 21 （竖）

洒：氵 西 编码：43 14 11 （横）

这样就使处在同一键上的 3 个字根和其他字根构成汉字时，具有了不同的编码。最后一位数字称为末笔识别码。

综上所述，为了避免出现重码，有时需要加字型识别码，有时又需要加末笔识别码，这样就显得很麻烦。解决这个问题的办法是将两者合二为一，提出末笔字型交叉识别码的概念，即把末笔代码当十位，字型代码当个位，组成一个两位数，称为“末笔字型交叉识别码”。5 种笔画，3 种字型一共可构成 15 种识别码，分别对应于 5 个区的前 3 个键位。

如果组成汉字的字根数目达到或多于 4 个，则不需要追加末笔字型交叉识别码。末笔字型交叉识别码如表 3.3 所示。

表 3.3 末笔字型交叉识别码表

末笔字型	左右 1	上下 2	杂合 3
横 1	11 G	12 F	13 D
竖 2	21 H	22 J	23 K
撇 3	31 T	32 R	33 E
捺 4	41 Y	42 U	43 I
折 5	51 N	52 B	53 V

关于末笔有如下规定：

（1）末字根为“力、刀、九、七”等时，一律认为末笔为折。例如：

仇：34 53 51

化：34 55 51

（2）所有包围型汉字中的末笔，规定取被包围的那一部分笔画结构的末笔。例如：

国：24 11 41 43

远：12 35 45 53

厌：13 13 43

（3）“我、戈、成”等字的末笔取撇“丿”。

关于字型前面已讨论过，现在再归纳如下：

（1）凡单笔画与字根相连或带点结构都视为杂合型。

（2）字型区别时，也用“能散不连”的原则，例如，“矢、卡、见、严”等都视为上下型。

（3）内外型字属杂合型，例如，“困、同”等。

（4）含两字根且相交者属于杂合型，例如，“东、电”等。

（5）下含“走之”字为杂合型，例如，“进、逞、远”等。

（6）以下各常用字为杂合型：可、床、厅、龙、尼、工、后、反、处、办、皮、飞、死、疗、压。但相似的例如：右、左、看、者、布、色、友、冬、灰等视为上下型。

3.3.5 汉字的输入

在掌握了汉字的结构、字根在键盘上的分布以及汉字的拆分原则后，用户就可以使用五笔字型输入法输入汉字。在五笔字型输入法中，用户可输入键名汉字、成字字根汉字和普通汉字。

1．输入键名汉字

五笔字型的字根都分布在键盘的 25 个键位上，每一个键位上都有一个键名汉字，键名汉字是每一个键上的第一个字。输入键名汉字的方法是连续敲击其所在键位 4 次。

2．输入成字字根汉字

在五笔字型字根键盘的每个键位上，除了一个键名汉字外，每个键位上还有一些完整的字根汉字，即成字字根汉字。其输入方法可用公式表示为：

键名代码+首笔代码+次笔代码+末笔代码

当用户要输入一个成字字根时，先敲击其所在键位（俗称“报户口”），然后再依次输入第一个笔画、第二个笔画及末笔笔画所在的键位。如果该字根只有两个笔画，则以空格键结束。例如“文”和“丁”字的输入过程如图 3.3.2 所示。

文=文+丶+一+㇏　　丁=丁+一+亅+空格

Y+Y+G+Y　　S+G+H+空格

图 3.3.2　成字字根汉字输入过程

3.3.6 简码的输入

五笔字型汉字输入的字根码一般为 4 位，对于字根数目等于或大于 4 位的，直接采用 4 个字根码；对于字根数为 3 的，补打一个末笔交叉识别码，构成 4 码；字根数为 2 的，补一识别码后，再补一空格键，构成 4 码。为了简化输入，减少码长，五笔字型专门设计了简码输入方案。

1．一级简码

一级简码有汉字 25 个，其输入方法是先击它所在的键，再击一个空格键即可。

2．二级简码

二级简码有 625 个汉字，它由汉字全码的前两个字根代码组成。其输入方法是先击它前两个字根所在的键，再击一下空格键。表 3.4 所示的为二级简码表。

表 3.4　五笔字型二级简码表

第二码 第一码		GFDSA 11———15	HJKLM 21———25	TREWQ 31———35	YUIOP 41———45	NBVCX 51———55
G	11	五于天末开	下理事画现	玫珠表珍列	玉平不来	与屯妻到互
F	12	二寺城霜载	直进吉协南	才垢圾夫无	坟增示赤过	志地雪支
D	13	三夺大厅左	丰百右历面	帮原胡春克	太磁砂灰达	成顾肆友龙
S	14	本村枯林械	相查可楞机	格析极检构	术样档杰棕	杨李要权楷
A	15	七革基苛式	牙划或功贡	攻匠菜共区	芳燕东　芝	世节切芭药
H	21	睛睦睚盯虎	止旧占卤贞	睡睥肯具餐	眩瞳步眯瞎	卢　眼皮此
J	22	量时晨果虹	早昌蝇曙遇	昨蝗明蛤晚	景暗晃显晕	电最归紧昆
K	23	呈叶顺呆呀	中虽吕另员	呼听吸只史	嘛啼吵　喧	叫啊哪吧哟
L	24	车轩因困轼	四辊加男轴	力斩胃办罗	罚较　辚边	思团轨轻累
M	25	同财央朵曲	由则　崭册	几贩骨内风	凡赠峭赕迪	岂邮　凤嶷
T	31	生行知条长	处得各务向	笔物秀答称	入科秒秋管	秘季委么第
R	32	后持拓打找	年提扣押抽	手折扔失换	扩拉朱搂近	所报扫反批
E	33	且肝须采肛	胩胆肿肋肌	用遥朋脸胸	及胶膛膦爱	甩服妥肥脂
W	34	全会估休代	个介保佃仙	作伯仍从你	信们偿伙	亿他分公化
Q	35	钱针然钉氏	外旬名甸负	儿铁角欠多	久匀乐炙锭	包凶争色
Y	41	主计庆订度	让刘训为高	放诉衣认义	方说就变这	记离良充率
U	42	闰半关亲并	站间部曾商	产瓣前闪交	六立冰普帝	决闻妆冯北
I	43	汪法尖洒江	小浊澡渐没	少泊肖兴光	注洋水淡学	沁池当汉涨
O	44	业灶类灯煤	粘烛炽烟灿	烽煌粗粉炮	米料炒炎迷	断籽娄烃糨
P	45	定守害宁宽	寂审宫军宙	客宾家空宛	社实宵灾之	官字安　它
N	51	怀导居　民	收慢避惭届	必怕　愉懈	心习悄屡忱	忆敢恨怪尼
B	52	卫际承阿陈	耻阳职阵出	降孤阴队隐	防联孙耿辽	也子限取陛
V	53	姨寻姑杂毁	叟旭如舅妯	九　奶　婚	妨嫌录灵巡	刀好妇妈姆
C	54	骊对参骠戏	骒台劝观	矣牟能难允	驻骈　　驼	马邓艰双
X	55	线结顷　红	引旨强细纲	张绵级给约	纺弱纱继综	纪弛绿经比

3．三级简码

三级简码由单字的前 3 个字根码组成，只要一个字的前 3 个字根码在整个编码体系中是唯一的，一般都选作三级简码，共计有 4 000 个左右。此类汉字，只要输入其前 3 个字根码再加空格键即可输入，如

毅：全码 UEMC　　　简码 UEM　　　　　　　唐：全码 YVHK　　　简码 YVH

有时，同一个汉字可能有几种简码。例如“经”字，就有一级简码、二级简码、三级简码及全码 4 种输入编码，如

经：一级简码 X；二级简码 XC；三级简码 XCA；全码 XCAG

在这种情况下，应选最简捷的方法输入。

4．词汇编码

（1）双字词：分别取两个字的单字全码中的前两个字根代码，共组成四码，如

机器：木几口口（SMKK）　　　　　　　汉字：氵又宀子（ICPB）

（2）三字词：前两个字各取其第一码，最后一个字取其前两码，共为四码，如

计算机：讠竹木几（YTSM）

（3）四字词：每字各取其第一码，共为四码，如

程序设计：禾广讠讠（TYYY）　　　　　光明日报：小日日扌（IJJR）

（4）多字词：按“一、二、三、末”的规则，取第一、二、三及最末一个字的第一码，共为四码，如

电子计算机：日子讠木（JBYS）　　　　中华人民共和国：口亻人口（KWWL）

3.3.7 重码、容错码和万能键 Z

重码和容错码对输入速度有一定的影响，用户应当了解其输入和处理方法。

1．重码

所谓“重码”是指在输入一组编码后，将会同时显示两个或两个以上不同的汉字或词组，如输入“FCU”后，在如图 3.3.3 所示的汉字候选框中将会显示重码。

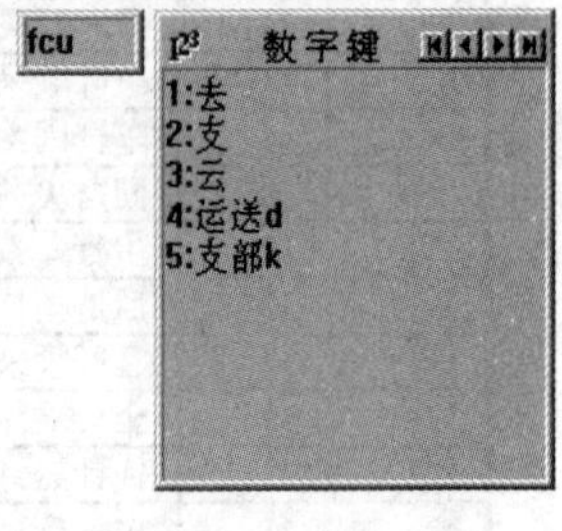

图 3.3.3 汉字候选框

使用频率较高的汉字一般会排在第 1 位，如果所需的汉字在第 1 位，继续输入下文，该汉字即可自动跳到光标所在的位置；如果所需的汉字不在第 1 位，则按键盘上相应的数字键来选取所需汉字，所对应的汉字即可显示在屏幕上。如果重码较多，在提示行中一次性不能完全显示，则按键盘上的“－”或“+”键来向后翻页，当找到所需的汉字时，按其前面所对应的数字即可。

2．容错码

容错码是为了解决书写习惯和顺序中不好处理的一些特殊汉字的编码而设计的，对少数比较容易出错的汉字，即使输入错误，计算机也能显示正确的汉字。但不是所有的错误都能纠正，只是较容易搞错的一些汉字可以纠正。目前大约有 1 000 个容错码，容错主要分为以下 3 种类型：

（1）拆分容错。有些汉字的书写顺序因人而异，因此五笔字型编码方案规定，允许某些习惯顺序的输入。如“长”字的标准拆分顺序为“丿”、“七”、“丶”，识别码为“43”，编码为 TAYI，但按照书写顺序的不同，还存在以下 3 种编码方案：

1）长：七、丿、丶、氵，其编码为 ATYI。

2）长：丿、一、丨、丶，其编码为 TGNY。

3）长：一、丨、丿、丶，其编码为 GNTY。

（2）字型容错。在输入汉字时，有的汉字字型不明确，在判断时容易搞错。如：

“击”字的标准拆分顺序为“二”、“山”，其编码为 FMK（杂合型），而容错的编码为 FMJ（上下型）。

“连”字的标准拆分顺序为“车”、“辶”，其编码为 LPK（末笔识别码为“丨”杂合型），而容错的编码为 LPD（末笔识别码为“一”杂合型）。

“占”字的标准拆分顺序为“⺊”、“口”，其编码为 HKF（上下型），而容错的编码为 HKD（杂合型）。

（3）版本容错。版本容错是指不同版本输入法之间的编码方案也可能会有所不同，为了使老用户也能够使用最新版本，所以设计了一些版本容错编码方案。如：

“拾”字的拆分顺序为“扌”、“人”、“一”、“口”，编码为 RWGK，而容错的拆分顺序为“扌”、“合”、“口”，编码为 RWKG。

3．万能键 Z

在五笔字型输入法中，“Z”键是作为帮助键来使用的，其功能是代替任何一个“未知”的编码。当对汉字的拆分难以确定时，可以用“Z”键来代替。在输入有“Z”键的汉字编码时，五笔字型编码方案就会将符合已知字根的那些汉字及其正确代码 5 个一组显示在提示行中。根据这些字在提示行中的位置序号，按键盘上相应的数字键可把所需的汉字输入到光标所在位置。

3.4　典型实例——用五笔输入短文

本案例使用五笔字型输入法在写字板程序窗口中输入如图 3.4.1 所示的短文。

操作步骤

（1）选择

→

→

→

命令，打开写字板程序。

（2）将输入法切换到五笔字型输入法，在写字板中输入“乡下”的编码“XTGH”，如图 3.4.2 所示。

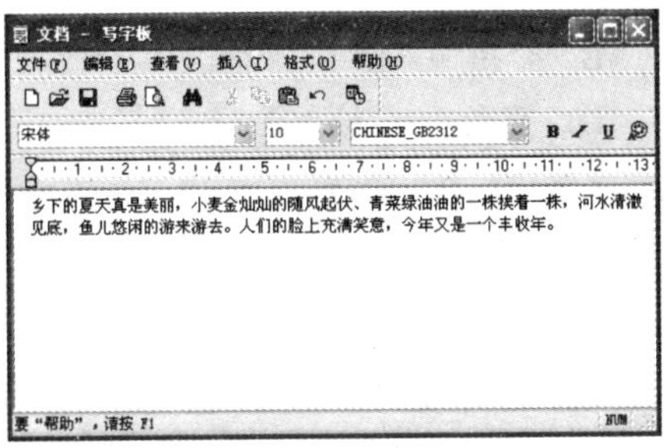

图 3.4.1　最终效果

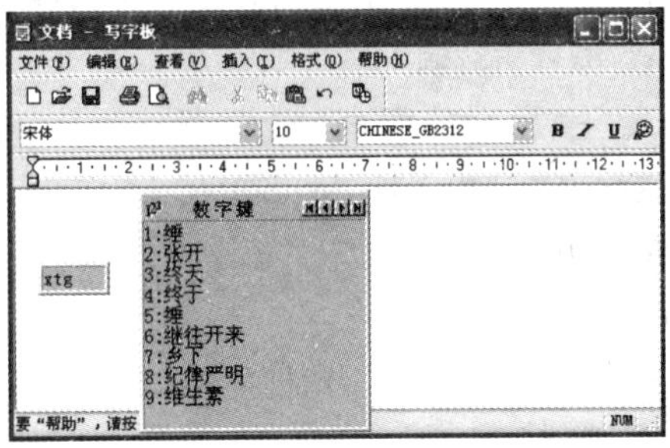

图 3.4.2　输入“乡下”的编码

（3）输入一级简码“的”的编码“R”，如图 3.4.3 所示。由于“的”字就在候选框的第一位，所以直接按空格键即可输入。

（4）输入词组“夏天”的编码“DHGD”；输入单字“真”的编码“FHW”，如图 3.4.4 所示，由于“真”字就在候选框的第一位，所以可直接按空格键。

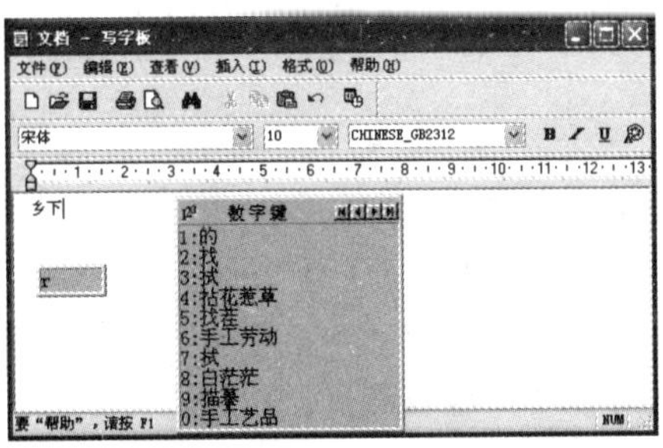

图 3.4.3　输入一级简码“的”

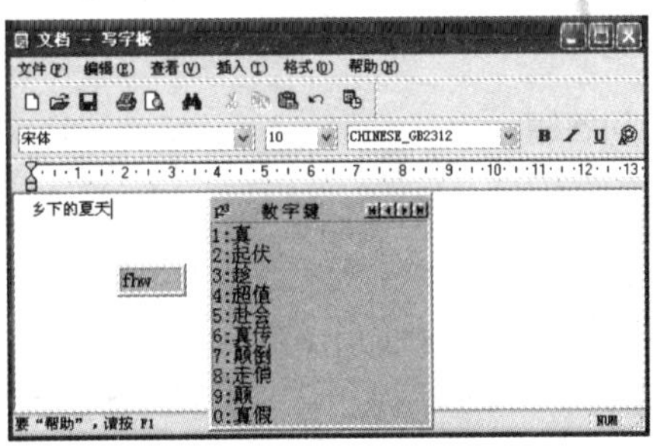

图 3.4.4　输入“真”的编码

（5）按照同样的方法在写字板中输入内容，然后输入键名汉字“金”的编码“QQQQ”，再依次输入剩余的内容，如图 3.4.1 所示。

小　　结

文字输入技术是计算机操作的一项基本技术，通过本章的学习使读者掌握键盘操作的基本要领，学会利用键盘进行资料输入，并提高击键的准确性和输入速度。

过关练习三

一、填空题

1. 默认情况下，用________键可以切换中/英文输入法，用________键可以在各种输入法之间切换。

2. 使用输入法输入汉字的过程中，可以按________和________键来翻页查看更多的候选内容。

3. 五笔字型的 5 种笔画为________、________、________、________和________。

4. 在进行汉字输入时，键盘一定是在________状态。

二、选择题

1. 下列（ ）不是 Windows XP 自带的输入法。

A．微软拼音输入法　　B．全拼输入法

C．王码五笔字型输入法 86 版　　D．智能 ABC 输入法

2. 键盘中主要用于打字的区域是（ ），它可输入字符、汉字和数字。

A．功能键区　　B．主键盘区

C．游标/控制键区　　D．数字键区

3. 某键位上存在上、下两种字符，如需输入上挡字符，可按（ ）键的同时再按符号所在键位。

A．Shift　　B．Caps Lock　　C．Ctrl　　D．Alt

4. 使用智能 ABC 输入“西安”时，下面正确的拼音方法是（ ）。

A．xi'an　　B．xian　　C．xia'n　　D．'xian

5. 输入法的编码规则有（ ）。

A．音码　　B．形码　　C．音形码　　D．王码

6. 在五笔字型输入法中，（ ）是构成汉字的最基本单位。

A．笔画　　B．字根　　C．单字　　D．偏旁

三、问答题

1. 键盘分为哪几个区？每个区的作用是什么？包括哪些键？

2. 为什么在打字时需要有正确的坐姿？正确的坐姿包括哪几部分？

3. 汉字的拆分原则是什么？

4. 在五笔字型输入法中，一级简码是什么？哪些字属于一级简码？

四、上机操作题

1. 练习输入法的添加和选择。

2. 在记事本程序中，输入下面的英文。在输入的过程中尽量做到盲打，注意字母的大小写转换、英文标点符号和空格的输入。

Key?Kiss?

A friend of mine was giving an English lesson to a class of adult who had recendy come to live in the United States.After placing quite a number of everyday objects on a table,he asked various members of the class to give him the ruler,the book,the book,the pen and so on.

第 4 章　文字处理 Word 2007

Word 2007 是微软公司开发的 Office 2007 系列办公软件之一，主要用于文字处理。使用该软件，不仅可以进行普通的文字输入，轻松实现文档格式化，还可以绘制图形、制作表格、图文混排，并编排出精美的文档。

本章重点

（1）文档的基本操作。

（2）文本的基本操作。

（3）在文档中插入表格。

（4）插入图形对象。

（5）页面设置与打印输出。

4.1　Word 2007 基础

Word 2007 是目前最流行、功能最强大的文字处理软件，它包括文字编辑、表格制作、图文混排以及 Web 文档制作等各项功能，适合众多的普通计算机用户、办公人员和专业排版人员使用。使用 Word 2007，用户可以更加轻松和方便地完成办公过程中的文字处理工作。

4.1.1　启动 Word 2007

启动 Word 2007 的方法有很多种，最常用的有以下 3 种。

1．使用“开始”菜单栏启动

（1）单击桌面左下角的 开始 按钮，弹出“开始”菜单栏。

（2）选择 所有程序(P) → Microsoft Office → Microsoft Office Word 2007 程序，如图 4.1.1 所示，即可启动 Word 2007。

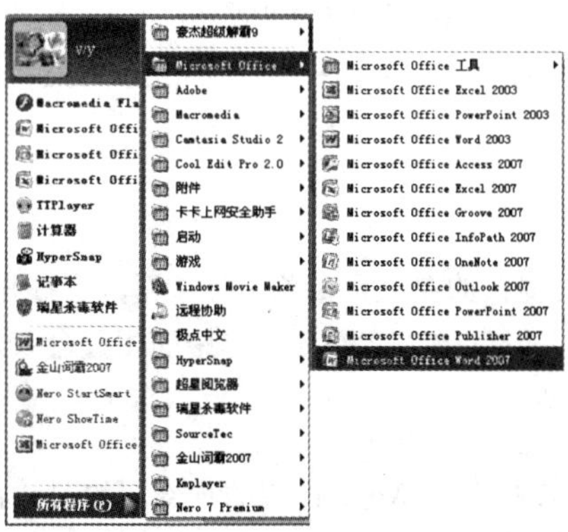

图 4.1.1　从“开始”菜单栏启动 Word 2007

2．使用桌面快捷方式启动

如果在 Word 2007 的安装过程中，根据屏幕的提示在桌面上建立了 Word 2007 快捷图标，用户只须双击该快捷图标，即可启动 Word 2007。

3．直接启动

在资源管理器中，找到要编辑的 Word 文档，直接双击此文档即可启动 Word 2007。

4.1.2　Word 2007 的工作界面

Word 2007 拥有新的外观，新的用户界面，用简单明了的单一机制取代了 Word 早期版本中的菜单、工具栏和大部分任务窗格。新的用户界面可帮助用户在 Word 中更高效、更容易地找到完成各种任务的合适功能，以提高工作效率。

选择 开始 → 所有程序(P) → Microsoft Office → Microsoft Office Word 2007 命令，启动 Word 2007 应用程序，并打开 Word 2007 的工作界面，如图 4.1.2 所示。该工作界面由标题栏、功能区、标尺、文档编辑区、任务窗格、滚动条、状态栏等组成。

图 4.1.2　Word 2007 工作界面

Word 2007 的工作界面与以前版本的软件相比，有了很大的改进，下面将主要介绍该界面中新增部分的功能。

1．Office 按钮

“Office”按钮位于 Word 窗口的左上角，单击该按钮，可打开 Office 菜单，如图 4.1.3 所示。用户可以在该菜单中找到原 Word 2003 中“文件”菜单中的相关命令。

2．快速访问工具栏

在默认情况下，快速访问工具栏位于 Word 窗口的顶部，如图 4.1.4 所示，使用它可以快速访问用户频繁使用的工具。用户可以将命令添加到快速访问工具栏，从而对其进行自定义，具体操作步骤如下：

图 4.1.3　Office 菜单

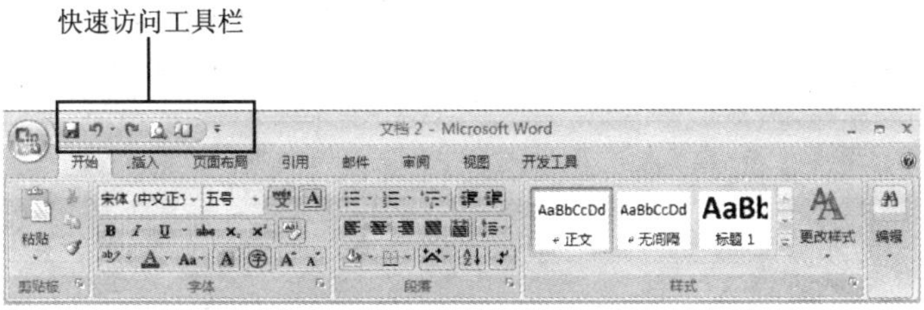

图 4.1.4　快速访问工具栏

（1）单击“Office”按钮，在弹出的菜单中选择 Word 选项(I) 选项，弹出 Word 选项 对话框，在该对话框左侧的列表中选择 自定义 选项，如图 4.1.5 所示。

图 4.1.5　“Word 选项”对话框

（2）在该对话框中的“从下列位置选择命令”下拉列表中选择需要的命令，然后在其下方的列表框中选择具体的命令，单击 添加(A) >> 按钮，将其添加到右侧的“自定义快速访问工具栏”下拉列表中。

（3）添加完成后，单击 确定 按钮，即可将常用的命令添加到快速访问工具栏中。

3. 功能区用户界面

在 Office Word 2007 中，功能区是菜单和工具栏的主要替代控件。为了便于浏览，功能区包含若干个围绕特定方案或对象进行组织的选项卡，而且，每个选项卡的控件又细化为几个组。功能区能够比菜单和工具栏承载更加丰富的内容，包括按钮、库和对话框内容，如图 4.1.6 所示。

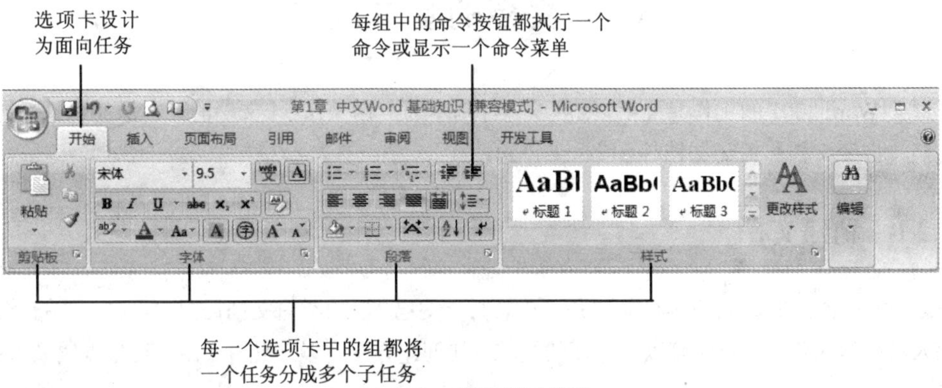

图 4.1.6　功能区用户界面

4. 上下文工具

上下文工具使用户能够操作在页面上选择的对象，如表、图片等。当用户选择文档中的对象时，相关的上下文选项卡集以强调文字颜色出现在标准选项卡的旁边，如图 4.1.7 所示。

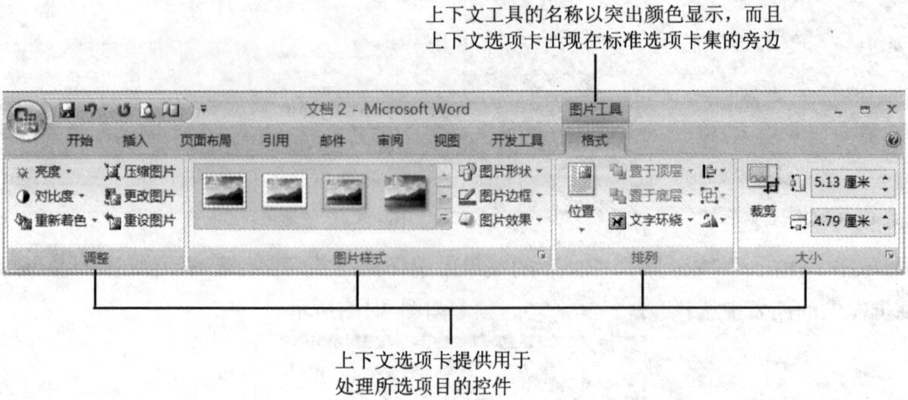

图 4.1.7　上下文工具

5. 程序选项卡

当用户切换到某些创作模式或视图（包括打印预览）时，程序选项卡会自动替换标准选项卡集，如图 4.1.8 所示。

图 4.1.8　程序选项卡

6. 对话框启动器

对话框启动器是一些小图标，这些图标出现在某些组中。单击对话框启动器将打开相应的对话框或任务窗格，其中提供与该组相关的更多选项。例如单击“段落”组中的对话框启动器，弹出对应的“段落”对话框。

4.2　文档的基本操作

了解了 Word 2007 的工作界面后，就可以进行基本的文档操作了。文档的基本操作包括新建文档、保存文档、打开文档和关闭文档等。

4.2.1　新建文档

启动 Word 2007 时，系统将自动打开一个名为“文档 1”的空白文档，用户可在其中直接进行文字的输入和编辑操作。用户还可以创建新的文档，其创建方法有以下几种，用户可根据需要选择其中的一种。

1．创建一个空白文档

创建一个空白文档的具体操作步骤如下：

（1）单击“Office”按钮，然后在弹出的菜单中选择新建(N)选项，弹出新建文档对话框，如图 4.2.1 所示。

（2）在该对话框左侧的“模板”列表框中选择“空白文档和最近使用的文档”选项，然后在对话框右侧的列表框中选择“空白文档”选项，单击创建按钮，即可创建一个空白文档。

2．根据“已安装的模板”新建

根据“已安装的模板”新建文档的具体操作步骤如下：

（1）单击“Office”按钮，然后在弹出的菜单中选择新建(N)选项，弹出新建文档对话框。

（2）在该对话框左侧的“模板”列表框中选择“已安装的模板”选项，在对话框的右侧将显示已安装的模板，如图 4.2.2 所示。

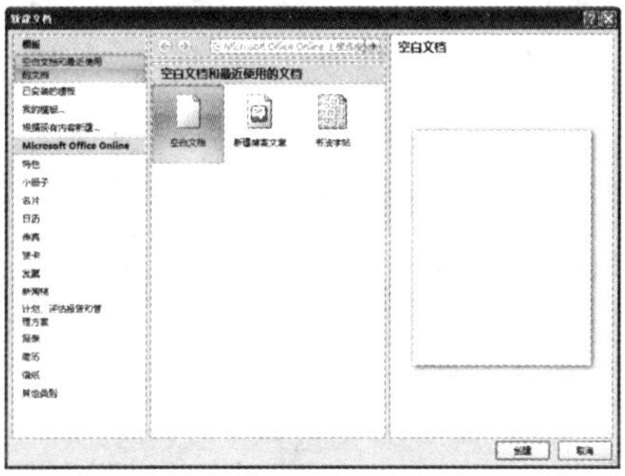

图 4.2.1 “新建文档”对话框

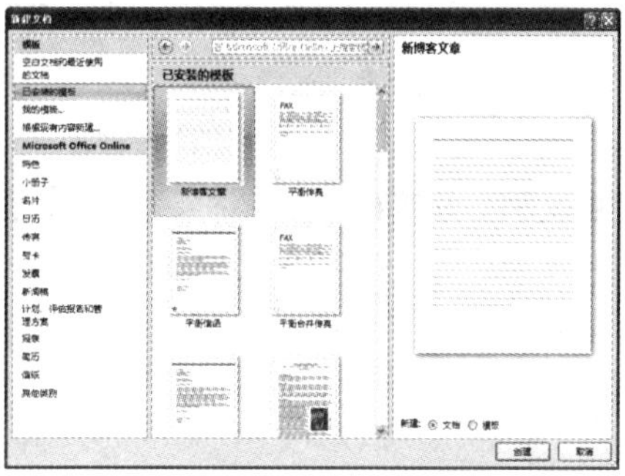

图 4.2.2　已安装的模板

（3）在“已安装的模板”列表框中选择需要的文档模板，单击创建按钮，即可根据已安装的模板创建新文档。

3．根据“我的模板”新建

根据“我的模板”新建文档的具体操作步骤如下：

（1）单击“Office”按钮，然后在弹出的菜单中选择新建(N)选项，弹出新建文档对话框。

（2）在该对话框左侧的“模板”列表框中选择“我的模板…”选项，弹出新建对话框，如图 4.2.3 所示。

（3）在该对话框中选择需要的模板，单击确定按钮，即可根据用户创建的模板来创建新文档。

4．根据现有文档新建

根据现有文档新建文档的具体操作步骤如下：

（1）单击“Office”按钮，然后在弹出的菜单中选择新建(N)选项，弹出新建文档对话框。

（2）在该对话框左侧的“模板”列表框中选择“根据现有内容新建…”选项，弹出根据现有文档新建对话框，如图 4.2.4 所示。

（3）在该对话框中选择现有的文档模板，单击新建(C)按钮，即可在该文档的基础上创建一个新的 Word 文档。

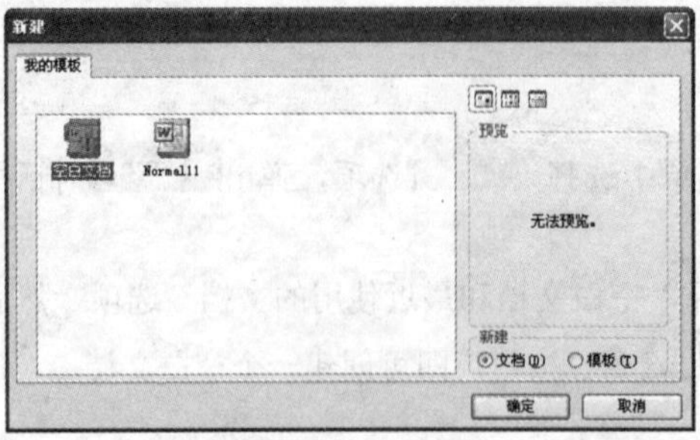

图 4.2.3 “新建”对话框

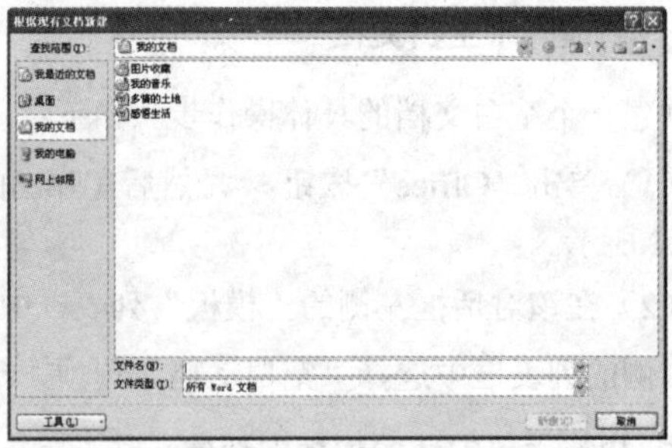

图 4.2.4 “根据现有文档新建”对话框

注意 用户还可以使用 Microsoft Office Online 来创建小册子、名片、日历、传真、贺卡、发票、新闻稿、计划、评估报告和管理方案、报表、简历、信纸以及其他类型的文档。

4.2.2 保存文档

新建的文档必须执行保存操作后才能储存在电脑磁盘中，同时在输入文档的过程中也应随时保存文档，以避免因停电或死机造成文档数据丢失。Word 2007 为用户提供了多种保存文档的方法，而且具有自动保存功能，可以最大限度地保护因意外而引起的数据丢失。

1．保存新建文档

保存新建文档的具体操作步骤如下：

（1）单击“Office”按钮，然后在弹出的菜单中选择“保存”选项，弹出“另存为”对话框，如图 4.2.5 所示。

（2）在该对话框中的“保存位置”下拉列表中选择要保存文件的文件夹位置。

（3）在“文件名”下拉列表中输入文件的名称；在“保存类型”下拉列表中选择保存文件的格式。

（4）设置完成后，单击“保存(S)”按钮即可。

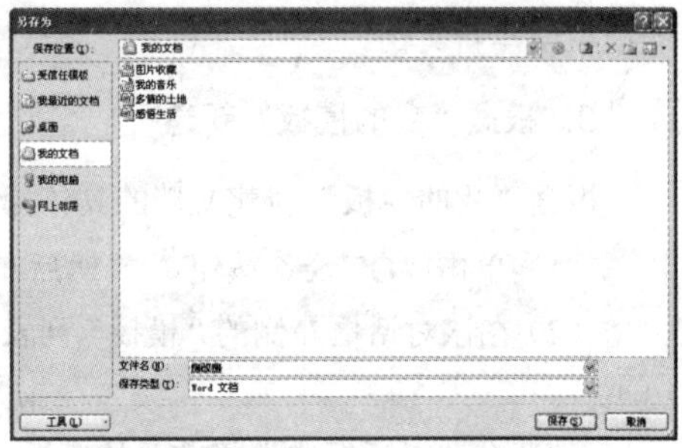

图 4.2.5 “另存为”对话框

2．保存已有文档

如果文档已存在，用户需要在修改后进行保存，可采用以下两种方法：

（1）在原有位置保存。在对已有文档修改完成后，单击“Office”按钮，然后在弹出的菜单中选择“保存”选项，Word 2007 将修改后的文档保存到原来的文件夹中，修改前的内容将被覆盖，并且不再弹出“另存为”对话框。

（2）另存为。如果需要将已有的文档保存到其他的文件夹中，可在修改完文档之后，单击“Office”按钮，然后在弹出的菜单中选择“另存为”选项，弹出“另存为”对话框。保存方法与保存新建文档一样。

3．自动保存文档

Word 2007 可以按照某一固定时间间隔自动对文档进行保存，这样可大大减少由于断电或死机时来不及保存文档所造成的损失。

设置“自动保存”的具体操作步骤如下：

（1）单击“Office”按钮，然后在弹出的菜单中选择【Word 选项(I)】选项，弹出【Word 选项】对话框。单击【保存】标签，打开“保存”选项卡，如图 4.2.6 所示。

图 4.2.6　“保存”选项卡

（2）在该选项卡右侧的“保存文档”选区中的“将文件保存为此格式”下拉列表中选择文件保存的类型。

（3）选中【保存自动恢复信息时间间隔(A)】单选按钮，并在其后的微调框中输入保存文件的时间间隔。

（4）在“自动恢复文件位置”文本框中输入保存文件的位置，或者单击【浏览(B)...】按钮，在弹出的【修改位置】对话框中设置保存文件的位置。

（5）设置完成后，单击【确定】按钮，即可完成文档自动保存的设置。

4.2.3　打开文档

将文档保存在电脑磁盘中后，可将其打开进行浏览或编辑，这里介绍两种较常用的方法。

1．使用“打开”对话框打开文档

使用“打开”对话框打开文档的具体操作步骤如下：

（1）单击“Office”按钮，然后在弹出的菜单中选择【打开(O)】选项，弹出【打开】对话框，如图 4.2.7 所示。

（2）在“查找范围”下拉列表中选择文档所在的位置，然后在文件列表中选择需要打开的文档。

（3）在“文件类型”下拉列表中选择所需的文件类型。

（4）单击【打开(O)】按钮打开需要的文档。

2．打开最近使用的文档

Word 2007 具有强大的记忆功能，它可以记忆最近几次使用的文档。单击“Office”按钮，然后在弹出的菜单右侧列出的最近使用的文档中单击需要打开的文档即可，如图 4.2.8 所示。

图 4.2.7　“打开”对话框

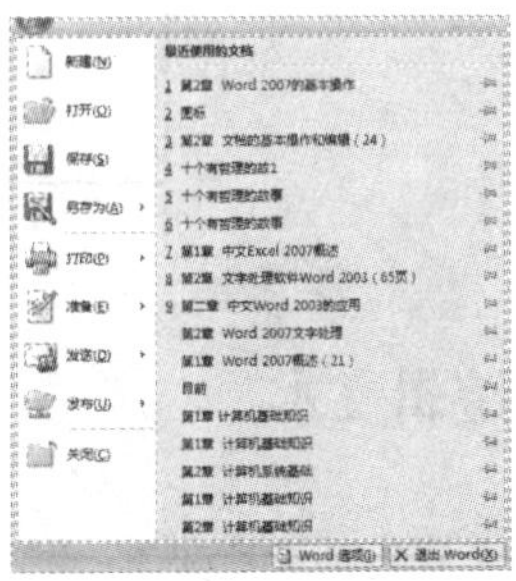

图 4.2.8　最近使用的文档

4.2.4　关闭文档

编辑完一篇文档后应关闭它，以免占用屏幕空间。一般退出 Word 2007 后即可关闭文档，但这将关闭所有 Word 文档，如果需要关闭某个文档，可采用以下方法之一：

（1）单击“Office 按钮”，然后在弹出的菜单中选择关闭(C)选项。

（2）单击“标题栏”右侧的“关闭”按钮。

（3）按快捷键“Alt+F4”。

4.3 文本的基本操作

新建 Word 办公文档之后，需要在文档中输入文本内容使文档更加完整，文本输入之后，还需要对输入的文本进行编辑处理，从而使文本的内容更加完善。

4.3.1 输入文本

新建完一个文档时，在文档的最上端会出现一个闪烁的光标，这就是插入点，在该插入点就可以输入文本。在光标定位处输入文本时，其插入点就向后移动，直到文本输入完成。在输入过程中，按“Delete”键可以删除插入点右边的一个字符，按“Back Space”键可以删除插入点左边的一个字符。输入完一行的内容之后，可以按回车键结束一行文字的输入。

在输入过程中，如果要使该文档的格式标记显示出来，单击“Office”按钮，然后在弹出的菜单中选择Word 选项(I)选项，弹出Word 选项对话框，在该对话框左侧选择显示选项，在右侧的选项组中选中显示所有格式标记(A)复选框，如图 4.3.1 所示。如果要隐藏该段落标记，取消选中该复选框即可。

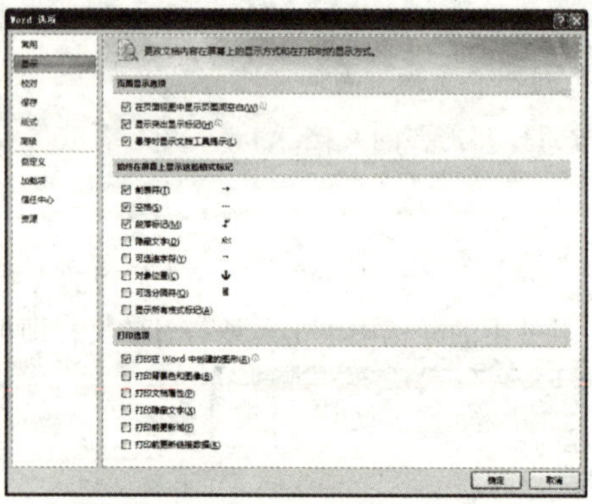

图 4.3.1 “Word 选项”对话框

4.3.2 编辑文本

编辑文本主要包括选定文本、移动文本、复制文本和删除文本。

1. 选定文本

在对文档进行编辑之前，首先必须选定文本，选定文本的方法有两种：一种是利用鼠标选定文本；另一种是利用键盘选定文本。

（1）鼠标选定文本。利用鼠标选定文本比较简单，每个 Word 文档的左边为选定栏，鼠标指针在该区域中会变成↗形状，表 5.1 所示列出了利用鼠标选定文本的方法。

表 5.1　鼠标选定文本

选　择	操　作
任意数量的文本	在要开始选择的位置单击，按住鼠标左键，然后在要选择的文本上拖动指针
一个词	在单词中的任何位置双击
一行文本	将指针移到行的左侧，当指针变为右向箭头↗后单击
一个句子	按下“Ctrl”键，然后在句中的任意位置单击
一个段落	在段落中的任意位置连击三次
多个段落	将指针移动到第一段的左侧，当指针变为右向箭头后，按住鼠标左键，同时向上或向下拖动指针
较大的文本块	单击要选择的内容的起始处，滚动到要选择的内容的结尾处，然后按住“Shift”键，同时在要结束选择的位置单击
整篇文档	将指针移动到任意文本的左侧，当指针变为右向箭头后连击三次
页眉和页脚	在页面视图中，双击灰色显示的页眉或页脚文本。将指针移到页眉或页脚的左侧，在指针变为右向箭头后单击
脚注和尾注	单击脚注或尾注文本，将指针移到文本的左侧，当指针变为右向箭头后单击
垂直文本块	按住“Alt”键，同时在文本上拖动指针
文本框或图文框	在图文框或文本框的边框上移动指针，当指针变为四向箭头后单击

（2）键盘选定文本。在某些情况下，使用键盘选定文本也比较方便，例如要选定整个文档，按“Ctrl+A”快捷键即可。表 5.2 所示列出了键盘选定文本的快捷键。

表 5.2　键盘选定文本

快捷键	键盘操作范围
Shift+↑	选定从当前光标处到上一行文本
Shift+↓	选定从当前光标处到下一行文本
Shift+←	选定当前光标处左边的文本
Shift+→	选定当前光标处右边的文本
Ctrl+A	选定整个文档
Ctrl+Shift+Home	选定从当前光标处到文档开头处的文本
Ctrl+Shift+End	选定从当前光标处到文档结尾处的文本

2．移动文本

在录入文本的过程中，经常要改变文字的位置，这时就要移动文本，具体操作步骤如下：

（1）选定要移动的文本。

（2）将鼠标指针定位在要移动的文本之上，当指针变成形状时（见图 4.3.2），拖动鼠标到目标位置，释放鼠标即可。

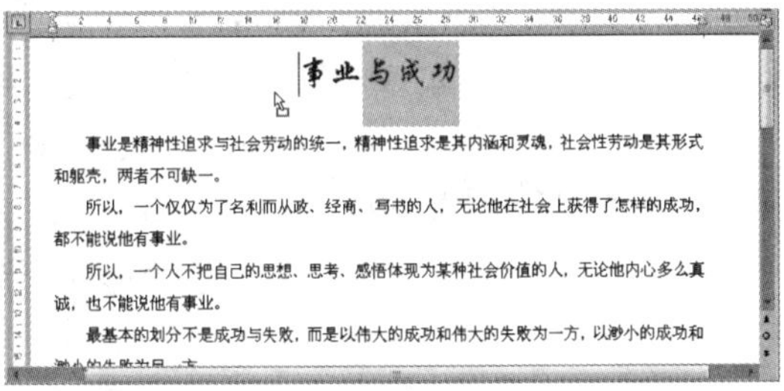

图 4.3.2　移动文本过程

另外，在选定一段文本之后，单击鼠标右键，在弹出的快捷菜单中选择 剪切(T) 命令，然后将鼠标指针定位在目标位置上，单击鼠标右键，在弹出的快捷菜单中选择 粘贴(P) 命令，也可以实现文本的移动。

3．复制文本

要对文本进行复制，可以按照以下操作步骤进行：

（1）选定要复制的文本。

（2）单击“开始”选项卡中“剪贴板”组中的“复制”按钮。

（3）将鼠标指针定位在要粘贴的文本处，单击“开始”选项卡中“剪贴板”组中的“粘贴”按钮即可。

另外，利用鼠标也可以复制文本，具体方法是在选定文本之后，按住“Ctrl”键，当鼠标指针变成形状时，拖动鼠标到目标位置，释放鼠标即可。

4. 删除文本

如果要删除一个汉字或一个英文单词，选中单词或汉字后直接按键盘上的“Delete”键或“Back Space”键。如果要删除一段文本，在选定文本内容后，除了可以按“Delete”键或“Back Space”键删除外，还可以单击“开始”选项卡中“剪贴板”组中的“剪贴”按钮来删除文本。

5. 撤销与恢复操作

如果用户不小心删除了不该删除的内容，可直接单击“常用”工具栏中的“撤销”按钮来撤销操作。如果要撤销刚进行的多次操作，可单击工具栏中的“撤销”按钮右侧的下三角按钮，从下拉列表中选择要撤销的操作。

恢复操作是撤销操作的逆操作，可直接单击“常用”工具栏中的“恢复”按钮执行恢复操作。

6. 查找与替换文本

在一篇较长的文档中，如果想找到需要的文本，或要对多个相同的文本进行统一修改，可使用 Word 2007 的查找与替换功能。

（1）查找文本。查找是指根据用户指定的内容，在文档中查找相同的内容，并将光标定位在那里。查找文本的具体操作步骤如下：

1）在功能区用户界面中的“开始”选项卡中，单击“编辑”选项区中的查找按钮，在弹出的下拉菜单中选择查找(F)...选项，弹出查找和替换对话框，默认打开查找(D)选项卡，如图 4.3.3 所示。

2）在“查找内容”下拉列表中输入要查找的文字，单击查找下一处(F)按钮，Word 将自动查找指定的字符串，并以反白显示。

3）若要继续查找，重复单击查找下一处(F)按钮，Word 会逐一查找文档中的其他相同内容，直到文档的末尾。查找完毕后，系统将弹出如图 4.3.4 所示的提示框，提示用户 Word 已经完成对文档的搜索。

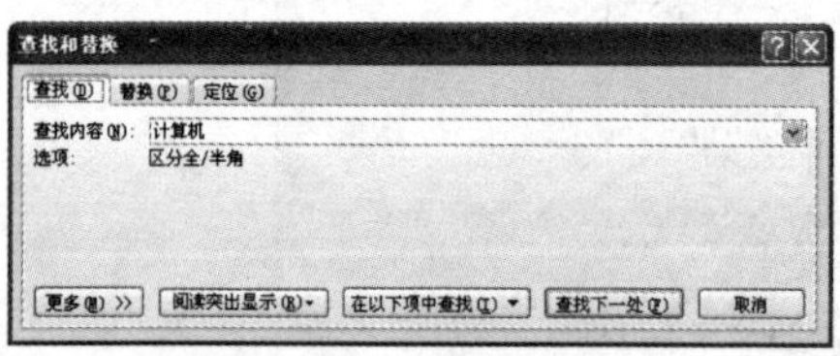

图 4.3.3 “查找”选项卡

图 4.3.4 提示框

4）单击查找(D)选项卡中的更多(M) >>按钮，将打开查找(D)选项卡的高级形式，如图 4.3.5 所示，在该对话框中可以对要查找文本的大小写和格式等进行特别设置。

（2）替换文本。替换是指先查找所需要替换的内容，再按照指定的要求给予替换。替换文本的具体操作步骤如下：

1）在功能区用户界面中的“开始”选项卡中，单击“编辑”选项区中的替换按钮，弹出查找和替换对话框，默认打开替换(P)选项卡，如图 4.3.6 所示。

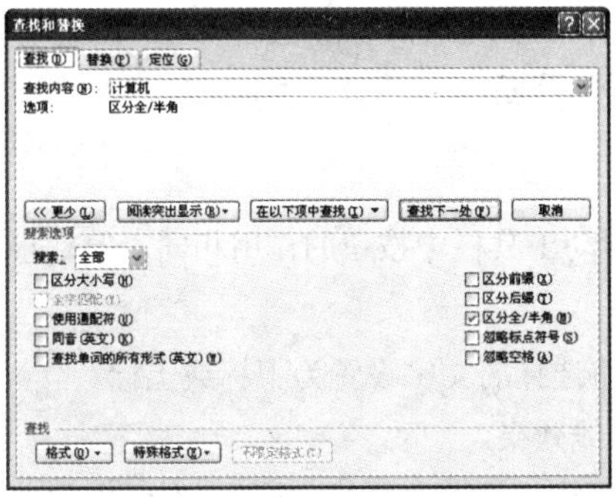

图 4.3.5　“查找”选项卡的高级形式

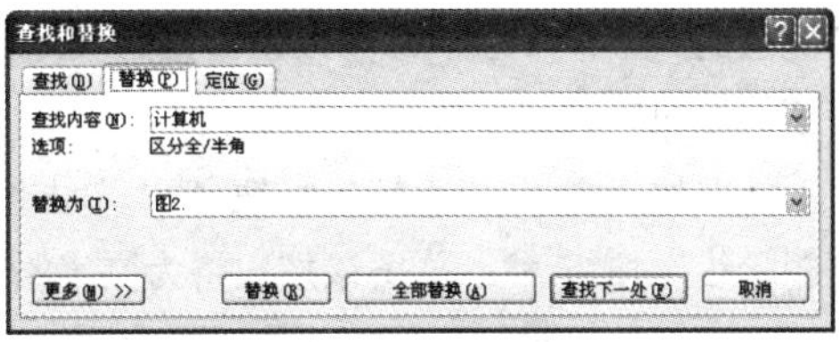

图 4.3.6　“替换”选项卡

2）在该选项卡中的“查找内容”下拉列表中输入要查找的内容；在“替换为”下拉列表中输入要替换的内容。单击替换(R)按钮，即可将文档中的内容进行替换。

3）如果要一次性替换文档中的全部被替换对象，可单击全部替换(A)按钮，系统将自动替换全部内容。

4.4　格式化文本

在 Word 2007 中，输入的文字默认为五号大小的宋体，这时的文档整体效果不明显，层次不分明，也不太美观。因此，在输入文本后还需对其格式进行设置。

4.4.1　设置字符格式

文档的格式设置包括设置字体、字形、大小和颜色等，可通过浮动工具栏、功能区的“字体”组和“字体”对话框进行设置。

1. 使用浮动工具栏设置

在 Word 文档中输入文本后，显示的都是默认状态下的字符格式。为了方便用户设置字符格式，Word 2007 新提供了一个浮动工具栏，当用户选择一段文字后，浮动工具栏自动浮出，开始显示时呈半透明状态，用鼠标光标接近它时就会正常显示，在浮动工具栏中可以快速设置字符格式，如图 4.4.1 所示。

图 4.4.1　浮动工具栏

浮动工具栏中各项的作用如下：

“字体”下拉列表框：用于改变字符的外观形状，单击其右侧的按钮，在弹出的下拉列表中可选择字体样式。

“字号”下拉列表框：用于改变字符大小，单击其右侧的按钮，在弹出的下拉列表中可选择字符的大小。

“增大字体”按钮和“缩小字体”按钮：Word 的默认字号为五号，可以单击“增大字体”和“缩小字体”按钮改变所选文本的字号。

“加粗”按钮和“倾斜”按钮：如果要为选中的字符设置加粗或倾斜的效果可单击浮动工

具栏中的“加粗”和“倾斜”按钮。

“字体颜色”按钮和“字符底纹”按钮：单击浮动工具栏中的“字体颜色”按钮或“字符底纹”按钮，可在弹出的列表框中设置选中字符的颜色和底纹颜色。

“带圈字符”按钮：单击该按钮可为选中字符添加圆圈。

2．使用功能区的“字体”组设置

功能区的“字体”组中许多按钮（见图 4.4.2）与浮动工具栏中按钮的作用相同，但是它多了一些有特色的按钮，这些按钮的作用如下：

“下标”按钮和“上标”按钮：单击按钮可将选择的文字设置为下标或上标。

“删除线”按钮：单击该按钮将为文字添加删除线效果。

“下画线”按钮：单击该按钮将为文字添加下画线，单击右侧的按钮，在弹出的列表框中可设置不同的下画线样式，如图 4.4.3 所示。

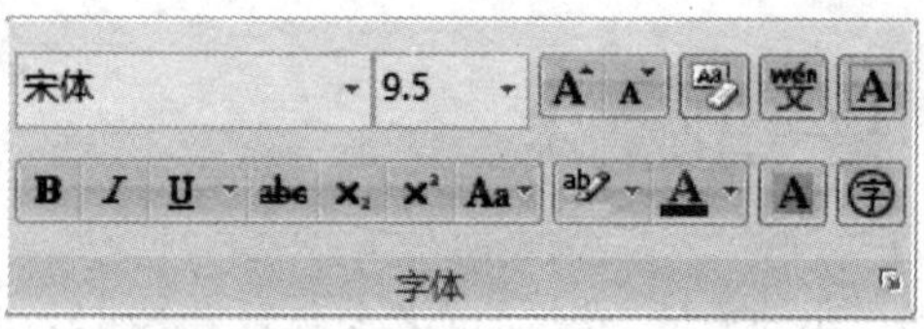

图 4.4.2 “字体”组

图 4.4.3 选择下画线样式

“更改大小写”按钮：单击该按钮，在弹出的列表框中选择相应的选项定义文本全部大写或全部小写，如图 4.4.4 所示。

3．使用“字体”对话框设置

如果要想为文本设置复杂多样的文字效果，单击功能区“字体”组右下角的“对话框启动器”按钮，打开**字体**对话框，如图 4.4.5 所示。在该对话框中进行字符格式的设置，如空心、阴文、阴影、字符间距等一些比较特殊的效果，还可以预览字符设置后的效果。

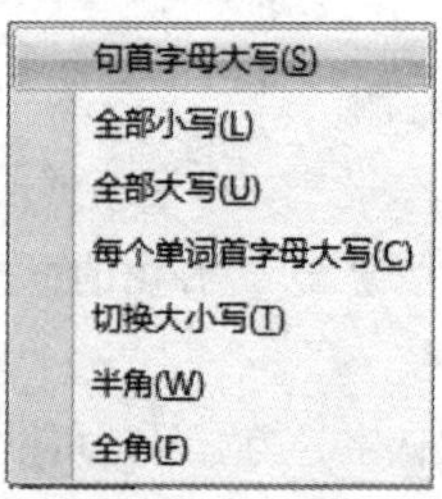

图 4.4.4 更改文本大小写

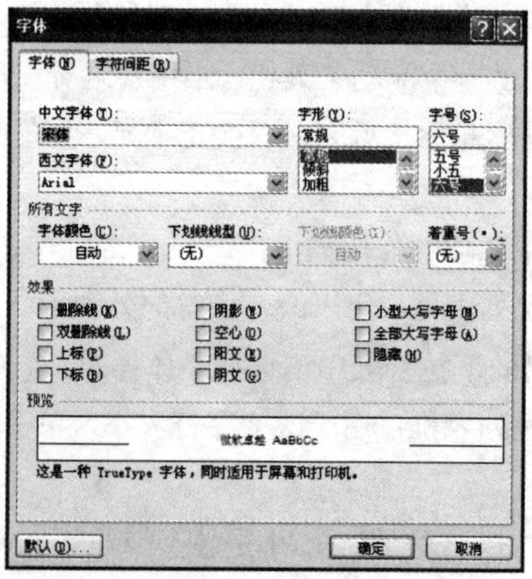

图 4.4.5 “字体”对话框

4.4.2　设置段落格式

要想使文档更加美观，仅仅设置字符的格式是不够的，更重要的是设置段落格式。通过设置段落格式可使文档的版式更具有层次感，便于阅读。设置段落格式可以通过浮动工具栏、“开始”选项卡中的“段落”组和“段落”对话框来实现。

1．使用浮动工具栏设置

使用浮动工具栏可以快速设置段落格式，在该工具栏中只有“居中”按钮、“减少缩进量”按钮和“增加缩进量”按钮三个功能按钮，设置的段落格式比较单一。在浮动工具栏中设置段落格式的方法和在浮动工具栏中设置字符格式的方法一样，选中要设置的文本后，单击浮动工具栏中相应的按钮即可。其各按钮的作用如下：

“居中”按钮：单击该按钮可设置文本的居中对齐，在设置标题文本时应用较多。

“减少缩进量”按钮：单击该按钮可减少段落文本的缩进量，减少段落与左边距之间的距离。

“增加缩进量”按钮：单击该按钮可增加段落文本的缩进量，增加段落与左边距之间的距离。

2．使用功能区的“段落”组设置

功能区“段落”组的用法与浮动工具栏类似，也是选择段落后在其中单击相应的按钮进行段落格式设置，如图 4.4.6 所示。

图 4.4.6　“段落”组

功能区的“段落”组中一些按钮与浮动工具栏中按钮的作用相同，但是它还多了许多用于设置段落格式的按钮，它们的作用如下：

“左”对齐按钮：单击该按钮，使段落与页面左边距对齐。

“居中对齐”按钮：单击该按钮，使段落与页面居中对齐。

“右对齐”按钮：单击该按钮，使段落与页面右边距对齐。

“两端对齐”按钮：单击该按钮，使段落同时与左边距和右边距对齐并根据需要增加字间距。

“分散对齐”按钮：单击该按钮，使段落同时靠左边距和右边距对齐并根据需要增加字间距。

“行距”按钮：单击该按钮，在弹出的列表中可以选择段落中每一行的磅值，磅值越大，行与行之间的间隔距离越宽，还可增加段与段之间的距离。

3．使用“段落”对话框设置

通过“段落”对话框设置段落格式比通过功能区“段落”组操作复杂一些，但可以设置得更为精确，其具体操作如下：

（1）选定要设置段落格式的段落。

（2）打开开始选项卡，在“段落”选项区中单击“段落”对话框启动器按钮，弹出段落对话框，如图 4.4.7 所示。

（3）在“缩进和间距”选项卡中可对段落的对齐方式、左右边距缩进量、与其他段落间距进行设置；在“换行和分页”选项卡中可对分页、行号和断字进行设置；在“中文版式”选项卡中可对中文文稿的特殊版式进行设置，如按中文习惯控制首尾字符、允许标点溢出边界等。

（4）设置完成后，单击确定按钮应用设置即可。

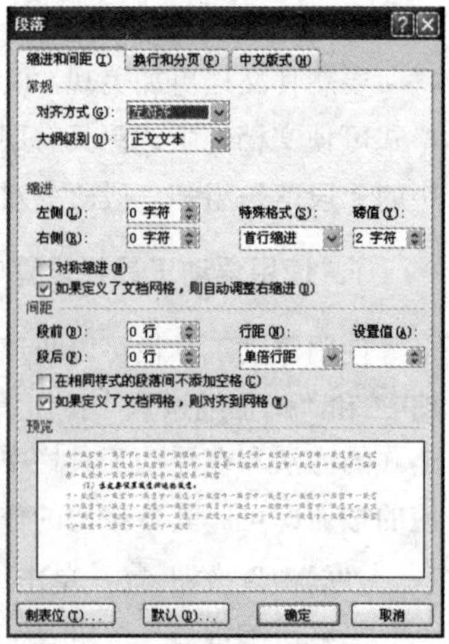

图 4.4.7 “段落”对话框

在“段落”对话框的“缩进和间距”选项卡的“缩进”栏中可设置段落缩进样式。段落缩进是指段落中的文本与页边距之间的距离。Word 中的段落缩进方式包括首行缩进、悬挂缩进、左缩进和右缩进，各种缩进方式的效果如图 4.4.8 所示。

首行缩进：可以设置段落中第一行第一个字的起始位置与页面左边距的缩进量。中文段落普遍采用首行缩进方式，一般缩进两个字符。

悬挂缩进：设置段落中除首行以外的其他行与页面左边距的缩进量。悬挂缩进用于一些较为特殊的场合，如报刊、杂志等。

左缩进：可以设置整个段落左边界与页面左边距的缩进量。

右缩进：可以设置整个段落边界与页面右边距的缩进量。

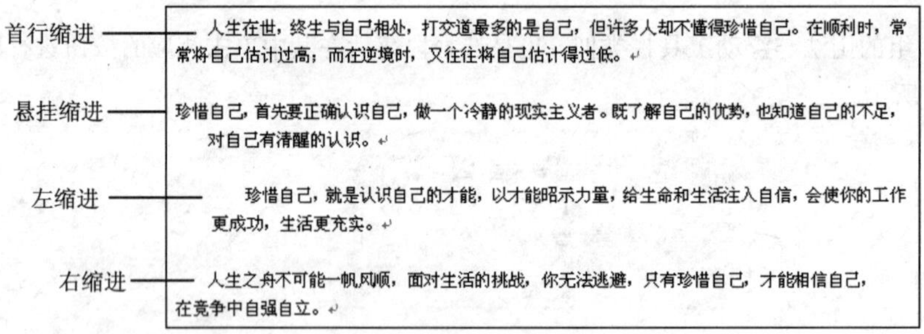

图 4.4.8 各种缩进方式的效果

4.4.3 设置页面边框和底纹

在制作 Word 文档时为文档设置页面边框和底纹效果会让文档变得更漂亮，在为页面添加边框和底纹时，既可为页面添加单一或多种颜色的填充效果，也可以为某些特殊的文档设置底纹。

1. 设置文档边框

在 Word 2007 中编辑好文本后，可以为制作的文档设置边框，从而使整个文档看起来更加漂亮。添加边框可分为设置段落边框和设置页面边框两种。

如果要给某个段落添加边框，其具体操作步骤如下：

（1）选定要添加边框的段落。

（2）单击功能区“段落”组的“添加边框和底纹”按钮右侧的按钮，从弹出的快捷菜单中选择边框和底纹(O)...命令，打开边框和底纹对话框，如图 4.4.9 所示。

（3）打开“边框”选项卡，在“设置”选区中选择边框的样式；在“样式”列表框中任意选择一种线型；在“颜色”下拉列表中选择边框的颜色；在“宽度”下拉列表中选择该线型的宽度。

（4）设置完成后，单击确定按钮。

设置页面边框的方法是：

（1）打开页面布局选项卡，在“页面背景”组中单击页面边框按钮，弹出边框和底纹对话框。

（2）在“页面边框”选项卡中设置边框样式及颜色等。

2. 设置底纹

在 Word 2007 中不仅可以为文档设置边框，而且还可以为文档设置底纹。在 Word 文档中设置底纹主要包括设置文字、文本、段落和整篇文档的底纹。

在 Word 2007 中设置底纹的方法非常简单，其具体操作步骤如下：

（1）在打开的文档中，选择需要设置底纹的段落。

（2）单击功能区“段落”组的“添加边框和底纹”按钮右侧的按钮，从弹出的快捷菜单中选择边框和底纹(O)...命令，打开边框和底纹对话框。

（3）打开“底纹”选项卡，在“填充”下拉列表框中选择填充颜色，在“样式”下拉列表中选择样式，在“颜色”下拉列表中选择颜色，在“应用于”下拉列表中选择应用的是文字还是段落。

（4）单击确定按钮，即可将设置的底纹添加到文档中，如图 4.4.10 所示。

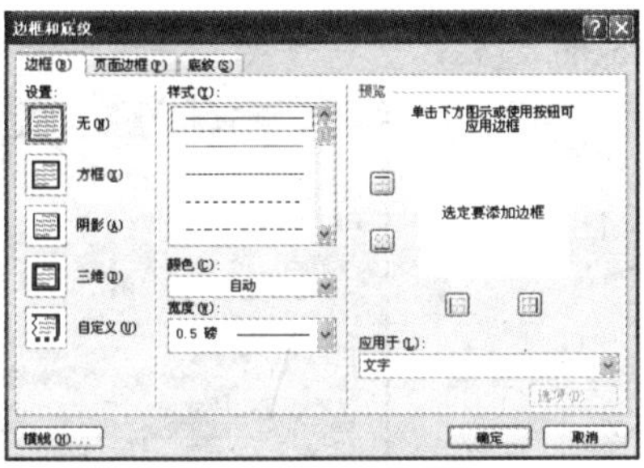

图 4.4.9　“边框和底纹”对话框

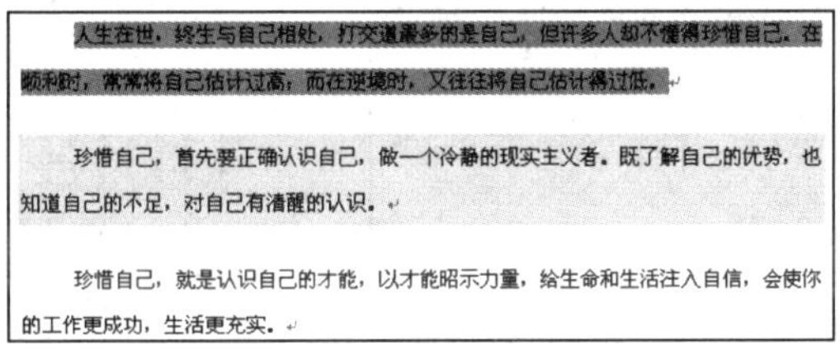

图 4.4.10　添加底纹效果

4.5　在文档中插入表格

表格在各种类型的文档中都会经常用到。表格是由不同行数和列数的单元格组成的，可以在单元格中输入文本和插入图片。Word 2007 的制表功能非常强大，而且操作也很简单。

4.5.1　创建表格

在 Word 2007 中创建一般的表格有以下 3 种方法。

1. 使用表格模板创建

在 Word 2007 中，可以使用表格模板插入基于一组预先设定好格式的表格。其操作步骤如下：

（1）将光标定位在要插入表格的位置。

（2）打开插入选项卡，在“表格”组中选择“表格”选项，在弹出的下拉列表中选择快速表格(T)→将所选内容保存到快速表格库(S)...命令，弹出新建构建基块对话框，如图 4.5.1 所示。

（3）在该对话框中设置表格模板的名称、库、类别、说明、保存位置以及插入的内容，单击确定按钮，即可用所需的数据替换模板中的数据。

2. 使用表格菜单创建

使用表格菜单插入表格的具体操作步骤如下：

（1）将光标定位在要插入表格的位置。

（2）打开 插入 选项卡，在“表格”组中选择“表格”选项，在弹出的下拉列表中拖动鼠标，选择需要的行数和列数，如图 4.5.2 所示。

3. 使用“插入表格”命令创建

使用“插入表格”命令插入表格，可以让用户在将表格插入文档之前，事先选择表格尺寸和格式。具体操作步骤如下：

（1）将光标定位在要插入表格的位置。

（2）打开 插入 选项卡，在“表格”组中选择“表格”选项，在弹出的下拉列表中选择 插入表格(I)... 命令，弹出 插入表格 对话框，如图 4.5.3 所示。

（3）在该对话框“表格尺寸”选区中的“列数”和“行数”微调框中输入具体的数值；在“‘自动调整’操作”选区中选中相应的单选按钮，设置表格的列宽。

（4）设置完成后，单击 确定 按钮，即可插入相应的表格。

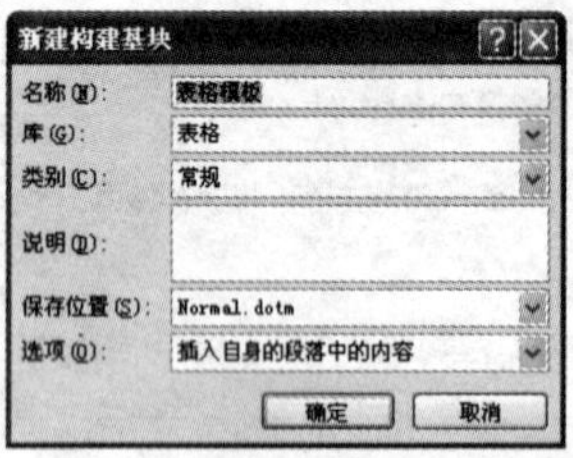

图 4.5.1 “新建构建基块”对话框

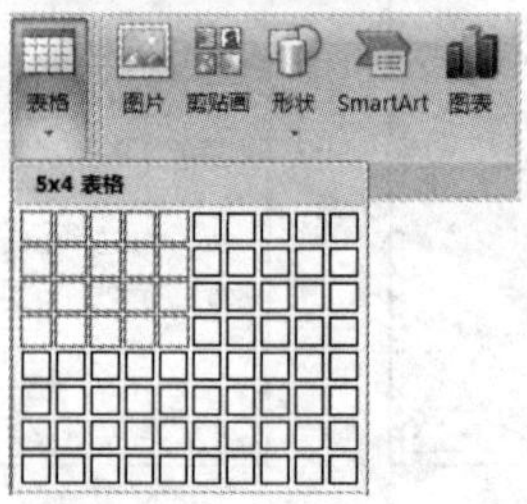

图 4.5.2 选择表格的行数和列数

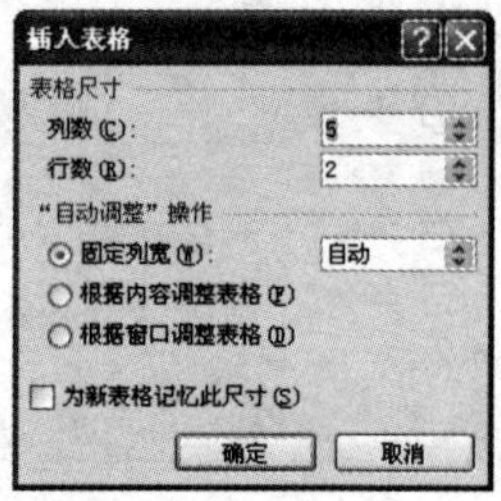

图 4.5.3 “插入表格”对话框

对于比较复杂的表格，用户可以绘制包含不同高度的单元格或每行有不同列数的表格。其具体操作步骤如下：

（1）在要创建表格的位置单击鼠标。

（2）打开 插入 选项卡，在“表格”组中的下拉菜单中选择 绘制表格(D) 命令，此时鼠标指针变为铅笔形状。

（3）在要定义表格的外边界绘制一个矩形，然后在矩形内绘制行线和列线，如图 4.5.4 所示。

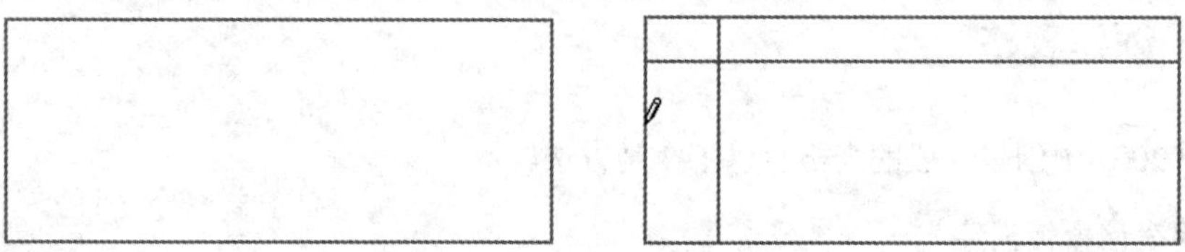

图 4.5.4 绘制表格

（4）如果要擦除一条或多条线，打开 表格工具 上下文工具，在 设计 选项卡的“绘图边框”组中单击 擦除 按钮。此时鼠标指针变为橡皮形状，单击要擦除的线条即可。

（5）绘制完表格后，在单元格内单击，可以输入文本或插入图形。

4.5.2　选定表格

在对表格进行操作之前，必须先选定表格。主要包括选定整个表格、行、列或单元格等。

1. 选定整个表格

选定整个表格的具体操作步骤如下：

（1）将光标定位在表格中的任意位置。

（2）表格左上角出现一个移动控制点，当鼠标指针指向该控制点时，指针变成✥状，单击鼠标左键，或者打开表格工具上下文工具中的布局选项卡，在“表”组中选择选择→选择表格(T)命令，即可选定整个表格。

2. 选定行

在表格中选定行的具体操作步骤如下：

（1）将光标定位在表格中的任意位置。

（2）打开表格工具上下文工具中的布局选项卡，在“表”组中选择选择→选择行(R)命令，或者将鼠标指针定位在要选定行的左侧，当指针变成↗形状时单击鼠标左键，即可选定所需的行。

3. 选定列

在表格中选定列的具体操作步骤如下：

（1）将光标定位在表格中的任意位置。

（2）打开表格工具上下文工具中的布局选项卡，在“表”组中选择选择→选择列(C)命令，或者将鼠标指针定位在要选定列的上方，当指针变成↓形状时单击鼠标左键，即可选定所需的列。

4. 选定单元格

在表格中选定单元格的具体操作步骤如下：

（1）将光标定位在表格中要选定的单元格中。

（2）打开表格工具上下文工具中的布局选项卡，在“表”组中选择选择→选择单元格(L)命令，或者将鼠标指针定位在要选定的单元格中，当指针变成↗形状时单击鼠标左键，即可选定所需的单元格。

在选定表格时（包括整个表格、行、列或单元格），当鼠标指针变为↗、↓或↗形状时，单击鼠标左键并且拖动鼠标，可选定表格中的多行、多列或多个连续的单元格；按住“Shift”键可选定连续的行、列或单元格；按住“Ctrl”键可选定不连续的行、列或单元格。

4.5.3　编辑表格

在文档中插入的表格往往不能满足用户的需求，此时用户可以对表格进行插入或删除行或列、合并或拆分单元格、拆分表格、移动或调整表格大小等各种编辑操作，使其符合用户的需求。

1. 插入行

在表格中插入行的具体操作步骤如下：

（1）选中行。

（2）打开表格工具上下文工具，在布局选项卡的“行和列”组中单击在下方插入按钮，或者单击鼠标右键，在弹出的快捷菜单中选择插入(I)→在下方插入行(B)命令。

提示 如果要在表中的最后一行中插入一行，可以把鼠标光标定位在最后一个单元格中，按“Tab”键即可插入一行。

2. 插入列

在表格中插入列的具体操作步骤如下：

（1）选中列。

（2）打开表格工具上下文工具，在布局选项卡的“行和列”组中单击在右侧插入列(R)按钮，或者单击鼠标右键，在弹出的快捷菜单中选择插入(I)→在右侧插入列(R)命令。

3. 插入单元格

在表格中还可以插入单元格，其具体操作步骤如下：

（1）选定单元格区域。

（2）打开表格工具上下文工具，在布局选项卡的“行和列”组中单击对话框启动器，弹出插入单元格对话框，如图 4.5.5 所示。

（3）选中活动单元格下移(D)单选按钮，单击确定按钮，效果如图 4.5.6 所示。

4. 拆分单元格

对单元格的拆分就是将一个单元格拆分为多个单元格。如果要对表格中的单元格进行拆分，可以按照以下操作步骤进行。

（1）选定要拆分的单元格。

（2）打开表格工具上下文工具，在布局选项卡的“合并”组中单击拆分单元格按钮，或者单击鼠标右键，在弹出的快捷菜单中选择插入(I)→插入单元格(E)...命令，弹出拆分单元格对话框，如图 4.5.7 所示。

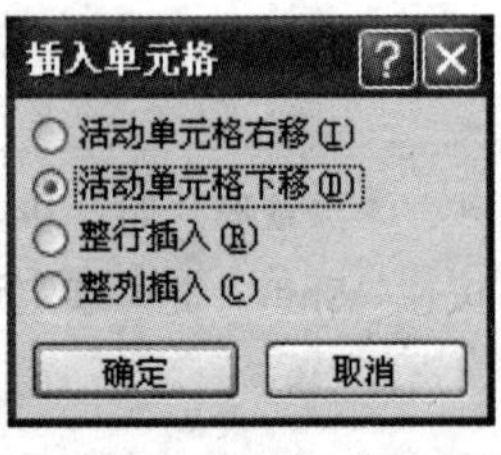

图 4.5.5 “插入单元格”对话框

紧急业务电话号码表

匪警		110
火警		119
急救中心		120
		122
道路交通事故报警		12315 或 12345
消费者投诉举报		114
电话查号		12117
报时		12121
天气预报		

图 4.5.6 插入单元格

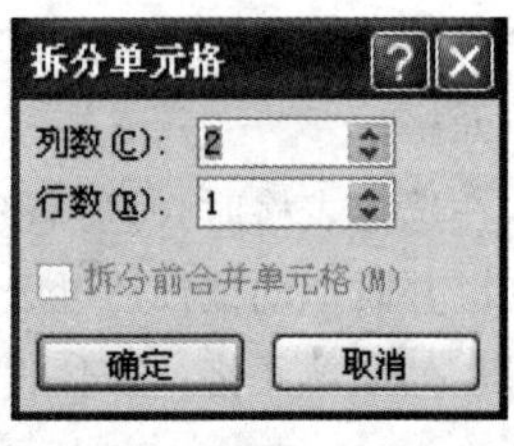

图 4.5.7 “拆分单元格”对话框

（3）在“列数”和“行数”微调框中输入所需的行数和列数。

（4）单击确定按钮，效果如图 4.5.8 所示。

5. 合并单元格

对单元格的合并就是将多个单元格合并为一个单元格，合并单元格的具体操作步骤如下：

（1）选定要合并的单元格区域。

（2）打开表格工具上下文工具，在布局选项卡的“合并”组中单击合并单元格按钮，或者单击鼠标右键，在弹出的快捷菜单中选择合并单元格(M)命令即可合并选定的单元格。

紧急业务电话号码表

匪警	110
火警	119
急救中心	120
道路交通事故报警	122
消费者投诉举报	12315 或 12345
电话查号	114
报时	12117
天气预报	12121

紧急业务电话号码表

匪警		110
火警		119
急救中心		120
道路交通事故报警		122
消费者投诉举报		12315 或 12345
电话查号		114
报时		12117
天气预报		12121

图 4.5.8　拆分单元格

6. 删除行和列

要删除表格中的行和列，其具体操作步骤如下：

（1）选定要删除的行或列。

（2）打开 表格工具 上下文工具，在 布局 选项卡中的“行和列”组中单击 删除 按钮，弹出如图 4.5.9 所示的下拉列表。

（3）在下拉列表中选择 删除行(R) 或 删除列(C) 命令，即可删除表格中的行或列。

7. 删除单元格

如果要删除单元格，其具体操作步骤如下：

（1）选定要删除的单元格。

（2）在如图 4.5.9 所示的下拉列表中选择 删除单元格(D)... 命令，弹出 删除单元格 对话框，如图 4.5.10 所示。

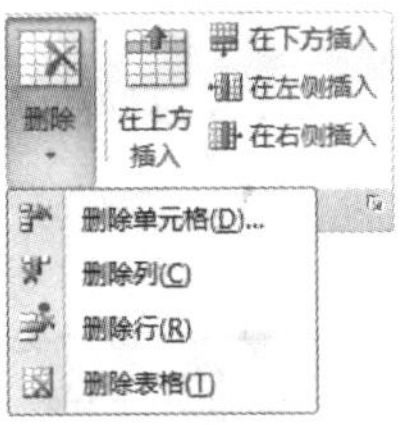

图 4.5.9　删除下拉列表

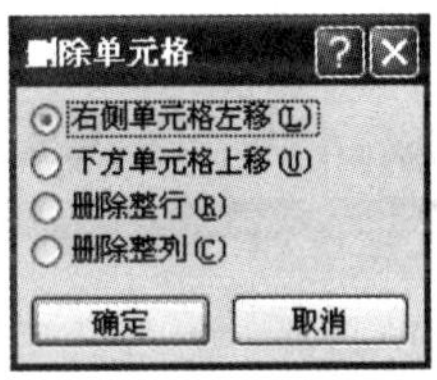

图 4.5.10　“删除单元格”对话框

（3）在该对话框中选中 右侧单元格左移(L) 单选按钮，单击 确定 按钮，效果如图 4.5.11 所示。

紧急业务电话号码表

匪警	110
火警	119
急救中心	120
道路交通事故报警	122
消费者投诉举报	12315 或 12345
电话查号	114
报时	12117
天气预报	12121

紧急业务电话号码表

匪警	110
火警	119
急救中心	120
122	
消费者投诉举报	12315 或 12345
电话查号	114
报时	12117
天气预报	12121

图 4.5.11　删除单元格效果

4.5.4　格式化表格

表格的一些基本操作完成后，还要对表格做进一步的修改，主要包括以下几种。

1. 应用表格样式

创建表格后，可以使用“表格样式”来设置整个表格的格式。将鼠标指针停留在每个预先设置好格式的表格样式上，可以预览表格的外观。应用表格样式的具体操作步骤如下：

（1）在要设置格式的表格内单击。

（2）在表格工具上下文工具中打开设计选项卡。

（3）在“表格样式”组中，将鼠标指针停留在每个表样式上，直至找到要使用的样式为止。如果要查看更多样式，可单击“其他”箭头选择表格的外观样式。

（4）单击选中的样式可将其应用到表格，如图 4.5.12 所示。

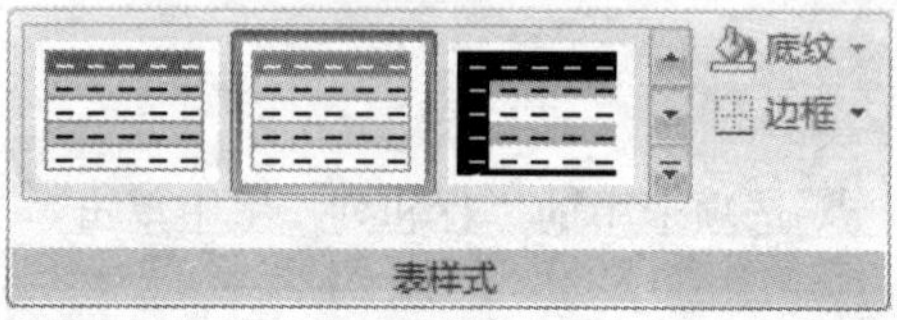

匪警	110
火警	119
急救中心	120
道路交通事故报警	122
消费者投诉举报	12315 或 12345
电话查号	114
报时	12117
天气预报	12121

图 4.5.12　自动套用格式效果

2. 设置边框和底纹

如果要给表格设置边框和底纹，可以按照以下操作步骤进行：

（1）选择要设置边框和底纹的表格或表格中的单元格区域。

（2）单击鼠标右键，在弹出的快捷菜单中选择边框和底纹(B)...命令，弹出边框和底纹对话框，打开边框(B)选项卡，如图 4.5.13 所示。

（3）在“设置”选项区域中选择边框形式；在“样式”列表中选择边框线型。

（4）打开底纹(S)选项卡，在“填充”和“图案”选项区域中选择底纹样式。

（5）设置完成后，单击确定按钮，效果如图 4.5.14 所示。

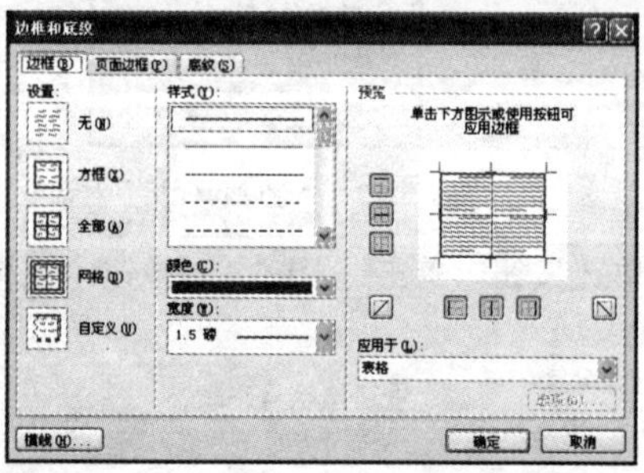

图 4.5.13　“边框”选项卡

紧急业务电话号码表

匪警	110
火警	119
急救中心	120
道路交通事故报警	122
消费者投诉举报	12315 或 12345
电话查号	114
报时	12117
天气预报	12121

图 4.5.14　添加边框和底纹

3. 设置表格属性

设置表格的属性主要包括设置表格的行高、列宽和表格的对齐方式等。设置这些属性可以通过表格属性对话框完成，具体操作步骤如下：

（1）打开表格工具上下文工具，在布局选项卡的“表”组中单击属性按钮，弹出表格属性对话框，如图 4.5.15 所示。

（2）在表格(T)、行(R)、列(U)选项卡中分别设置相应的参数。

（3）设置完成后，单击确定按钮。

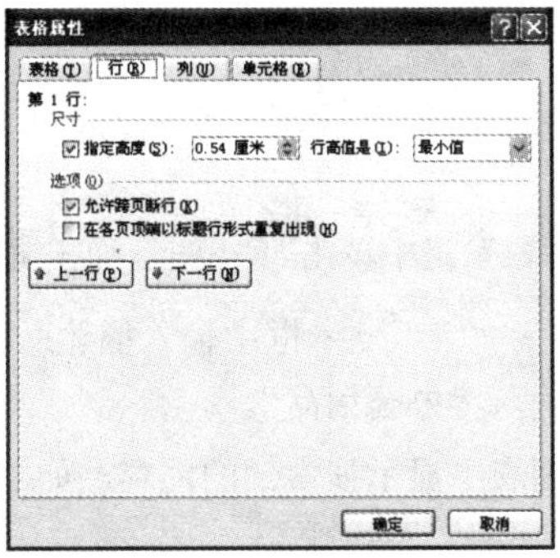

图 4.5.15　“表格属性”对话框

4．设置表格中文字的对齐方式

表格中文字的对齐方式是相对于表格的边框线而言的，其设置步骤如下：

（1）选定要设置对齐方式的单元格区域，例如选择表格的第一行。

（2）打开表格工具上下文工具，在布局选项卡的“对齐方式”组中单击相应的按钮即可。

4.6　插入图形对象

为了使文档内容更生动、直观，可以在文档中插入表格、文本框、艺术字、图片以及自选图形等图形对象。

4.6.1　插入图片

插入图片有两种途径：插入文件中的图片和插入剪贴画。

1．插入文件中的图片

插入文件中的图片的具体操作步骤如下：

（1）将插入点定位在要插入图片的位置。

（2）打开插入选项卡，在“插图”组中单击图片按钮，弹出插入图片对话框，如图 4.6.1 所示。

（3）在“查找范围”下拉列表中选择图片的存放路径，其文件名将在“文件名”文本框中显示出来。

（4）选择插入的图片后单击插入(S)按钮，即可在文档中插入图片。

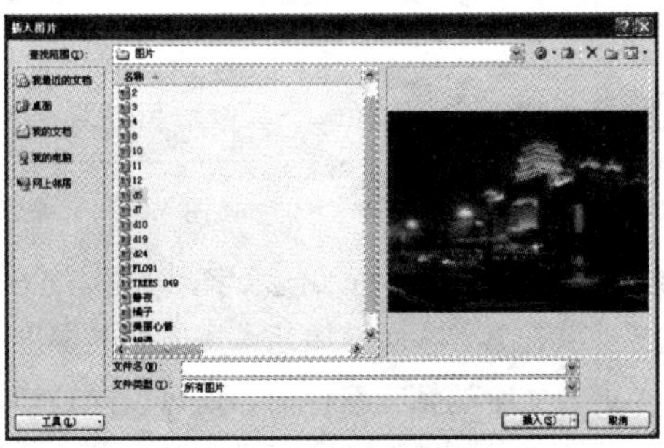

图 4.6.1　“插入图片”对话框

2. 插入剪贴画

插入剪贴画的具体操作步骤如下：

（1）打开 插入 选项卡，在“插图”组中单击 剪贴画 按钮，弹出 剪贴画 任务窗格，如图 4.6.2 所示。

（2）在 剪贴画 任务窗格的“搜索文字”文本框中输入描述所需剪贴画的词或词组，或输入剪贴画文件的全部或部分文件名，例如输入“办公用品”。

（3）单击 搜索 按钮，在结果列表中显示搜索到的内容，如图 4.6.3 所示。

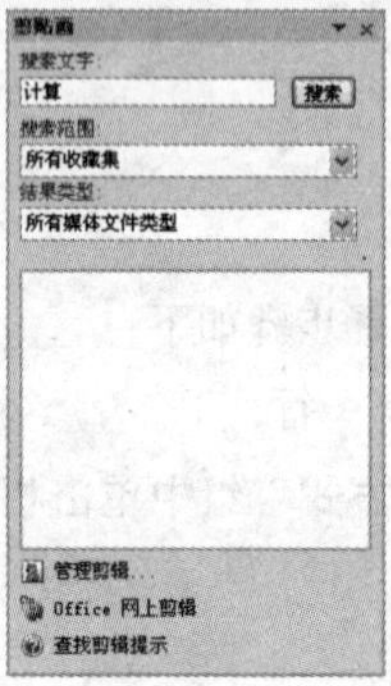

图 4.6.2 “剪贴画”任务窗格

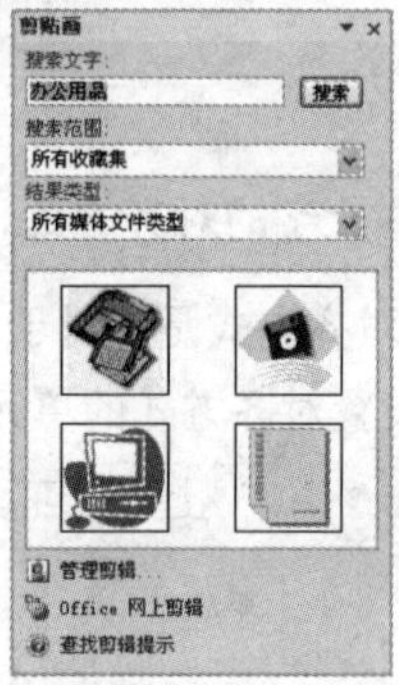

图 4.6.3 显示搜索结果

（4）在结果列表中，单击剪贴画即可将其插入到文档中。

4.6.2 插入艺术字

艺术字是一个文字样式库，用户可以将艺术字添加到文档中，以制作出装饰性效果，如带阴影的文字或镜像（反射）文字。插入艺术字的具体操作步骤如下：

（1）将光标定位在要插入艺术字的文档中。

（2）打开 插入 选项卡，在“文本”组中单击 艺术字 按钮，弹出如图 4.6.4 所示的艺术字样式列表。

（3）在“艺术字样式”列表中选择一种艺术字样式，弹出 编辑艺术字文字 对话框，在“文本”文本框中输入艺术字文本，并设置文本的字体和字号，如图 4.6.5 所示。

图 4.6.4 艺术字样式列表

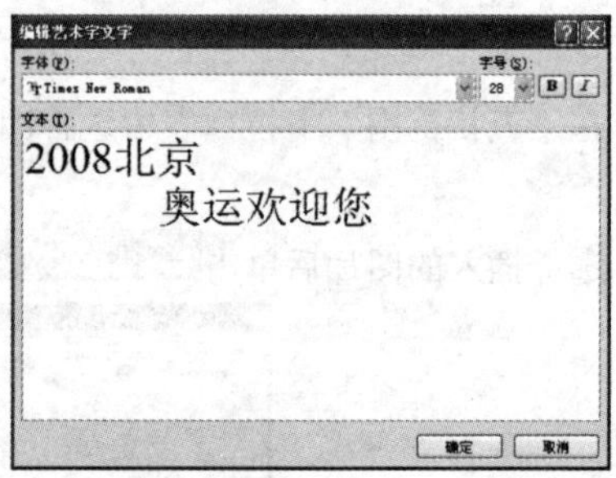

图 4.6.5 “编辑艺术字文字”对话框

（4）单击 确定 按钮，在文档中即可插入艺术字，如图 4.6.6 所示。

用户还可以填充艺术字或更改其轮廓，从而增加艺术字文字的深度或突出效果。填充就是更改艺术字文字中字母的内部颜色。在更改文字的填充颜色时，还可以向该填充添加纹理、图片或渐变（渐变是颜色和底纹的逐渐过渡，通常是从一种颜色过渡到另一种颜色，或者从一种底纹过渡到同一颜色的另一种底纹)，如图 4.6.7 所示。

轮廓是文字或艺术字的每个字符周围的外部边框。在更改文字的轮廓时，还可以调整线条的颜色、粗细和样式。如图 4.6.8 所示的艺术字的轮廓线条样式为方点。

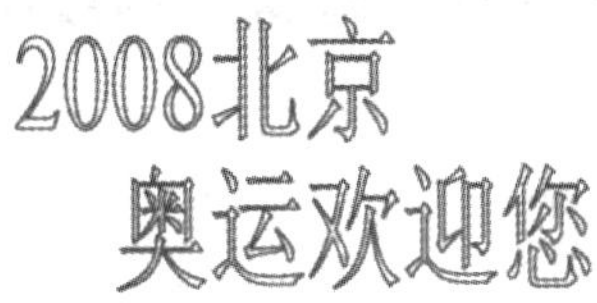

图 4.6.6 插入艺术字效果

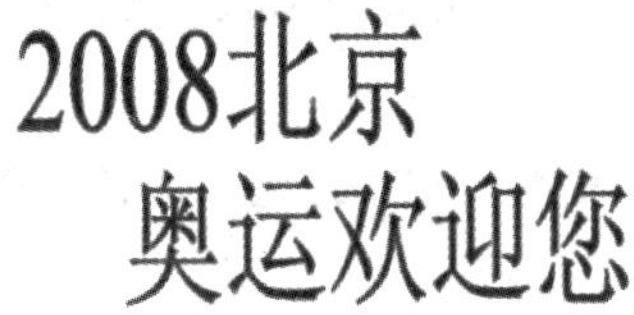

图 4.6.7 填充效果

图 4.6.8 艺术字轮廓线条样式

4.6.3 插入文本框

文本框是 Word 2007 提供的一种可以在页面上任意处放置文本的工具。使用文本框可以将段落和图形组织在一起，或者将某些文字排列在其他文字或图形周围等。在 Word 2007 中插入文本框的具体操作步骤如下：

（1）在“插入”选项卡中的“文本”选项区中单击文本框按钮，弹出其下拉列表，如图 4.6.9 所示。

（2）在“内置”列表框中提供了大量的文本框预设样式，用户可根据需要选择合适的样式，即可直接在文档中创建该文本框。

（3）如果用户只需要创建简单的文本框，可单击 绘制文本框(D) 按钮或 绘制竖排文本框(V) 按钮来进行创建。

（4）此时，鼠标指针将变为＋形状，将鼠标指针移至需要插入文本框的位置，单击鼠标左键并拖动鼠标到合适大小，松开鼠标左键，即可在文档中插入文本框。

（5）将鼠标指针定位在文本框内，就可以在文本框中输入文字，输入完毕，单击文本框以外的任意位置即可，效果如图 4.6.10 所示。

图 4.6.9 文本框下拉列表

图 4.6.10 插入文本框

4.6.4 创建 SmartArt 图形

为了使文字之间的关联表示得更加清晰，人们常常使用配有文字的插图。对于普通的文档，只需绘制形状，然后在其中输入文字即可满足需要，但如果想制作出具有专业设计师水准的插图，则需要借助 SmartArt。

创建 SmartArt 图形的具体操作步骤如下：

（1）将插入点定位在需要插入 SmartArt 图形的位置。

（2）单击插入选项卡“插图”工具栏中的“SmartArt”按钮，弹出选择 SmartArt 图形对话框，如图 4.6.11 所示。

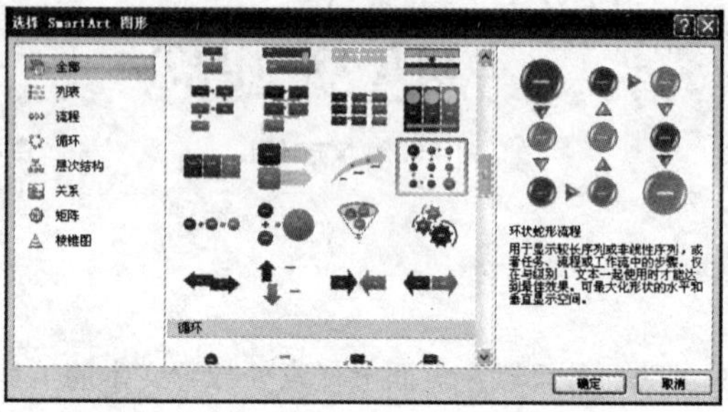

图 4.6.11 “选择 SmartArt 图形”对话框

（3）在该对话框中选择所需的类型和布局样式。

（4）单击确定按钮即可将 SmartArt 图形插入到文档中。

（5）单击 SmartArt 图形中的一个形状可输入文本，或单击“文本”窗格中的“文本”输入文本，如图 4.6.12 所示。

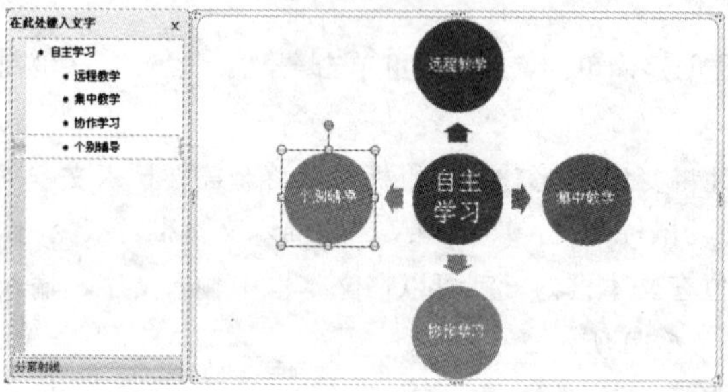

图 4.6.12 在 SmartArt 图形中输入文本

插入 SmartArt 图形后将激活 SmartArt 工具的“设计”和“格式”选项卡，通过这两个选项卡中的按钮或列表框可对 SmartArt 图形的布局、颜色、样式等进行编辑。

4.6.5 插入图形

在文档中插入图形的具体操作步骤如下：

（1）打开插入选项卡，在“插图”组中单击按钮，在弹出的形状列表框中选择所需的形状，如图 4.6.13 所示。

（2）在形状列表框中单击所需的形状按钮。

（3）接着单击文档中的任意位置，然后拖动以放置图形。如果要创建规范正方形或圆形（或限制其他形状的尺寸），拖动鼠标的同时按住“Shift”键。

如果对插入的图形不满意，用户还可以设置图形的填充颜色（可以填充纹理、图片或渐变）和三维效果。如图 4.6.14 所示即为更改图形填充颜色的效果。

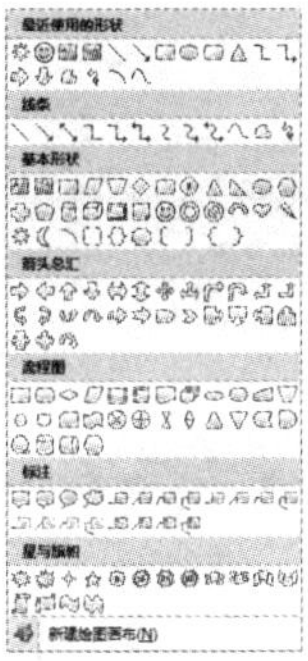

图 4.6.13 形状列表框

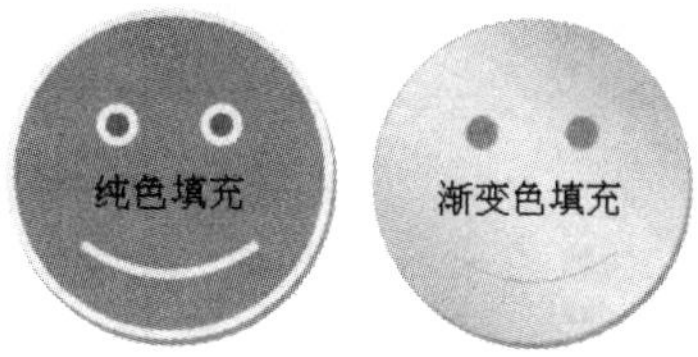

图 4.6.14 填充颜色

4.7 页面设置与打印输出

在文档编辑完成后，就需要将其进行输出，例如在网络上进行传输、通过打印机进行输出等。但在输出之前，必须对编辑好的文档页面进行编辑和格式化，再对文档的页面布局进行合理的设置，才能不影响输出的效果。

4.7.1 页面设置

在 Word 文档中，页面设置指对文档的页边距、纸张、版式和文档网络等进行的设置。

1. 设置页边距

页边距是指页面的正文区域与纸张的四边之间的空白距离。设置页边距的具体操作步骤如下：

（1）打开 页面布局 选项卡，在“页面设置”组中单击 页边距 按钮。

（2）在弹出的列表中选择所需的页边距类型，整个文档将会自动更改为用户选择的页边距类型。

（3）用户也可以自定义页边距。选择 自定义边距(A)... 命令，弹出 页面设置 对话框，如图 4.7.1 所示。在“页边距”选项卡的输入框中输入新的页边距值。

2. 设置纸张类型

Word 2007 默认的打印纸张为 A4，其宽度为 210 毫米，高度为 297 毫米，且页面方向为纵向。如果实际需要的纸型与默认设置不一致，就会造成分页错误，此时就必须重新设置纸张类型。

设置纸张类型的具体操作步骤如下：

（1）打开 页面布局 选项卡，在“页面设置”组中单击 纸张大小 按钮，在下拉列表中选择 其他页面大小(A)... 选项，弹出 页面设置 对话框，打开 纸张 选项卡，如图 4.7.2 所示。

（2）在该选项卡中单击“纸张大小”下拉列表右侧的下三角按钮，在打开的下拉列表中选择一种纸型。用户还可在“宽度”和“高度”微调框中设置具体的数值，自定义纸张的大小。

（3）在“纸张来源”选区中设置打印机的送纸方式；在“首页”列表框中选择首页的送纸方式；在“其他页”列表框中设置其他页的送纸方式。

（4）在“应用于”下拉列表中选择当前设置的应用范围。

（5）单击 打印选项(T)... 按钮，可在弹出的 Word 选项 对话框中的“打印选项”选区中进一步设置打印属性。

（6）设置完成后，单击 确定 按钮即可。

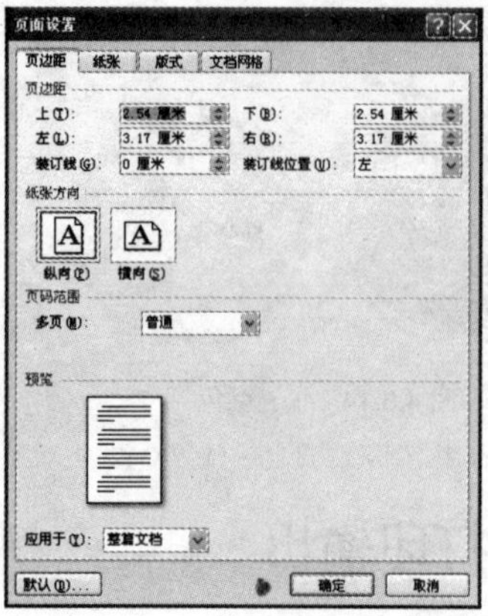

图 4.7.1 “页面设置”对话框

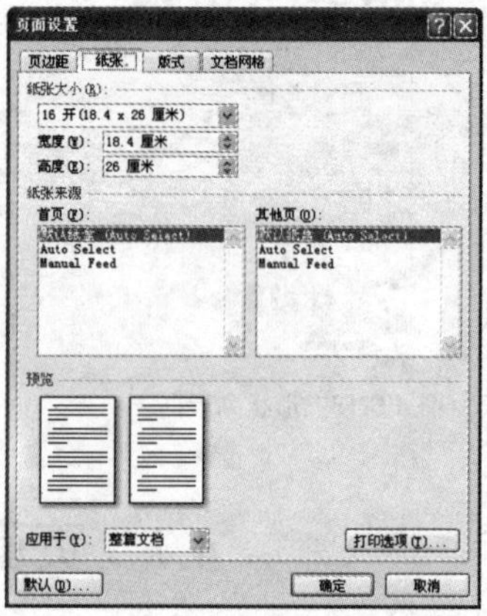

图 4.7.2 “纸张”选项卡

3．版式设置

Word 2007 提供了设置版式的功能，可以设置有关页眉和页脚、页面垂直对齐方式以及行号等特殊的版式选项。

设置版式的具体操作步骤如下：

（1）在“页面布局”选项卡中的“页面设置”组中单击对话框启动器按钮，弹出 页面设置 对话框，打开 版式 选项卡，如图 4.7.3 所示。

（2）在该选项卡中的“节的起始位置”下拉列表中选择节的起始位置，用于对文档分节。

（3）在“页眉和页脚”选区中可确定页眉和页脚的显示方式。如果要使奇数页和偶数页不同，可选中 ☑奇偶页不同(O) 复选框；如果需要首页不同，可选中 ☑首页不同(P) 复选框。在“页眉”和“页脚”微调框中可设置页眉和页脚距边界的具体数值。

（4）在“垂直对齐方式”下拉列表中可设置页面的对齐方式。

（5）在“预览”选区中单击 行号(N)... 按钮，弹出 行号 对话框，选中 ☑添加行号(L) 复选框，如图 4.7.4 所示。在该对话框中可进行以下操作：

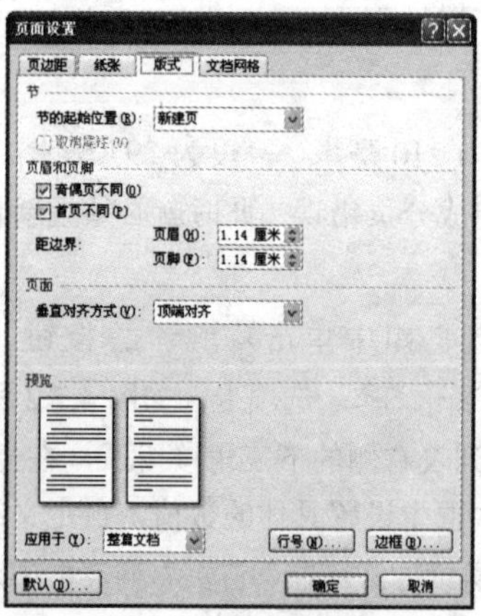

图 4.7.3 “版式”选项卡

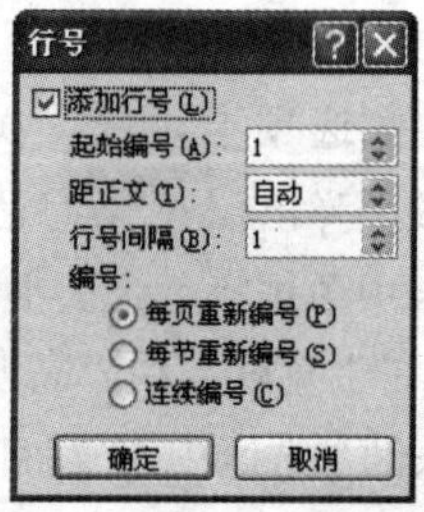

图 4.7.4 “行号”对话框

1）在“起始编号”微调框中设置起始编号；在“距正文”微调框中设置行号与正文之间的距

离；在“行号间隔”微调框中设置每几行添加一个行号。

2）“编号”选区中有 每页重新编号(P)、每节重新编号(S) 和 连续编号(C) 3 个单选按钮，用户根据需要对其进行设置。

3）单击 确定 按钮，即可看到添加行号的效果。

（6）在 页面设置 对话框中单击 确定 按钮，完成页面版式的设置。

4. 设置文档网格

设置文档网格的具体操作步骤如下：

（1）在“页面布局”选项卡中的“页面设置”组中单击“对话框启动器”按钮，弹出 页面设置 对话框，打开 文档网格 选项卡，如图 4.7.5 所示。

（2）在该选项卡中的“文字排列”选区中设置文字排列的方向和栏数。

（3）在“网格”选区中可设置不同的网格类型。

（4）在“字符数”和“行数”选区中分别设置每行的字符数和每页的行数。

（5）在“预览”选区中单击 绘图网格(W)... 按钮，弹出如图 4.7.6 所示的 绘图网格 对话框，在该对话框中设置网格格式，例如选中 在屏幕上显示网格线(L) 复选框，单击 确定 按钮后，即可看到屏幕上显示的网格线。

（6）在“预览”选区中单击 字体设置(F)... 按钮，即可弹出 字体 对话框，在该对话框中可以设置页面中的字体格式。

（7）最后单击 确定 按钮，完成文档网格的设置。

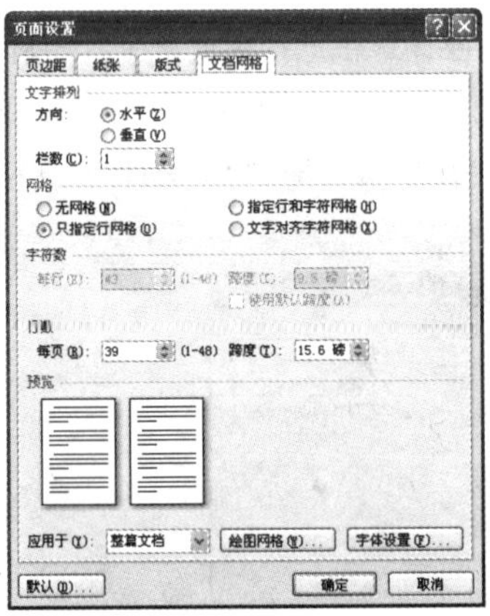

图 4.7.5 “文档网格”选项卡

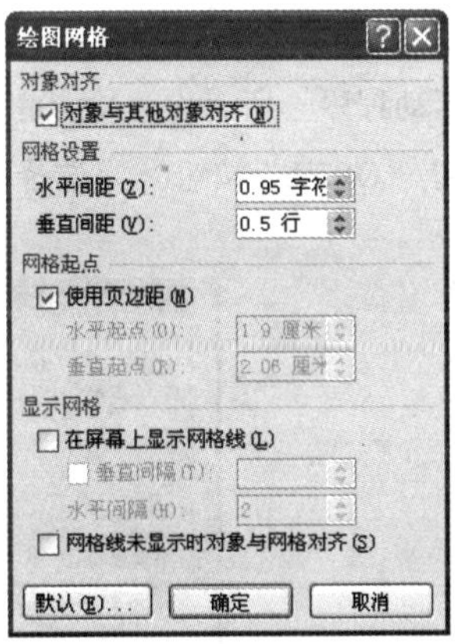

图 4.7.6 “绘图网格”对话框

4.7.2 预览文档

在打印文档之前，必须对文档进行预览，查看是否有错误或不足之处，以免造成不可挽回的错误。单击“Office”按钮，然后在弹出的菜单中选择 打印(P) → 打印预览 命令，即可打开文档的预览窗口，如图 4.7.7 所示。在打开预览窗口的同时，打开“打印预览”选项卡。

在“打印预览”选项卡中单击 单页 按钮，在打印预览窗口中只显示一页；单击 双页 按钮，可显示两页；单击 显示比例 按钮，弹出“显示比例”对话框，如图 4.7.8 所示。在该对话框中用户可以设置预览时的显示比例，选中⊙多页(M):单选按钮，单击其下方的按钮，即可在弹出的下拉列表中选择预览时的页数。

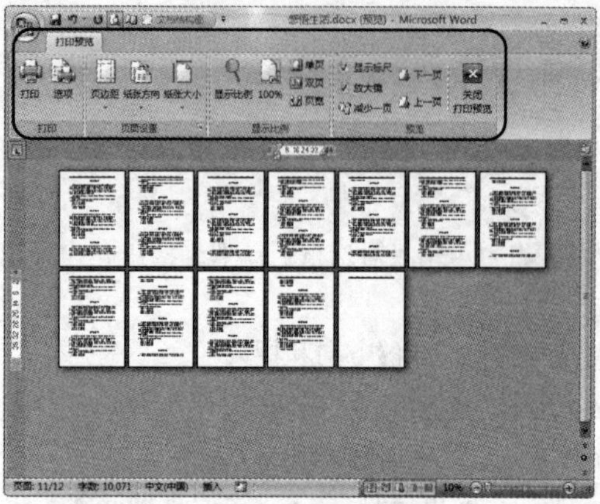

图 4.7.7　文档的预览窗口

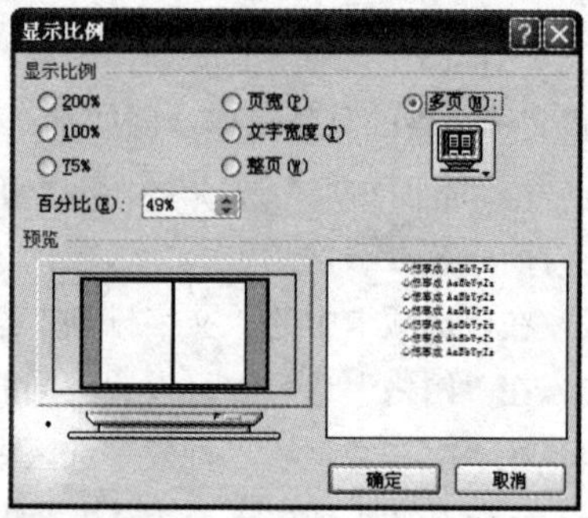

图 4.7.8　“显示比例”对话框

4.7.3　打印文档

如果计算机已正确连接了打印机，并安装了相应的打印机驱动程序。所有设置检查完后，即可打印文档。

在打印文档之前，应该对打印机进行检查和设置，确保计算机已正确连接了打印机，并安装了相应的打印机驱动程序。所有设置检查完毕后，即可开始打印文档。打印文档的具体操作步骤如下：

（1）单击“Office”按钮，选择打印(P)命令，或使用键盘快捷键“Ctrl+P”，弹出打印对话框，如图 4.7.9 所示。

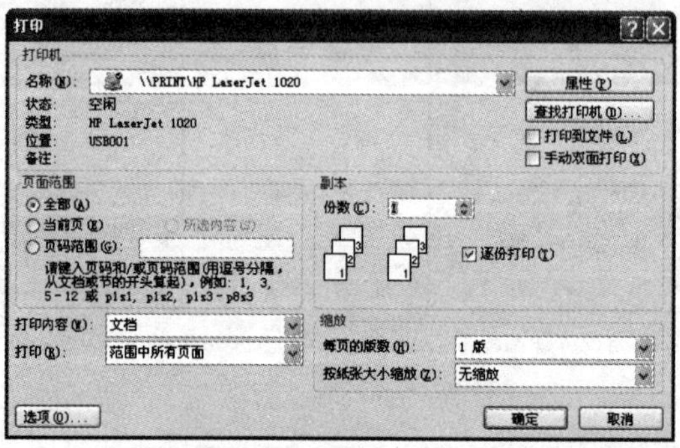

图 4.7.9　“打印”对话框

（2）在“打印机”选项区中的“名称”下拉列表中选择打印机的类型，例如 HP LaserJet 1020。

（3）在“页面范围”选项区中指定要打印的范围，选中⊙全部(A)单选按钮，则打印打开的全部文档；选中⊙当前页(E)单选按钮，则只打印鼠标定位的这一页；选中⊙页码范围(G):单选按钮，然后在其后的文本框中输入要打印的页码，例如要打印第一页到第三页，则可以输入“1-3”。

（4）在“副本”选项区域中的“份数”微调框中输入要打印的份数。

（5）所有的设置完成后，单击确定按钮可将文档发送到打印机打印出来。

4.8 典型实例——制作信卡

本例利用 Word 2007 制作信卡，在制作过程中主要用到绘制图形、设置下画线、插入文本框、插入图片、设置文本格式、插入形状等命令。信卡最终效果如图 4.8.1 所示。

图 4.8.1 信卡效果图

操作步骤

（1）启动 Word 2007 应用程序，创建一个新文件。

（2）打开“页面布局”选项卡，在“页面设置”组中单击纸张方向按钮，在弹出的下拉列表中选择“横向”；单击纸张大小按钮，在弹出的下拉列表中选择“C5 信封 16.2 厘米×22.9 厘米”选项。页面如图 4.8.2 所示。

（3）双击页面中的页眉区域，打开页眉和页脚，打开“插入”选项卡，在“插图”组中，单击形状按钮，在弹出的下拉列表中选择“矩形”选项，在文档中绘制矩形并设置其线条颜色为“红色”，如图 4.8.3 所示。

图 4.8.2 信卡页面效果

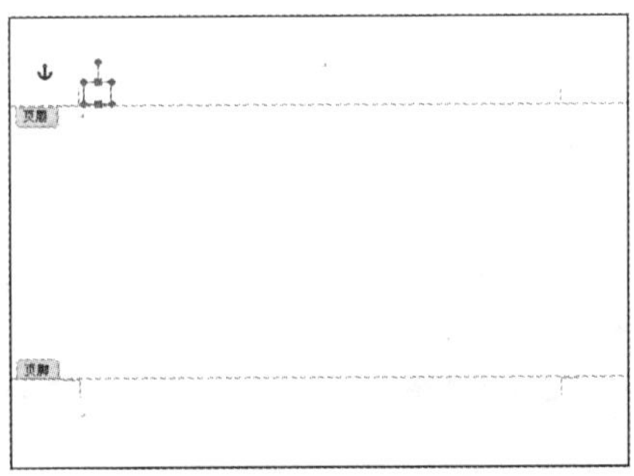

图 4.8.3 绘制矩形

（4）复制 6 个小矩形，并依次横向排列，分别选中 6 个小矩形，打开“格式”选项卡，在“排列”组中单击“对齐”按钮，在弹出的下拉列表中选择横向分布(H)命令，再单击“对齐”按钮，选择上下居中(M)命令。

（5）再次绘制一个小矩形，其线条颜色为默认颜色，并将其复制多个，排列成如图 4.8.4 所示的形状。

（6）使用文本框，在文档中输入如图 4.8.5 所示的内容，并设置文本的字体及颜色。将其排列在小矩形下方的合适位置。

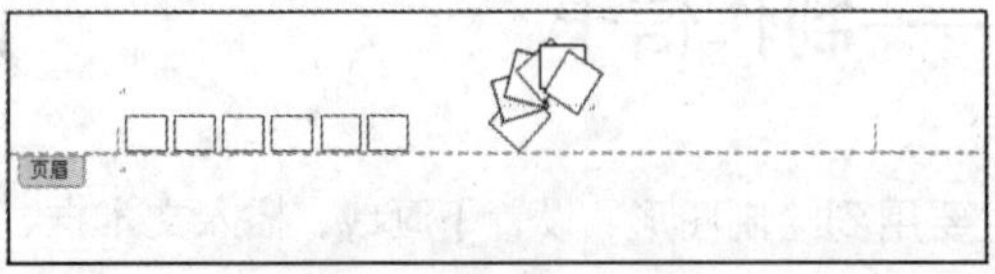

图 4.8.4　排列小矩形

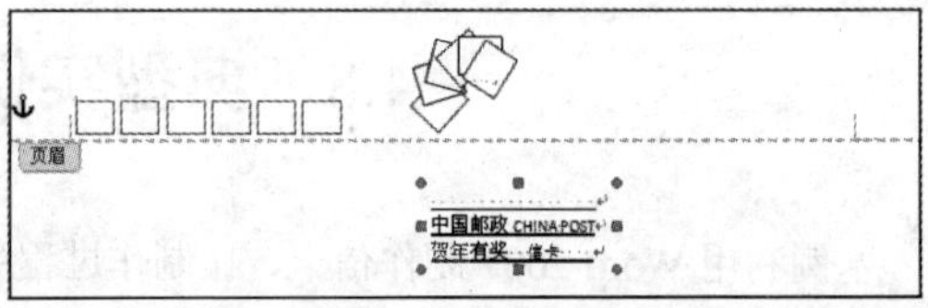

图 4.8.5　输入文本并进行设置

（7）在页脚区域按空格键空出一行，并选中该行，在“格式”选项卡中单击“字体”组中的“下画线”按钮右侧的下三角按钮，在弹出的下拉列表中选择“虚下画线”选项；在下画线的下方输入“请沿此线撕开”，如图 4.8.6 所示。

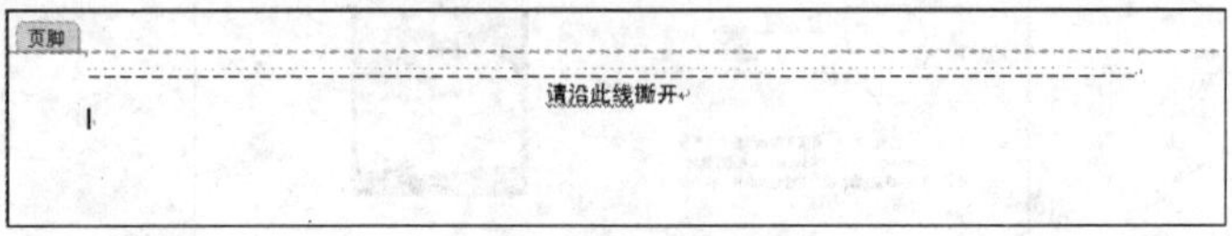

图 4.8.6　输入页脚内容

（8）在文档的工作区域双击鼠标，关闭页眉页脚编辑状态。

（9）用文本框在文档中输入如图 4.8.7 所示的内容，其中，下画线的颜色为“红色”。

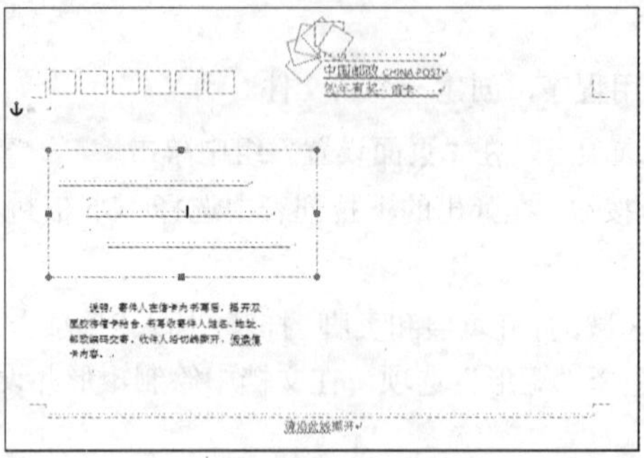

图 4.8.7　输入信卡内容

（10）打开“插入”选项卡，单击“插图”组中的按钮，弹出如图 4.8.8 所示的插入图片对话框，在该对话框中选择要插入到文档中的图片，单击插入(S)按钮将其插入到文档中。

（11）选中图片，在“格式”选项卡中单击“排列”组中的文字环绕按钮，在弹出的下拉列表中选择浮于文字上方(N)选项，调整图片的大小及位置，如图 4.8.9 所示。

图 4.8.8　“插入图片”对话框

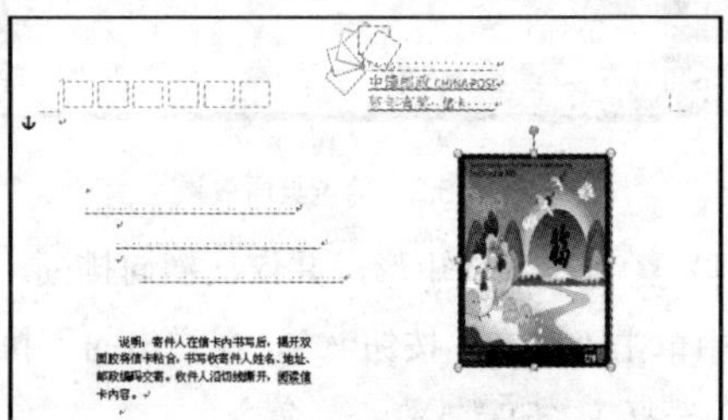

图 4.8.9　调整图片大小及位置

（12）打开“插入”选项卡，在“文本”组中单击按钮，在弹出的下拉列表中选择“简单文本框”，在文本框中输入“吉”字。设置其字体大小为“小初”，字体颜色为“红色”；然后分别设置文本框的边框颜色和填充颜色为“无颜色”，如图 4.8.10 所示。

（13）选中“吉”字，在“开始”选项卡中单击“字体”组中的“带圈字符”按钮，弹出如图 4.8.11 所示的带圈字符对话框，

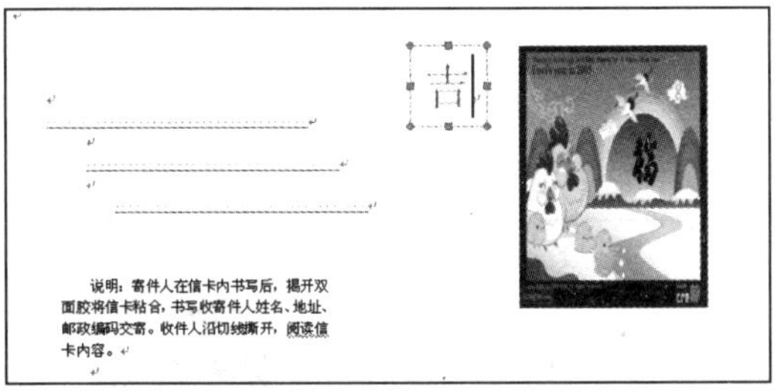

图 4.8.10　设置“吉”字格式

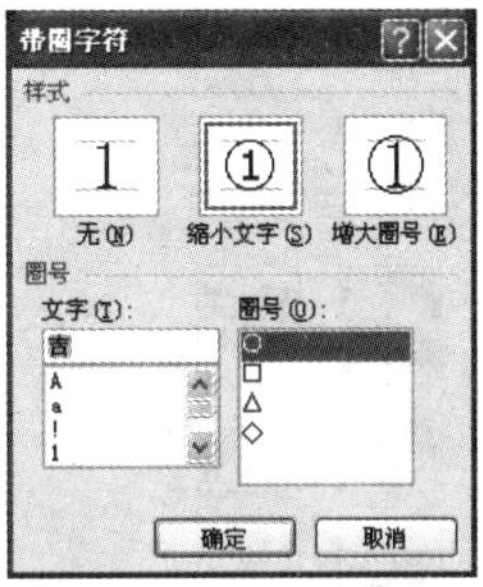

图 4.8.11　“带圈字符”对话框

（14）在“圈号”列表框中选择“◇”选项，单击确定按钮，效果如图 4.8.12 所示。

（15）将“吉”字文本框复制多个，然后逐个输入“祥”、“如”、“意”、“平”、“安”、“幸”、“福”，重复步骤（13）～（14）的操作，将每个文字设置为带圈字符，如图 4.8.13 所示。

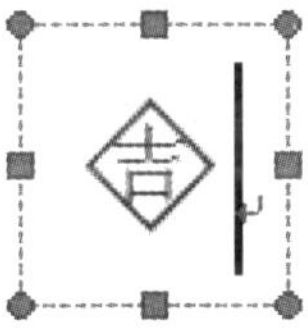

图 4.8.12　设置带圈字符

图 4.8.13　复制多个带圈字符

（16）选中“吉”、“祥”、“如”、“意”4 个文本框，打开“页面布局”选项卡，单击“排列”组中的对齐按钮，在弹出的下拉列表中分别选择左右居中(L)和纵向分布(V)命令，排列文本框。

（17）重复步骤（16）的操作，排列“平”、“安”、“幸”、“福”文本框。

（18）打开“插入”选项卡，在“插图”组中单击形状按钮，在弹出的下拉列表中选择“椭圆”按钮，在文档中绘制椭圆。选中椭圆，在“格式”选项卡中单击“形状样式”组中的“形状填充”按钮，在弹出的下拉列表中选择“粉红”；单击“形状轮廓”按钮，在弹出的下拉列表中选择无轮廓(N)命令，效果如图 4.8.14 所示。

（19）选中椭圆，单击鼠标右键，在弹出的快捷菜单中选择添加文字(X)命令，然后在椭圆中输入“中国邮政”、“CHINA”文本，设置其字体颜色为“白色”、字号为“五号”，并使其居中排列，如图 4.8.15 所示。

图 4.8.14　绘制椭圆

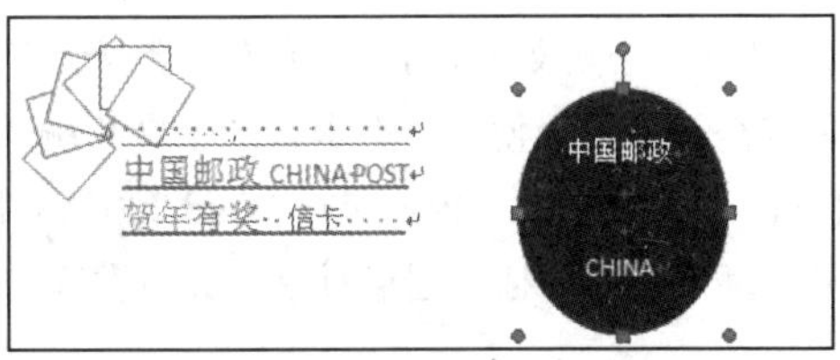

图 4.8.15　设置椭圆文本

（20）打开“插入”选项卡，在“插图”组中单击剪贴画按钮，打开“剪贴画”任务窗格，在“搜索”文本框中输入“pant”，单击搜索按钮，搜索出来的剪贴画显示在列表框中，如图 4.8.16 所示。

（21）单击需要的图片将其插入到文档中，调整其大小及位置如图 4.8.17 所示。

图 4.8.16　搜索的剪贴画

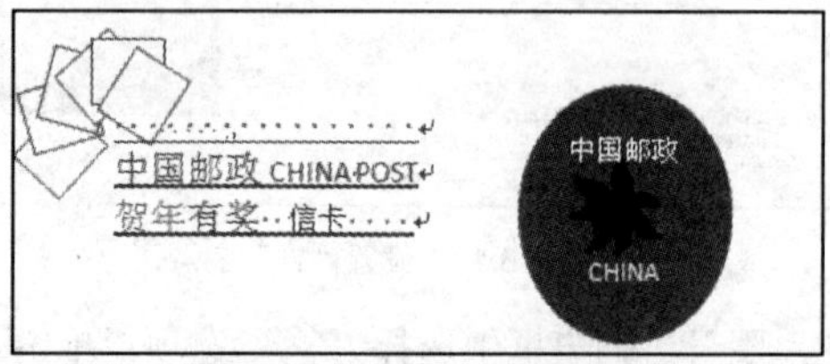

图 4.8.17　插入剪贴画

（22）打开“插入”选项卡，单击“插图”组中的形状按钮，在弹出的下拉列表中选择“椭圆形标注”按钮，绘制一个椭圆标注，并输入文本“80 分”。选中椭圆标注，单击鼠标右键，在弹出的快捷菜单中选择设置自选图形格式(O)...命令，弹出设置自选图形格式对话框，如图 4.8.18 所示。

（23）在对话框中单击“填充”选区的“颜色”列表框，在弹出的下拉列表中选择“白色，背景 1，深色 25%”选项，然后设置线条颜色为“无颜色”，单击确定按钮，效果如图 4.8.19 所示。

至此，实例制作完成，最终效果如图 4.8.1 所示。

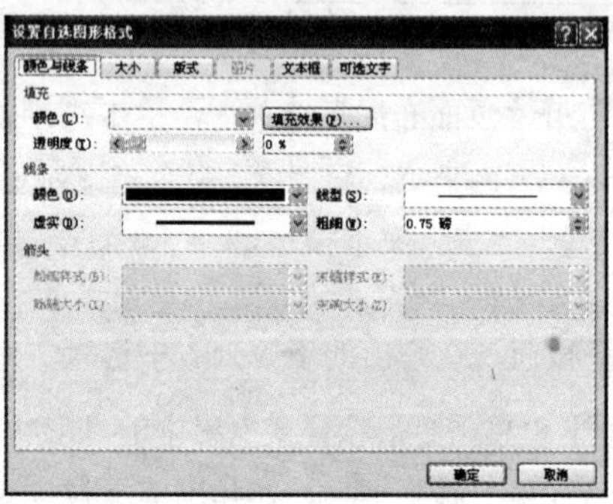

图 4.8.18　“设置自选图形格式”对话框

图 4.8.19　设置标注格式

小　结

Word 是一个集文字的录入、编辑、制表、绘图、排版、模拟显示及打印为一体的字表处理软件，其功能齐全，操作简便，具有丰富的全屏幕编辑功能，能编排出图文并茂的文档。本章主要讲述了 Word 2007 的使用方法，内容包括 Word 2007 基础、文档的基本操作、文本的基本操作、格式化文本、在文档中插入表格、插入图形对象、页面设置与打印输出等。

过关练习四

一、填空题

1. 在 Word 2007 中，按快捷键________可新建一个文档；按________快捷键可以选中整个文档。

2. 直接按________组合键可关闭 Word 2007；按________组合键可新建一篇空白 Word 文档。

3. 用户在输入文本之前，首先需要将插入点定位到所需的位置处，定位插入点的方法主要有 3 种，分别为________、________和________。

4. Word 2007 默认的页面方向为________，默认的纸型为________。

5. 要对文档的格式进行设置，可在________、________或________中进行设置。

6. ________是指位于每页的顶端和底端的注释性文字或图片。

二、选择题

1. 下列（　）按钮用于字符格式设置。

A. 　　B. 　　C. 　　D. 

2. 在编辑区中录入文字，当前录入的文字将显示在（　）。

A. 鼠标指针位置处　　B. 插入点　　C. 文件尾　　D. 段尾

3. 要改变段落中除第一行外的其他各行与左边界的距离，可拖动水平标尺中的（　）按钮。

A. 悬挂缩进　　B. 首行缩进　　C. 右缩进　　D. 左缩进

4. 插入的艺术字在文档中作为（　）来处理。

A. 文字　　B. 数据对象　　C. 文本　　D. 图形对象

5. 当前插入点处于表格中某一个单元格内，按回车键后，（　）。

A. 增加一个新的表格行　　B. 插入点所在的列加宽

C. 在该单元格内另起段落　　D. 对表格不起作用

6. 对插入到文档中的“剪贴画”图片，不能进行的操作是（　）。

A. 放大或缩小　　B. 移动位置

C. 进行边缘剪裁　　D. 修改其中的部分图案

三、简答题

1. 如何自行创建模板？

2. 可以通过哪几种方式选择文本？

3. 如何设置页面边框和底纹？

三、上机操作题

1. 根据模板创建一个“专业型备忘录”，在其中进行格式修改和文本编辑，并将其保存为“公司备忘录”模板。根据“公司备忘录”模板创建一个文档，将其中的标题和正文分别创建为样式，并对创建的文档进行打印设置，要求将所有的奇数页打印在 A4 纸张上，并且在 1 张纸上打印 2 页的内容。

2. 制作一张配诗山水画，在文档中插入一张山水画图片，使用文本框输入唐诗，文字竖排。

第 5 章　表格制作 Excel 2007

Excel 2007 是 Office 2007 的组件之一，利用它可以做出漂亮的电子表格，还可以对数据进行计算、分析和管理。Excel 2007 制作的电子表格具有数据准确、快捷及美观等优点，是制作电子表格的首选工具。

本章重点

（1）操作工作簿、工作表和单元格。

（2）数据的输入与编辑。

（3）设置单元格格式。

（4）计算和管理数据。

（5）用图表分析数据。

（6）打印和输出工作表。

5.1　认识 Excel 2007

Microsoft 公司推出的 Excel 2007 是目前最流行的制作电子表格的软件之一，本节将重点介绍 Excel 2007 的一些基本知识，包括其工作界面的组成以及一些相关术语。

5.1.1　Excel 2007 的工作界面

当 Excel 2007 启动完成后，就可以看到其工作界面，如图 5.1.1 所示。

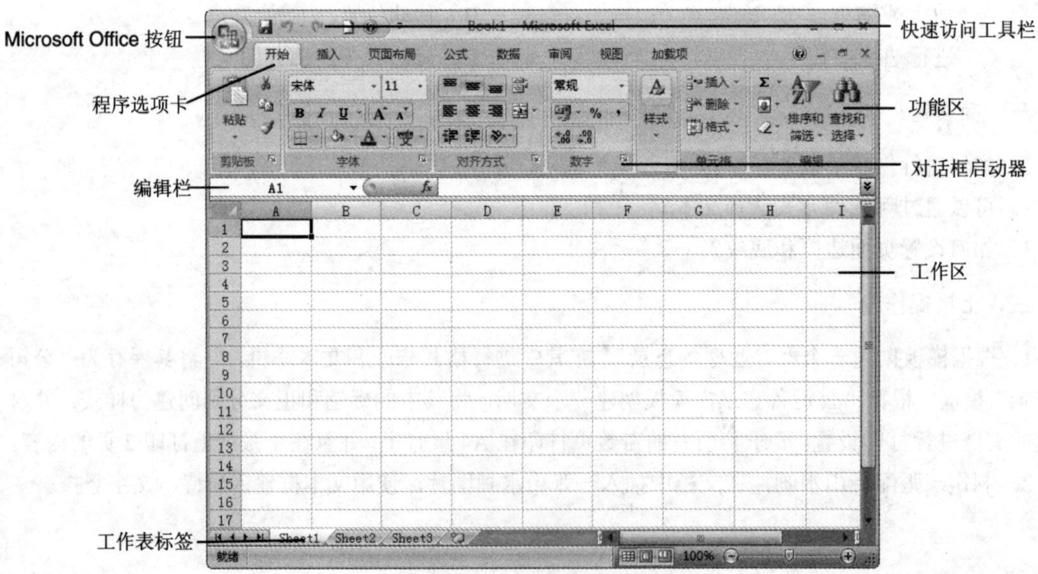

图 5.1.1　Excel 2007 工作界面

Excel 2007 的工作界面与 Word 2007 基本相似，对其中不同选项的功能介绍如下：

编辑栏：用于编辑各种数学公式，设置插入点后，单击该栏后的“输入”按钮确认公式的输入；单击“取消”按钮取消公式编辑；单击“插入函数”按钮可弹出插入函数对话框。

工作区：工作界面中呈网格状的区域就是工作区，它是 Excel 的工作平台，由单元格、列标和行号等部分组成。

工作表标签：用来显示当前工作簿中的工作表名称，名称背景为白色的是当前工作表，背景为灰色的是非当前工作表。

5.1.2　Excel 中的相关概念

工作簿、工作表、单元格和单元格区域是 Excel 2007 的基本组成元素，在对工作簿和工作表进行管理和操作之前，首先学习一些相关的基本概念。

1．工作簿

工作簿是一种 Excel 文件，扩展名为.xls，一个工作簿文件可以包含若干张工作表。新建的工作簿默认包含 3 张工作表，标签依次为 Sheet1，Sheet2 和 Sheet3。

2．工作表

工作表是指在 Excel 中用于存储和处理数据的主要文档，也称为电子表格。工作表由排列成行或列的单元格组成，存储在工作簿中。每插入一个工作表，系统会自动添加一个标签 Sheet X，其后的序号 X 依次递增 1。

3．单元格地址

单元格地址是由横向和竖向的表格线围成的最小方框，它是组成工作表的基本单元。输入工作表的数据都是存储并显示在单元格中的。由列标号（大写英文字母）和行标号（数字）组合起来赋予每个单元格一个唯一的地址。规定列标号在前，行标号在后，如 A5，B12 等，Excel 把它叫做单元格地址的引用，简称单元格引用。

5.2　操作工作簿

工作簿是用于运算和保存数据的文件，其基本操作主要包括新建、保存、打开以及关闭等。其中关闭和打开工作簿的操作与关闭 Word 文档的操作方法相同，本节不再赘述。

5.2.1　新建工作簿

用户在启动 Excel 2007 的过程中，系统会自动创建一个工作簿，并将其命名为“Book1”，除此之外，用户还可以通过以下 4 种方法新建工作簿：

（1）单击“快速访问”工具栏中的“新建”按钮，即可新建一个空白工作簿。

（2）选择→新建(N)命令。

（3）按快捷键“Ctrl+N”。

（4）根据模板新建工作簿文件。利用模板新建具有一定格式的工作簿，具体操作步骤如下：

1）单击“Office”按钮，选择 新建(N) 命令，弹出“新建工作簿”对话框，在“模板”列表中选择“已安装的模板”选项，如图 5.2.1 所示。

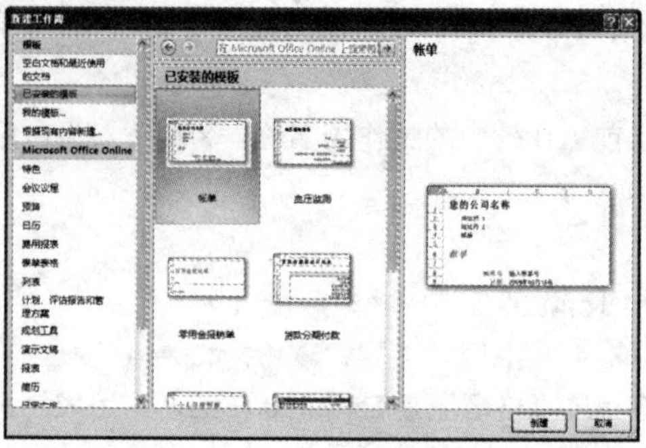

图 5.2.1 “新建工作簿”对话框

2）在“已安装的模板”列表框中选择需要的模板，单击 创建 按钮或者双击模板图标，即可新建一个与模板样式相同的工作簿。

5.2.2 保存工作簿

Excel 中的工作簿无论包括多少张工作表，都可将这些工作表一起保存在工作簿中，而保存的文件名就是工作簿名称。用户可以使用以下 4 种方法保存工作簿：

（1）如果是首次保存工作簿，选择→ 保存(S) 命令，会弹出 另存为 对话框（见图 5.2.2），用户可在该对话框中为工作簿输入文件名及保存路径，单击 保存(S) 按钮即可。

（2）如果用户已保存了工作簿，单击“快速访问”工具栏中的“保存”按钮，可保存工作簿中所做的修改。

（3）如果用户要为当前工作簿创建副本，可选择→ 另存为(A) 命令，即可弹出“保存文档副本”下拉菜单（见图 5.2.3）。用户可在该菜单中选择合适的命令，以创建特定格式的副本。

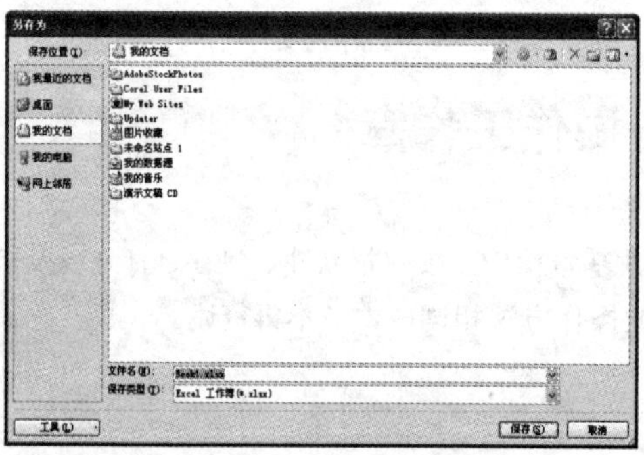

图 5.2.2 “另存为”对话框

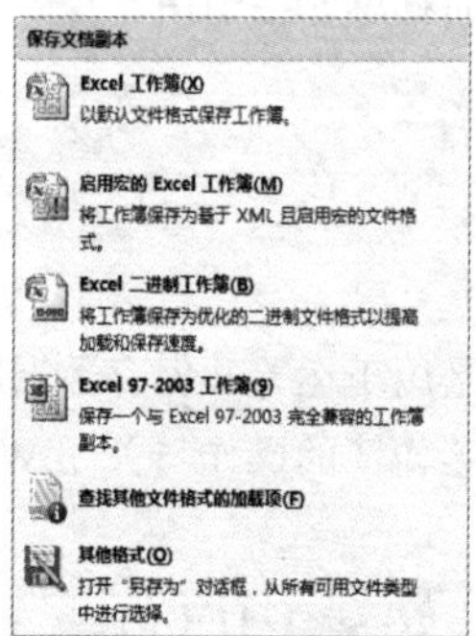

图 5.2.3 “保存文档副本”下拉菜单

（4）Excel 2007 具有自动保存功能，用户可以设置保存的时间，具体操作步骤如下：

1）选择→ Excel 选项(I) 命令，弹出 Excel 选项 对话框，如图 5.2.4 所示。

2）单击 保存 标签，打开“保存”选项卡，如图 5.2.5 所示。

3）选中 保存自动恢复信息时间间隔(A) 10 分钟(M) 复选框，设置对工作簿进行自动保存和恢复的时间间隔，如设定为“10 分钟”。设置完成后单击 确定 按钮即可。

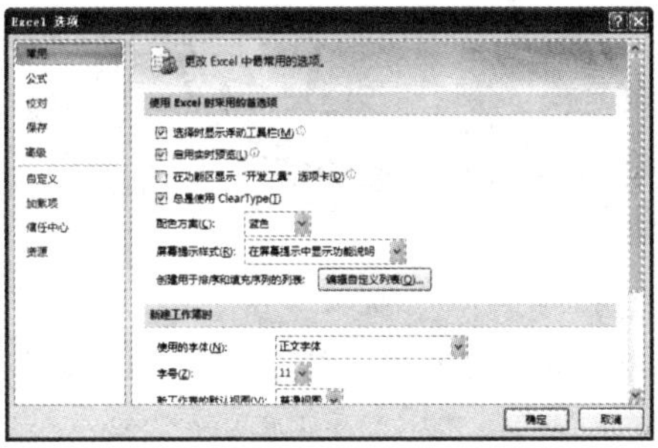

图 5.2.4　“Excel 选项”对话框

图 5.2.5　“保存”选项卡

5.3　操作工作表

工作表是处理数据的主要场所，默认创建的工作簿中包含 3 个工作表，用户根据需要，可对工作表进行激活、插入、移动、重命名等编辑操作。

5.3.1　激活工作表

一个工作簿通常包含多个相关的工作表，但当前工作表只有一个，如需要对某个工作表进行操作，必须先激活该工作表。根据需要，用户既可以激活单个工作表，也可以激活多个工作表。可采用以下方法：

（1）选择单个工作表。如果要选择当前工作簿文件中的某个工作表，用鼠标左键单击工作表标签即可。

（2）选择多个工作表。在当前工作簿文件中选择多个工作表，分为两种情况：

1）单击选择一个工作表的标签，按住“Ctrl”键不放，再单击其他工作表名，可以选择不连续的多个工作表。

2）单击第一个工作表的标签，按住“Shift”键不放，再单击另一个工作表标签，可以选择这两个工作表之间连续的多个工作表。

（3）选定所有工作表。用鼠标右键单击工作表标签，在弹出的快捷菜单中选择 选定全部工作表(S) 命令即可。

5.3.2　插入工作表

工作簿默认生成的 3 个工作表有时不能满足用户的实际需要，在编辑工作簿时，可能要增加工作表的数目，插入新的工作表。插入工作表包括插入单个工作表和插入多个工作表两种情况。

如果用户要插入单个工作表，可按以下两种方法进行操作：

（1）单击工作表标签，确定要插入工作表的位置，例如要在 Sheet2 和 Sheet3 之间插入一个工作表，则单击 Sheet3 标签，在“开始”选项卡的单元格选项组中单击 插入 按钮，从弹出的下拉菜单中选择 插入工作表(S) 命令，即可在 Sheet2 和 Sheet3 之间插入一个工作表，如图 5.3.1 所示。

（2）在工作表标签中单击鼠标右键，从弹出的快捷菜单中选择 插入(I)... 命令，再从弹出的“插入”

对话框中选中工作表图标，单击确定按钮即可。反复操作，可逐步添加工作表。

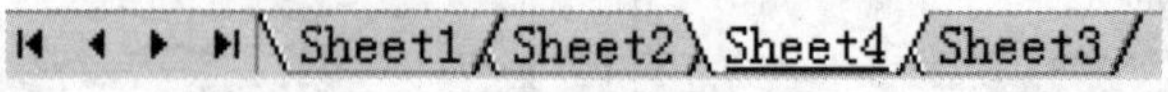

图 5.3.1　插入工作表

如果要同时插入多个工作表，可按以下操作步骤进行：

（1）如果要同时添加多个工作表，按住“Shift”键，选定与添加工作表相同数目的工作表标签。

（2）在“开始”选项卡的单元格选项组中单击插入按钮，从弹出的下拉菜单中选择插入工作表(S)命令，即可同时添加多个工作表。

5.3.3　重命名工作表

Excel 2007 默认将工作表依次命名为“Sheet1”、“Sheet2”……这样既不直观又不便于记忆，根据需要用户可为工作表取一个直观而易记的名称，即重命名。用户可以使用以下两种方法对工作表进行重命名。

1. 使用鼠标

（1）双击工作表标签，此时标签名呈黑色背景显示，如图 5.3.2 所示。

（2）直接输入新工作表名，如“员工工资表”字样，如图 5.3.3 所示。

图 5.3.2　选中工作表名

图 5.3.3　重命名工作表

（3）输入完成后按回车键，或单击标签外的任何位置，完成重新命名工作表操作。

2. 使用菜单命令

（1）选中要重命名的工作表标签。

（2）单击鼠标右键，从弹出的快捷菜单中选择重命名(R)命令，此时标签名呈黑色背景显示，在标签中输入新的工作表名称即可。

5.3.4　移动和复制工作表

移动工作表是指改变工作表在工作簿中排列的位置，复制工作表则是指增加原工作表的副本。下面介绍两种移动和复制工作表的方法。

1. 通过鼠标移动和复制工作表

（1）移动工作表。选中要移动的工作表标签，按住鼠标左键并拖动，此时工作表标签上方会出现一个黑色下三角箭头▼，提示工作表插入的位置，当鼠标指针变成□形状，将指针拖动到该黑色下三角箭头处，即可完成工作表的移动操作，如图 5.3.4 所示。

（2）复制工作表。选中要复制的工作表标签，按住“Ctrl”键，然后按住鼠标左键并拖动，此时工作表标签上方会出现一个黑色下三角箭头▼，提示工作表插入的位置，当鼠标指针变成□形状，将指针拖动到该黑色下三角箭头处，即可复制工作表。

2. 使用菜单命令移动和复制工作表

（1）选中要移动或复制的工作表。

（2）单击鼠标右键，从弹出的快捷菜单中选择 移动或复制工作表(M)... 命令，弹出 **移动或复制工作表** 对话框，如图 5.3.5 所示。

图 5.3.4 使用鼠标移动工作表

图 5.3.5 “移动或复制工作表”对话框

（3）在“下列选定工作表之前”列表框中选择要移动或复制的位置。如果是移动工作表，在该对话框中取消 建立副本(C) 复选框的选中。如果要复制工作表，则选中 建立副本(C) 复选框，单击 确定 按钮即可。

5.3.5 删除工作表

如果当前工作簿中有无用的工作表，可对其进行删除，使工作簿的结构更加清晰。单击要删除的工作表标签（将其置于当前位置，但不能处于编辑状态，否则将无法删除），单击鼠标右键，从弹出的快捷菜单中选择 删除(D) 命令，系统弹出提示对话框，如图 5.3.6 所示。如果确定删除就单击 删除 按钮，否则单击 取消 按钮。

图 5.3.6 删除提示对话框

5.3.6 隐藏和显示工作表

当用户打开的窗口和工作表的数量太多时，屏幕会较乱，为了避免错误的操作，可以将暂时不使用的工作簿和工作表隐藏起来，需要对其操作时，再将它们显示出来。用户可以采用以下两种方法隐藏和显示工作表：

（1）在“视图”选项卡中的窗口选项组中单击 隐藏 按钮，即可将当前工作表隐藏，如图 5.3.7 所示。如果要重新显示该工作表，则在“视图”选项卡中的窗口选项组中单击 取消隐藏 按钮，将弹出 **取消隐藏** 对话框，如图 5.3.8 所示，在该对话框中选择要显示的工作簿，单击 确定 按钮 即可。

（2）在工作表标签上单击鼠标右键，从弹出的快捷菜单中选择 隐藏(H) 命令，即可将选中的工作表隐藏。如果要重新显示该工作表，则在工作表标签上单击鼠标右键，从弹出的快捷菜单中选择 取消隐藏(U)... 命令，在弹出的 **取消隐藏** 对话框中选择显示的工作簿，单击 确定 按钮即可。

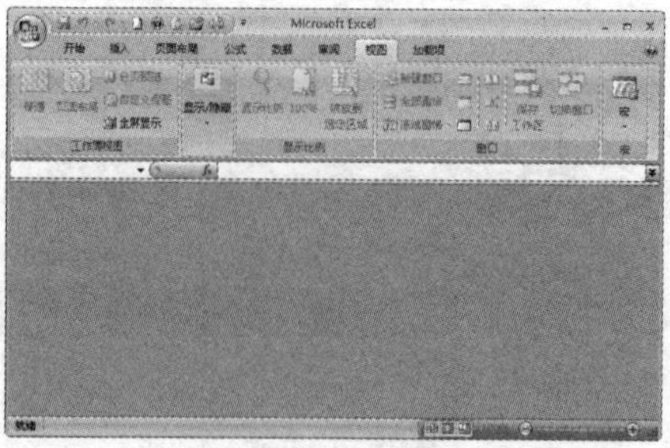

图 5.3.7　隐藏工作表

图 5.3.8　“取消隐藏”对话框

5.4　操作单元格

输入与处理数据都是在单元格中进行的，因此必须掌握单元格的基本操作，包括选择、插入、删除、合并、拆分、移动和复制单元格等。

5.4.1　选择单元格

在对某个单元格或多个单元格进行操作前，须先选择单元格，根据实际情况可进行不同的选择。

1．选取单个单元格

选取单个单元格的常用方法有以下两种：

（1）用鼠标直接单击单元格。其方法是当鼠标指针变为形状时，单击某单元格，此时该单元格的外侧出现一黑色边框，同时在名称框内显示该单元格的名称，这时即为选定该单元格。

（2）在工作表左上方的名称框内直接输入需要选定的单元格名称，按回车键即可选定该单元格。

2．选取单元格区域

单元格区域是指工作表中的两个或多个单元格。单元格区域中的单元格可以是相邻的，也可以是不相邻的。选取单元格区域的方法有以下 4 种：

（1）单击并选定工作表中矩形区域左上角的一个单元格，然后按住鼠标左键并拖动至工作表右下角的一个单元格中，释放鼠标即可选取一矩形区域。

（2）在按住“Shift”键的同时移动键盘上的方向键，选取开始单元格和最终单元格之间的矩形区域。

（3）在按住“Shift”键的同时用鼠标单击单元格，选取活动单元格和最终单击的单元格之间的矩形区域。

（4）选取一个单元格，在按住“Ctrl”键的同时单击其他单元格，可选取多个不连续的单元格区域。

3．选取行和列

在工作表中选取行和列的方法如下：

（1）将鼠标移至要选定行的行号上，当鼠标指针变为➡形状时，单击鼠标即可选定该行。

（2）将鼠标移至要选定多行的某个行号上，然后按住“Ctrl”键，单击其他需要选定行的行号，即可选取多个不连续的行。

（3）将鼠标移至要选定多行的开始行号上，然后按住鼠标左键并拖动，至适当的位置释放鼠标即可选定多个连续的行。

（4）将鼠标移至要选定列的列标上，当鼠标指针变为⬇形状时，单击鼠标即可选定该列。

（5）将鼠标移至要选定多列的某个列标上，然后按住“Ctrl”键，单击其他需要选定列的列标，即可选取多个不连续的列。

（6）将鼠标移至要选定多列的开始列标上，然后按住鼠标左键并拖动，至适当的位置释放鼠标即可选定多个连续的列。

4. 选取整个工作表

如果要选取整个工作表，可以采用以下两种方法：

（1）单击工作表左上角的“全选”按钮。将鼠标移至该按钮时，鼠标指针变为✚形状，此时单击鼠标即可选取整个工作表。

（2）按快捷键“Ctrl+A”可以选取整个工作表。

5.4.2　插入单元格

在对工作表进行输入或编辑的过程中，常常需要在工作表中插入单元格，从而制作完整的工作表。在 Excel 2007 中，用户可以在选中单元格的上方或左侧插入与选中单元格数量相同的空白单元格，具体操作如下：

（1）在要插入单元格的位置选中一个或多个单元格。

（2）在“开始”选项卡中的 单元格 选项组中单击 插入 按钮，在弹出的下拉菜单中选择 插入单元格(I)... 命令，弹出 插入 对话框，如图 5.4.1 所示，用户可在该对话框中选择一种合适的插入方式。

1）选中 ⊙活动单元格右移(I) 单选按钮，可在选中区域插入空白单元格，原来选中的单元格及其右侧的单元格自动右移。

2）选中 ⊙活动单元格下移(D) 单选按钮，可在选中区域插入空白单元格，原来选中的单元格及其下方的单元格自动下移。

3）选中 ⊙整行(R) 单选按钮，可在选中的单元格区域上方插入与选中区域的行数相等的若干行。

4）选中 ⊙整列(C) 单选按钮，可在选中的单元格区域左侧插入与选中区域的列数相等的若干列。

（3）选择好插入方式后，单击 确定 按钮即可。

5.4.3　删除单元格

删除单元格与插入单元格刚好相反，删除某个单元格后，该单元格会消失，并由其下方或右侧的单元格填补原单元格所在位置，具体操作如下：

（1）选中要删除的单元格或单元格区域。

（2）在“开始”选项卡中的 单元格 选项组中单击 删除 按钮，在弹出的下拉菜单中选择 删除单元格(D)... 命令，弹出 删除 对话框，如图 5.4.2 所示，用户可在该对话框中选择一种合适的删除方式。

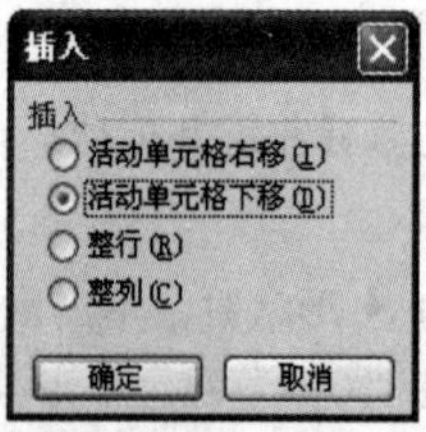

图 5.4.1 “插入”对话框

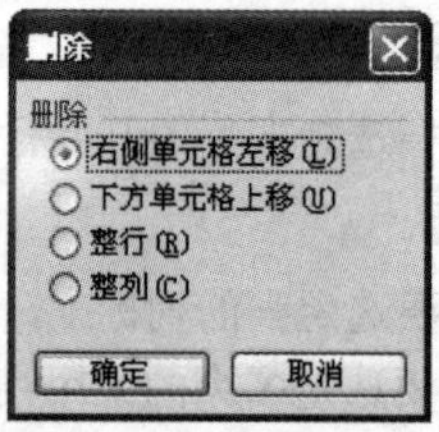

图 5.4.2 “删除”对话框

1）选中右侧单元格左移(L)单选按钮，将选中的单元格删除，并将其右侧的单元格向左移动填补空白。

2）选中下方单元格上移(U)单选按钮，将选中的单元格删除，并将其下边的单元格向上移动填补空白。

3）选中整行(R)单选按钮，将选中单元格所在行删除，并将其下边的行向上移动填补空白。

4）选中整列(C)单选按钮，将选中单元格所在列删除，并将其右侧的列向左移动填补空白。

（3）选择一种合适的删除方式，单击确定按钮即可。

5.4.4 合并居中单元格

合并及居中单元格是将相邻的单元格合并为一个单元格。合并后只保留所选区域左上角单元格中的数据内容，且该内容会在选定的整个区域内居中排列。例如将“D3”与“E3”单元格区域合并为一个单元格并居中显示，具体操作步骤如下：

（1）选定要进行合并的单元格区域。

（2）打开开始选项卡，单击“对齐方式”组中的“合并后居中”按钮，结果如图 5.4.3 所示。

图 5.4.3 合并及居中单元格

在合并单元格时，如果选定区域包含多重数值，系统将弹出如图 5.4.4 所示的提示框。

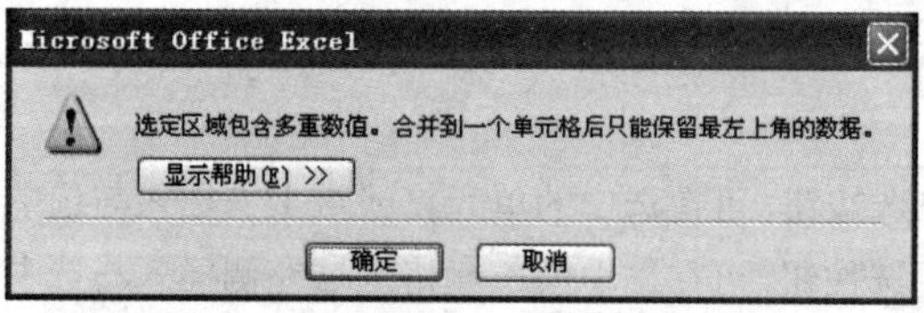

图 5.4.4 “Microsoft Office Excel”提示框

5.4.5 设置单元格行高与列宽

在输入的数据过长时，通常会调整列宽和行高，设置行高和列宽可以更好地显示存放在单元格中的各种数据。设置行高的具体操作步骤如下：

（1）单击要调整行高的行的行号，在开始选项卡中的“单元格”组中单击格式按钮，弹出如图 5.4.5 所示的下拉菜单。

（2）选择行高(H)...命令，弹出行高对话框，如图 5.4.6 所示。

（3）在“行高”文本框中输入行高值，单击确定按钮，即可看到设置行高的效果。

设置行高的简便方法就是将鼠标指针移到行号显示栏的分界线上，当鼠标指针改变形状后，将其拖动到所需位置即可。

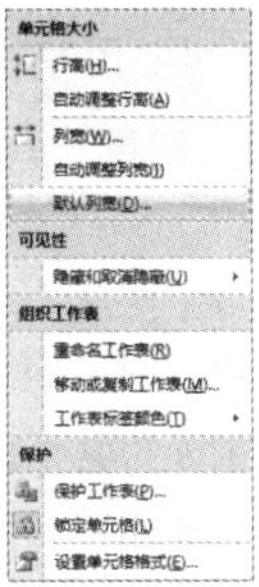

图 5.4.5　格式下拉菜单

图 5.4.6　“行高”对话框

设置列宽与设置行高的操作类似，可以通过菜单或鼠标来完成。

5.5　数据的输入与编辑

使用 Excel 制作工作簿后，就可以将各种类型的数据输入到表格中去了。输入到表格中的数据包括文本和数值等，在工作表中输入了数据后，就可以对其进行编辑，比如修改工作表中的数据、查找与替换数据、移动和复制数据等。

5.5.1　数据的输入

创建了 Excel 2007 工作表后，就可以像对 Word 表格操作一样，手动输入内容，如文本、数字、符号和日期等，而且可以利用填充功能快速填充数据。

1. 输入文字

输入的文字可以是数字和非数字字符的组合，系统视为常量。如果输入的文本全部是数字 5，应先输入单引号作为文字标志。系统将该数值数据识别为文本数据。在默认情况下，文字数据自动向左对齐。如果想把输入的数字变成文本格式，可以用改变单元格的格式来设置，具体操作如下：

（1）选定该单元格或单元格区域，在“单元格”选项组中单击 格式 按钮，在弹出的下拉列表中选择 设置单元格格式(E)... 命令，弹出 设置单元格格式 对话框，如图 5.5.1 所示。

（2）在该对话框中单击选择 数字 选项卡，在“分类”列表框中选择“文本”。

（3）设置完成后，单击 确定 按钮。

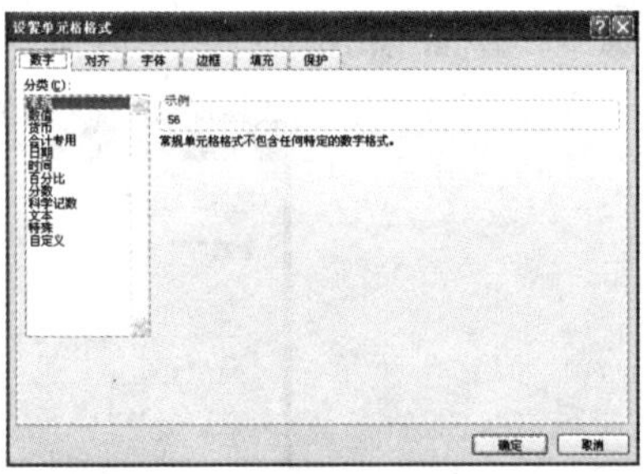

图 5.5.1　“设置单元格格式”对话框

2. 输入数值型数据

系统视数值型数据为常量。数字在单元格的默认对齐方式为右对齐。若数据长度超过 11 位，系统将自动转换为科学计数法表示，用户可定义数值型数据的显示格式。数值型数据的格式设置也可以在“设置单元格格式”对话框的“数字”选项卡中进行。

3．输入日期型数据

在 Excel 中输入日期时，默认按“年/月/日”或“年-月-日”的格式。输入时间按“小时：分：秒”的格式。如果在同一单元格中输入日期和时间，在日期和时间之间要用空格分隔。若需要用其他日期和时间格式，可以在“设置单元格格式”对话框的“数字”选项卡中的“日期”和“时间”栏中选择。

4．快速输入数据

Excel 具有把一个单元格的数据简捷地复制到多个相邻单元格的功能，能实现数据的快速输入。其操作方法是：选定一个单元格，用鼠标指向选定单元格右下角的“填充柄”，当鼠标光标变为 **+** 形状时，按住鼠标左键拖动到需要复制的相邻单元格，释放鼠标左键即可。

5.5.2 修改数据

在单元格中输入数据时，偶尔会出现输入错误的情况，此时就需要修改。修改既可以在单元格中进行，也可在编辑栏中进行。

修改数据分为两种情况，即修改整个单元格中的内容和修改单元格中的部分内容，其方法有如下几种：

（1）当整个单元格中的数据均需要修改时，只需选择该单元格，然后重新输入正确的数据，再按“Enter”键即可。

（2）当单元格中的数据只有部分需要修改时，可先选择该单元格，将文本插入点插入到编辑栏中，删除错误数据，然后输入正确的数据，再按“Enter”键即可。

（3）双击单元格也可将文本插入点插入到该单元格中，从而在单元格中修改数据。

5.5.3 查找和替换数据

Excel 2007 的查找和替换功能可快速定位到满足查找条件的单元格，并能方便地将单元格中的数据替换为需要的数据，从而可极大地提高工作效率。查找或替换数据的具体操作步骤如下：

（1）在 开始 选项卡的“编辑”组中单击 查找和选择 按钮，在弹出的菜单中选择 查找(F)... 命令，弹出 查找和替换 对话框，如图 5.5.2 所示。

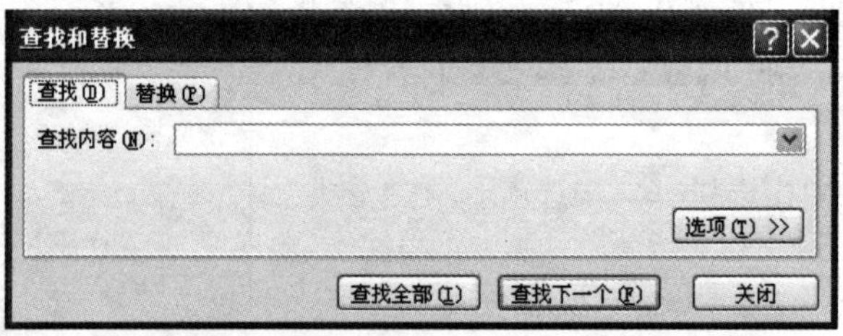

图 5.5.2 “查找和替换”对话框

（2）在“查找内容”文本框中输入要查找的内容，单击 查找下一个(F) 按钮，即可查找到符合条件的单元格，如图 5.5.3 所示。

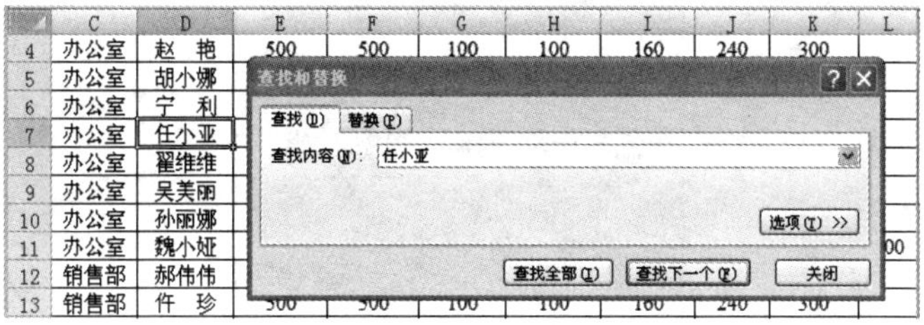

图 5.5.3　查找结果

如果用户要将查找到的值用其他值替换掉，打开查找和替换对话框中的替换(P)选项卡，单击替换(R)按钮即可。

5.5.4　移动/复制数据

移动数据是指将某个单元格中的内容从当前的位置删除并放到另外一个单元格中，而复制数据是指原单元格中的内容不变，只是把该内容复制到另外一个单元格中。如果原来的单元格中含有公式，移动或复制到新位置后，该公式会因为单元格区域的引用变化生成新的计算结果。移动和复制单元格中数据的方法有以下几种。

1．使用菜单命令

使用菜单命令移动或复制单元格中数据的具体操作步骤如下：

（1）选中要进行移动或复制的单元格或单元格区域。

（2）在“开始”选项卡中的剪贴板选项组中单击“剪切”按钮或“复制”按钮。

（3）选中要进行粘贴的目标单元格，在“开始”选项卡中的剪贴板选项组中单击粘贴按钮，在弹出的下拉菜单中选择粘贴(P)命令即可。

2．使用鼠标拖动

使用鼠标拖动移动或复制单元格中数据的具体操作步骤如下：

（1）选中要进行移动或复制的单元格或单元格区域。

（2）单击并拖动鼠标或在按住“Ctrl”键的同时单击并拖动鼠标。

（3）到达目标单元格后释放鼠标左键，即可完成数据的移动或复制。

3．使用选择性粘贴

如果要复制比较复杂的数据，用户可以使用选择性粘贴来有选择地进行数据的复制，具体操作步骤如下：

（1）选中要进行移动或复制的单元格或单元格区域。

（2）在“开始”选项卡中的剪贴板选项组中单击“复制”按钮。

（3）选中要进行粘贴的目标单元格，在“开始”选项卡中的剪贴板选项组中单击粘贴按钮，在弹出的下拉菜单中选择选择性粘贴(V)...命令，弹出选择性粘贴对话框，如图 5.5.4 所示。

（4）在该对话框中设置要粘贴的方式，单击确定按钮即可。

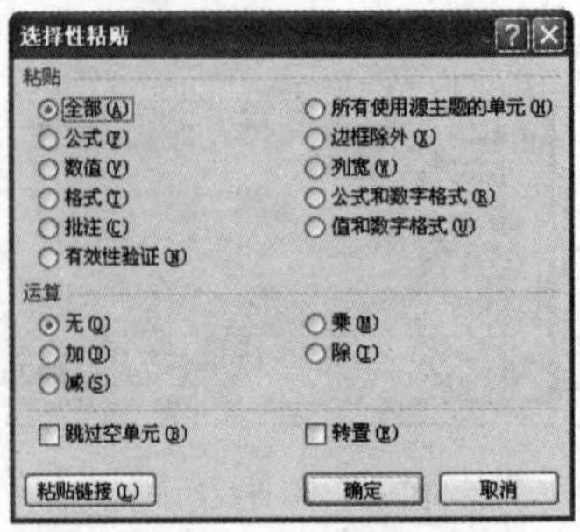

图 5.5.4 “选择性粘贴”对话框

5.6 设置单元格格式

通过设置单元格格式不仅可以美化单元格，也能更加突出其中的重要数据，从而方便观察和分析数据。下面具体介绍各种设置的方法。

5.6.1 设置字符格式

设置字符格式包括设置字体、字形、字号、颜色、下画线、特殊效果等。设置字符格式的具体操作步骤如下：

（1）选定要设置字符格式的单元格或单元格区域。

（2）打开 开始 选项卡，单击“单元格”组中的 格式 按钮，在弹出的下拉菜单中选择 设置单元格格式(E)... 命令，弹出 设置单元格格式 对话框。

（3）打开 字体 选项卡，在其中可设置“字体”、“字形”、“字号”和“颜色”，如图 5.6.1 所示。

（4）字符格式设置完成后单击 确定 按钮即可。

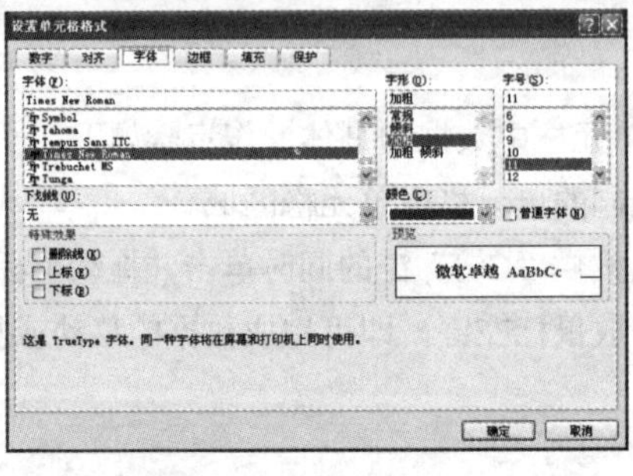

图 5.6.1 “字体”选项卡

> **提示** 选定单元格或单元格区域后，也可以单击“字体”组中的“字体”列表框、“字号”列表框、字形按钮、字体颜色按钮完成单元格字符格式设置。

5.6.2 设置对齐方式

为了版面的美观，需要统一某些单元格区域中文字的对齐方式。设置文本的对齐方式可使用“对齐方式”选项组和“设置单元格格式”对话框中的“对齐”选项卡来实现。

1. 使用“对齐方式”选项组

使用“对齐方式”选项组设置单元格文本对齐方式的方法如下：

（1）选择需要设置对齐方式的单元格或单元格区域。

（2）在“对齐方式”选项组中单击相应的按钮可设置对齐方式，如图 5.6.2 所示。

如果需要在单元格中回车换行，可单击“自动换行”按钮，使单元格将不能完全显示的内容通过多行显示出来，也可按组合键“Alt+Enter”。

2. 使用“设置单元格格式”对话框

使用“设置单元格格式”对话框中的“对齐”选项卡设置文本对齐方式的方法如下：

（1）选择需要设置对齐方式的单元格或单元格区域。

（2）单击“字体”选项组中的“设置单元格格式”按钮，弹出设置单元格格式对话框，打开“对齐”选项卡，如图 5.6.3 所示。

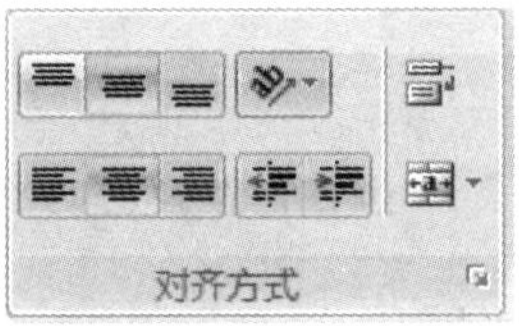

图 5.6.2　“对齐方式”选项组

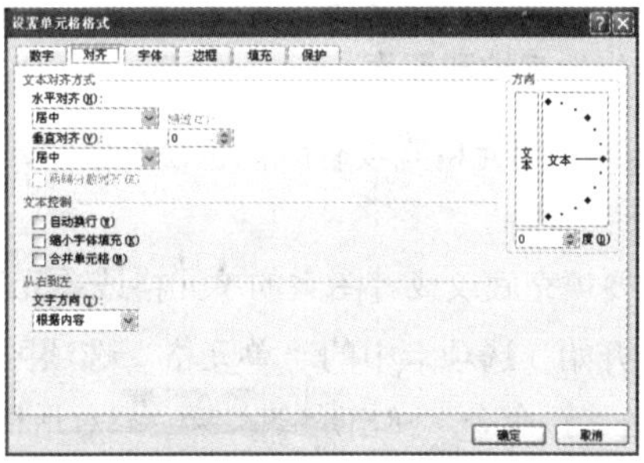

图 5.6.3　“对齐”选项卡

（3）在“文本对齐方式”栏中，可设置文本在水平和垂直方向的对齐方式。

（4）在“文本控制”栏中，选中☑自动换行(W)复选框可设置单元格中的文本自动换行；选中☑合并单元格(M)复选框可将单元格进行合并。

（5）在“方向”栏中的数值框中输入度数，可设置文字按一定角度旋转。

（6）设置完成后，单击确定按钮。

5.6.3　设置单元格的边框和底纹

用户可以给工作表设置背景图案，让工作表具有像 Windows 墙纸一样的效果。虽然这样增加了工作表在屏幕上的显示效果，但背景图案却不能随工作表打印出来。

1. 设置单元格的边框

边框是用来区分单元格的网格线，默认条件下是具有阴影效果的灰色细线。如果用户不为创建的表格添加边框，则打印出来的表格将只有文本而没边框，因此，用户需要为表格手动添加边框。其具体操作步骤如下：

（1）选定需要设置边框的单元格或单元格区域。

（2）在“开始”选项卡中的“单元格”选项区中单击格式按钮，在弹出的下拉菜单中选择设置单元格格式(E)...命令，弹出设置单元格格式对话框。

（3）单击边框标签，打开“边框”选项卡，如图 5.6.4 所示。

（4）在“预置”选项区中选择相应的选项，设置单元格或单元格区域的内边框和外边框。

（5）在“边框”选项区中选择相应的单元格应用边框，也可以在“边框”选区的预览框内需要添加边框处单击鼠标。

（6）在“线条”选项区中选择一种线型。在“颜色”下拉列表中选择一种边框颜色。

（7）设置完毕后，单击 确定 按钮，效果如图 5.6.5 所示。

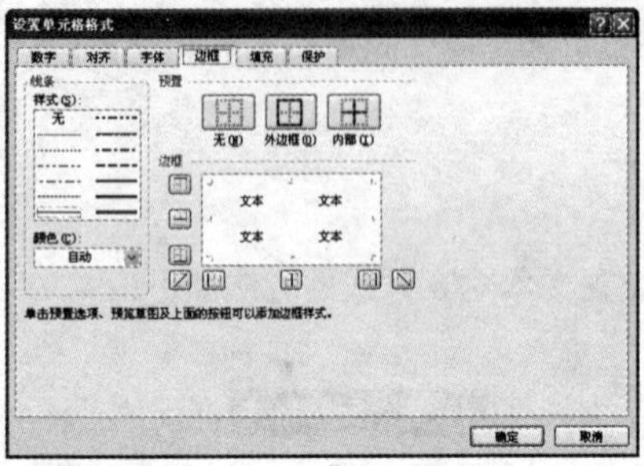

图 5.6.4 “边框”选项卡

学号	姓名	性别	语文	数学	英语	体育	美术	总分	班级
31109	李强	男	80	89	75	82	79	405	1
31104	王开选	男	78	85	90	79	95	427	2
31102	梁凡	男	95	85	76	95	77	428	3
31101	吴起	男	85	96	80	86	85	432	2
31106	宋新谱	男	98	85	95	90	85	453	3
31103	高扬	女	89	98	70	82	79	418	1
31105	杨阳	女	85	99	78	80	81	423	2
31108	张娅丽	女	89	92	85	89	80	435	1
31107	王楠	女	86	100	84	83	87	440	3

图 5.6.5 添加边框效果

2. 设置表格的底纹和图案

在默认情况下，单元格既没有颜色也没有图案，用户可以根据自己的喜好为单元格添加底纹，具体操作步骤如下：

（1）选定要填充底纹或者图案的单元格或单元格区域。

（2）在“开始”选项卡中的“单元格”选项区中单击 格式 按钮，在弹出的下拉菜单中选择 设置单元格格式(E)... 命令，弹出 设置单元格格式 对话框。

（3）单击 填充 标签，打开“填充”选项卡，如图 5.6.6 所示。

（4）在“背景色”列表框中的“颜色”栏中，默认的选项为“无颜色”，用户可以单击相应按钮以选择需要的颜色，也可以在“图案颜色”下拉列表中选择一种颜色，如图 5.6.7 所示。

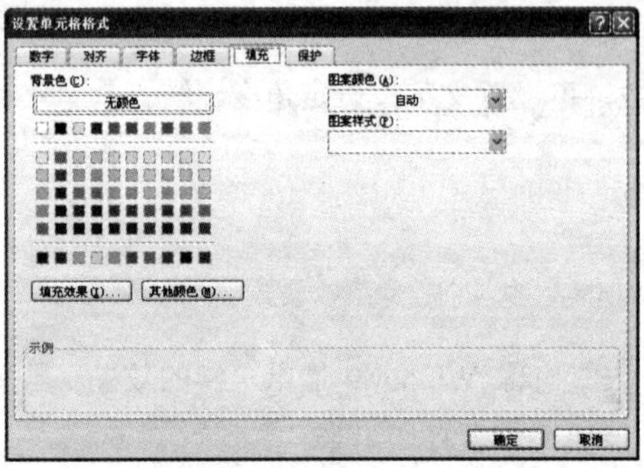

图 5.6.6 “填充”选项卡

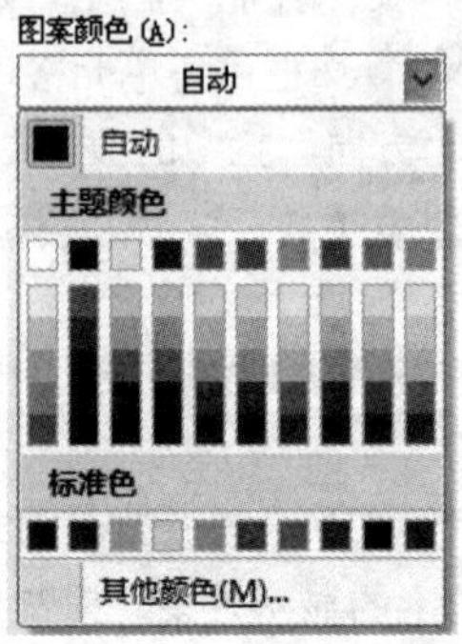

图 5.6.7 “图案颜色”下拉列表

（5）如果要添加底纹图案，可以在“图案样式”下拉列表中选取图案的颜色，即图案线条的颜色，如图 5.6.8 所示。

（6）在“填充”选项卡中单击 填充效果(I)... 按钮，弹出 填充效果 对话框，如图 5.6.9 所示。

1）在“颜色”选区中可以设置填充色为“单色”、“双色”或“预设”。

2）单击“颜色 1”和“颜色 2”下拉箭头，可以选取不同的颜色。

3）在“底纹样式”选区中选择不同的底纹样式，在“变形”和“示例”栏中可以查看效果。

（7）按上述设置完成后，单击 确定 按钮，效果如图 5.6.10 所示。

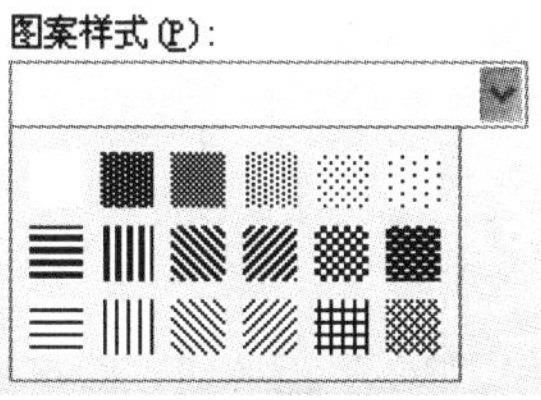

图 5.6.8　“图案样式”下拉列表

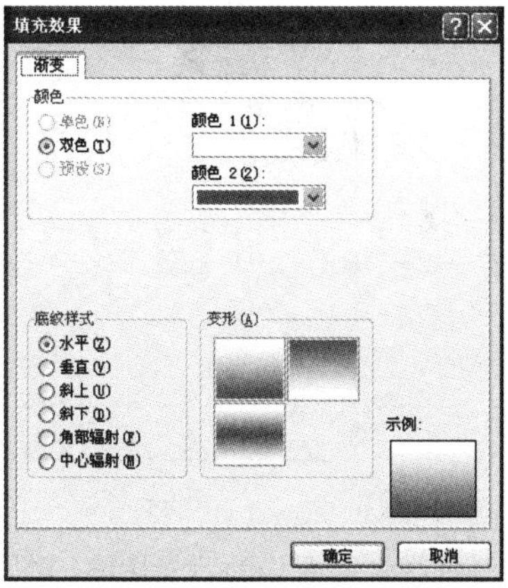

图 5.6.9　“填充效果”对话框

学号	姓名	性别	语文	数学	英语	体育	美术	总分	班级
31109	李强	男	80	89	75	82	79	405	1
31104	王开选	男	78	85	90	79	95	427	2
31102	溪凡	男	95	85	76	95	77	428	3
31101	吴起	男	85	96	80	86	85	432	2
31106	宋新谱	男	98	85	95	90	85	453	3
31103	高扬	女	89	98	70	82	79	418	1
31105	杨阳	女	85	99	78	80	81	423	2
31108	张娅丽	女	89	92	85	89	80	435	1
31107	王楠	女	86	100	84	83	87	440	3

图 5.6.10　添加底纹和图案效果

技巧　在“开始”选项卡中的“字体”选项区中单击“边框”按钮、“填充颜色”按钮右边的下三角按钮，也可以给工作表单元格设置边框和底纹效果。

3．隐藏网格线

为了某些特殊需要，有时需要隐藏表格中的网格线。隐藏网格线有以下两种方法：

（1）在“视图”选项卡中的“显示/隐藏”选项区中单击取消 □ 网格线 复选框的选中，即可取消网格线。

（2）在“页面布局”选项卡中的“工作表选项”选区中单击取消网格线的 □ 查看 复选框，也可取消网格线。

4．添加背景图案

Excel 2007 工作表默认的背景图案是白色，如果用户想增强屏幕的显示效果，可以为工作表添加背景图案。可以通过对整张工作表单元格进行填充颜色和图案的方法设置背景图案，但是这种背景图案比较单调，不够美观。Excel 2007 允许使用图片等多样化图案作工作表的背景，添加的图片将平铺在工作表中，如同 Windows 墙纸一样。为工作表添加背景图案的具体操作步骤如下：

（1）激活要添加背景图案的工作表。

（2）在“页面布局”选项卡中的“页面设置”选项区中单击 背景 按钮，弹出 工作表背景 对话框，如图 5.6.11 所示。

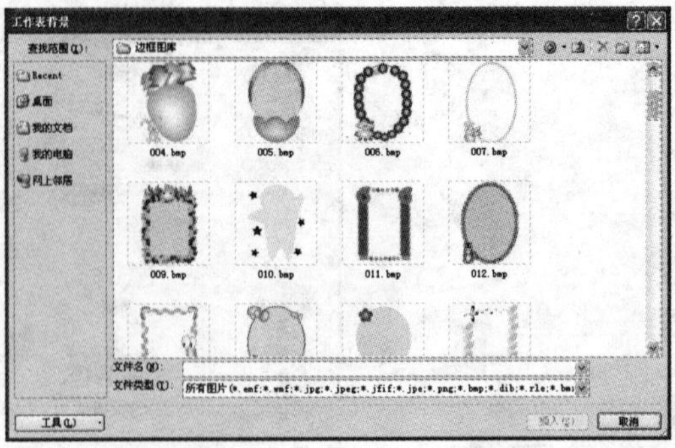

图 5.6.11 “工作表背景”对话框

（3）在该对话框中选择要作为背景图案的图片，单击 插入(S) 按钮，即可将选中的图片作为背景插入到工作表中。

如果用户要更换工作表的背景图案，则在“页面布局”选项卡中的“页面设置”选项区中单击 删除背景 按钮，即可将工作表的背景删除。

5.6.4 设置条件格式

有时为了突出显示表格中数据，实现数据的可视化效果，可以使用条件格式对表格进行格式化操作，具体操作步骤如下：

（1）选定要突出显示的单元格区域。

（2）打开 开始 选项卡，单击“样式”组中的 条件格式 按钮，弹出其下拉菜单。

（3）在下拉菜单中选择相应的命令，如选择 数据条(D) 命令，即可看到条件格式的结果及相关提示，如图 5.6.12 所示。

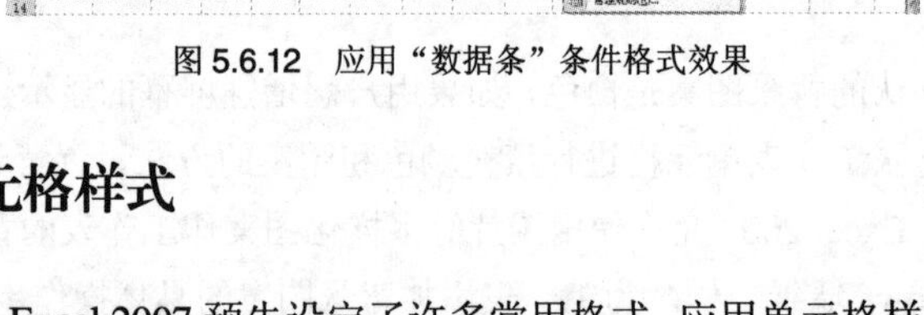

图 5.6.12 应用“数据条”条件格式效果

5.6.5 应用单元格样式

为了提高工作效率，Excel 2007 预先设定了许多常用格式。应用单元格样式的具体操作步骤如下：

（1）选定要设置样式的单元格。

（2）打开 开始 选项卡，单击“样式”组中的 单元格样式 按钮，弹出如图 5.6.13 所示的列表框。

（3）单击要应用的单元格样式，即可看到套用单元格样式后的效果。

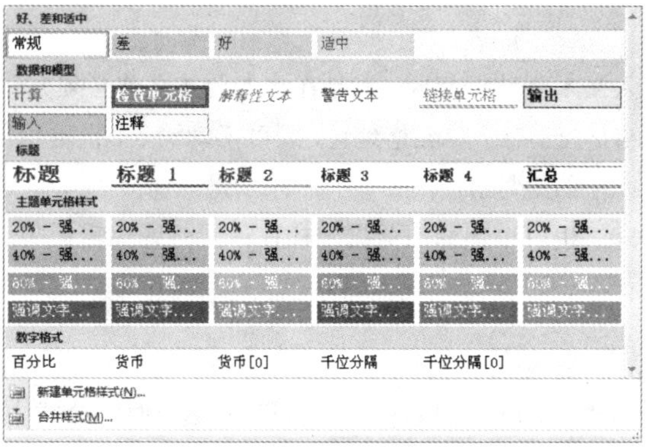

图 5.6.13　样式列表框

5.7　计算和管理数据

数据运算是 Excel 的重要功能之一，在 Excel 中不但可以编辑公式进行一般的加、减、乘、除运算，还可利用函数对数据进行准确而快速的运算处理。对于工作表中的数据，可以通过排序和筛选来使数据结构更加清晰，便于查看和分析。

5.7.1　相对引用和绝对引用

使用公式时经常会引用单元格，而 Excel 中的引用分为相对引用、绝对引用和混合引用，因此必须理解相对引用和绝对引用的含义。

（1）相对引用。在默认情况下填充复制公式时，公式中的引用会随存放计算结果的单元格位置的不同而相应改变，但引用的单元格与包含公式的单元格的相对位置不变，这就是相对引用。

（2）绝对引用。将公式复制到新位置时，公式中的单元格地址始终保持固定不变，结果与包含公式的单元格位置无关，这即是绝对引用。在相对引用的单元格的列标和行号之前分别添加$符号便可成为绝对引用，如“=$C$3+$G$3”。

（3）在同一个公式中可以对部分单元格采用相对引用，对另一部分采用绝对引用，这就是混合引用。

如果要将公式中的相对引用更改为绝对引用，可以直接修改。对于手动输入的公式，可以选中要改变引用方式的单元格地址，然后按“F4”键进行改变，按“F4”键可以依次在相对引用、绝对引用、仅对行号使用绝对引用、仅对列标使用绝对引用之间进行切换。

5.7.2　使用公式计算

公式是能让 Excel 进行计算的表达式，构成公式的等式必须有一定的规则，即这个等式是按照特定顺序进行数值计算，该特定顺序被称为语法。

在 Excel 中输入公式时遵循的语法为：最前面是等号“=”，后面是计算公式。计算公式中可以包含运算符、常量数值、单元格引用、单元格区域引用和函数等，如“=C2*D3+F5”。

1. 输入公式

输入公式的方法与输入文本型数据相同，只是在输入公式之前必须先输入一个等号。等号后面的表达式一般需要引用单元格地址。对于单元格地址，既可手动输入，也可用鼠标单击要引用的单元格，系统就会自动输入相应单元格的地址。

如果要修改输入的公式，也可以像修改数据一样在单元格或编辑栏中进行。

2. 填充公式

对于公式，也可通过用控制柄填充数据的方法进行填充。不过在默认情况下填充时，公式中的引用会自动改变，如果公式为“=SUM（C3:G3）”，在同列中填充时，公式中引用的单元格地址将自动做相应改变，如填充到 C7 单元格中将变为“=SUM(C7:G7)”。

如果要在不同列或同行中复制公式，可以通过按“Ctrl+C”和“Ctrl+V”组合键复制公式，复制后的公式中的引用地址同样会作相应改变。输入公式后按回车键，在计算出结果的同时会激活下一个单元格。

5.7.3 使用函数计算

函数是 Excel 提供的一些特殊的内置公式，它用一些符号代替了计算式，可以进行数学、文本、逻辑的运算，或者查找工作表的信息。与直接使用公式进行计算相比较，使用函数进行计算的速度更快，并且可以减少错误的发生。

1. 直接输入函数

用户在实际编辑公式时，如果对所用的函数十分熟悉，可以直接输入函数。具体操作步骤如下：

（1）在单元格或编辑栏中输入一个等号“=”。

（2）在“=”右侧输入函数本身，例如输入“SUM(B2:B10)”。

（3）输入完后，按回车键确认即可。

2. 利用函数向导输入

在使用函数时，对于简单的函数可以采用手工输入；对于较复杂的函数，为了避免在输入过程中产生错误，可以通过向导来插入。

如图 5.7.1 所示为某班学生的成绩表，在成绩表中的“J2”单元格中输出“总分”。

	A	B	C	D	E	F	G	H	I	J
1	选手编号	评委1	评委2	评委3	评委4	评委5	评委6	评委7	评委8	总分
2	2	45	78	98	87	68	58	98	98	
3	3	98	78	96	95	94	91	92	93	

图 5.7.1 学生的成绩表

下面利用函数计算比赛总分，并将结果放在“J2”单元格中，具体操作步骤如下：

（1）单击要插入函数的单元格“J2”。

（2）打开 公式 选项卡，在“函数库”组中单击 fx 插入函数 按钮，弹出 插入函数 对话框，如图 5.7.2 所示。

（3）在“或选择类别”下拉列表框中选择要输入的函数类别，如“常用函数”。

（4）在“选择函数”列表框中选择需要的函数，如“SUM”求和函数。

（5）单击 确定 按钮，弹出 函数参数 对话框，如图 5.7.3 所示。在对话框中输入或选定使用函数的单元格区域。

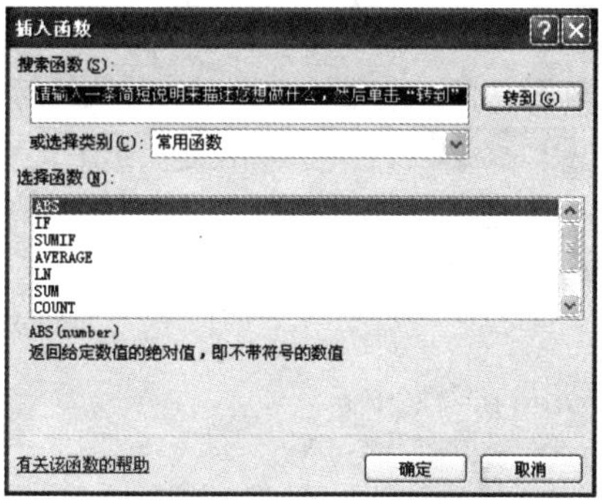

图 5.7.2　“插入函数”对话框

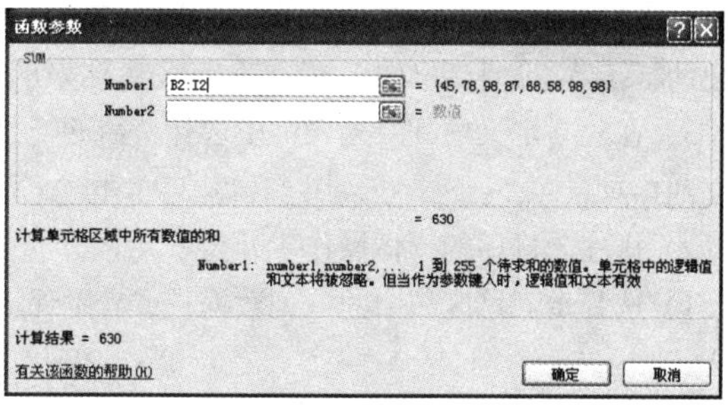

图 5.7.3　“函数参数”对话框

（6）单击 确定 按钮，函数计算结果如图 5.7.4 所示。

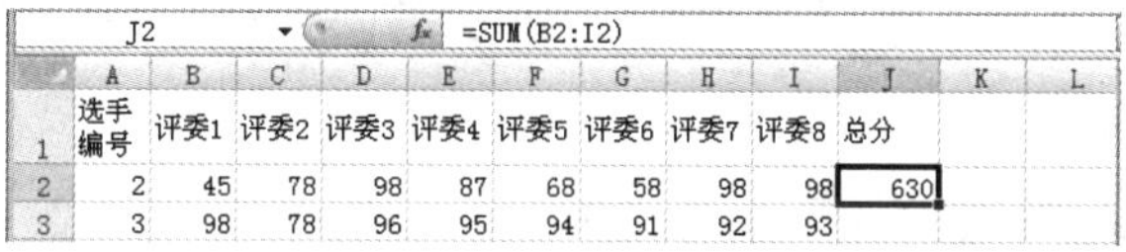

图 5.7.4　函数计算结果

5.7.4　数据排序

数据排序是按照一定的规则对数据进行整理和重新排列，从而为数据的进一步处理做好准备。Excel 2007 为用户提供了多种数据清单的排序方法，允许按一列、多列和行进行排序，也允许用用户自己定义的规则进行排序。

1．常规排序

按常规排序可以将数据清单中的列标记作为关键字进行排序，其具体操作步骤如下：

（1）选中要进行排序的列中的任意一个单元格。

（2）在“开始”选项卡中的“编辑”选项区中单击 排序和筛选 按钮，弹出其下拉菜单，如图 5.7.5 所示。

（3）当用户选择 升序(S) 或 降序(O) 命令，将会弹出如图 5.7.6 所示的提示框，提示用户是否调整选中字母列对应的数据。

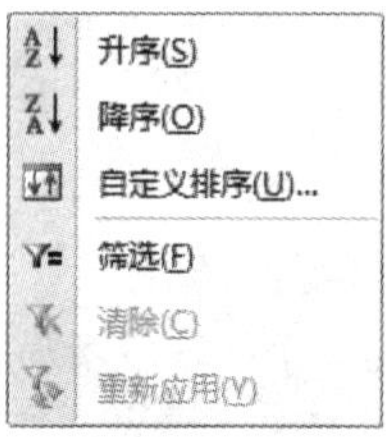

图 5.7.5　排序和筛选下拉菜单

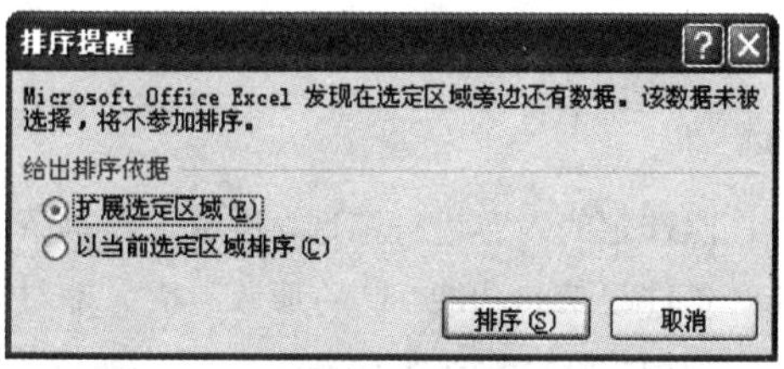

图 5.7.6　提示框

（4）单击 排序(S) 按钮，则可按照所选排序方式进行排序。

2．自定义排序

在 Excel 中，用户还可以按自己定义的顺序进行排序。Excel 2007 提供内置的星期和年月自定义序列，用户还可以创建自己的自定义序列。

（1）自定义序列。创建自定义序列的具体操作步骤如下：

1）在单元格区域中，按照需要的顺序从上到下输入要排序的值。

2）选择刚刚键入的区域，单击“Office”按钮，在弹出的列表框中单击 Excel 选项(I) 按钮，在弹出的 Excel 选项 对话框中单击 编辑自定义列表(O)... 按钮，弹出 自定义序列 对话框，如图 5.7.7 所示。

3）在“自定义序列”列表框中选择所需的一种序列，或者在“输入序列”列表框中输入用户自定义的序列，单击 导入(M) 按钮，然后单击 确定 按钮，即可完成自定义序列的创建。

（2）排序。排序的具体操作步骤如下：

1）选择单元格区域中的一列数据，或者确保活动单元格在表列中。

2）在 开始 选项卡上的“编辑”组中单击 排序和筛选 按钮，在弹出的菜单中选择 自定义排序(U)... 命令，弹出 排序 对话框，如图 5.7.8 所示。

3）在该对话框中设置排序的主要关键字、排序依据以及排序次序等参数，单击 确定 按钮，完成排序操作。

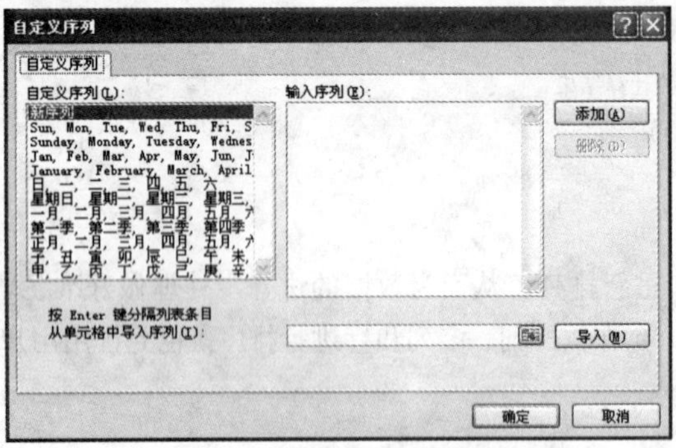

图 5.7.7 “自定义序列”对话框

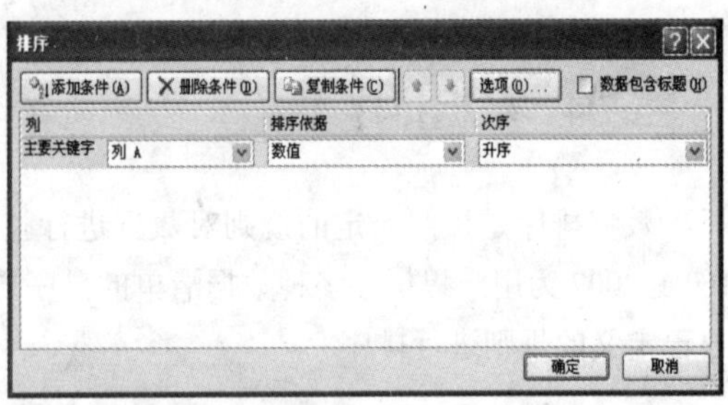

图 5.7.8 “排序”对话框

5.7.5 筛选数据

筛选数据可显示满足指定条件的行，并隐藏不希望显示的行。筛选数据之后，对于筛选过的数据子集，不用重新排列或移动就可以复制、查找、编辑、设置格式、制作图表或打印。Excel 2007 提供了两种筛选数据的方法，即自动筛选和高级筛选。使用自动筛选可以创建按列表值、按格式和按条件 3 种筛选类型。

1. 自动筛选

自动筛选是按照选定的内容进行筛选，适用于简单条件。它为用户提供在大量数据记录的数据清单中快速查找符合条件记录的功能。自动筛选一次只能对工作表中的一个区域应用筛选。如果用户要在其他数据清单中使用筛选，则需要删除本次筛选，然后才可以在其他数据清单中重新进行筛选。

自动筛选的具体操作步骤如下：

（1）选定要筛选的数据清单中的任意一个单元格，打开 数据 选项卡，在“排序和筛选”组中单击 筛选 按钮，即可看到每列旁边有一个下三角按钮，如图 5.7.9 所示。

3	学号	姓名	性别	语文	数学	英语	体育	美术	总分	班级
4	31109	李强	男	80	89	75	82	79	405	1
5	31104	王开选	男	78	85	90	79	95	427	2
6	31102	梁凡	男	95	85	76	95	77	428	3
7	31101	吴起	男	85	96	80	86	85	432	2
8	31106	宋新谱	男	98	85	95	90	85	453	3
9	31103	高扬	女	89	98	70	82	79	418	1
10	31105	杨阳	女	85	99	78	80	81	423	2
11	31108	张娅丽	女	89	92	85	89	80	435	1
12	31107	王楠	女	86	100	84	83	87	440	3

图 5.7.9　显示下拉列表框

（2）选中“I”列，单击下三角按钮，弹出如图 5.7.10 所示的下拉菜单。

（3）在该下拉菜单中选择 自定义筛选(F)... 命令，弹出 自定义自动筛选方式 对话框，在该对话框中选择筛选条件，如图 5.7.11 所示。

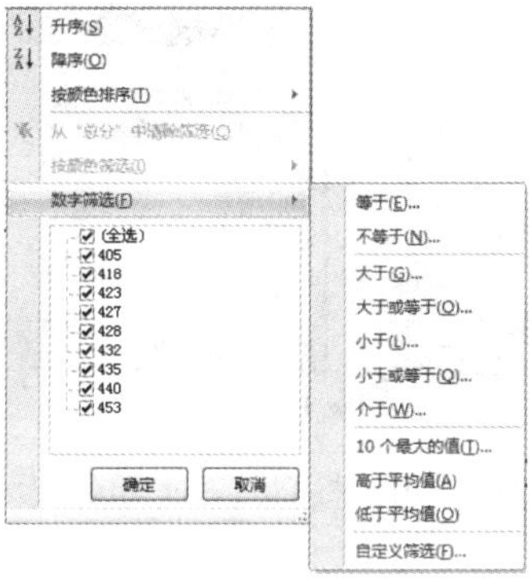

图 5.7.10　下拉菜单

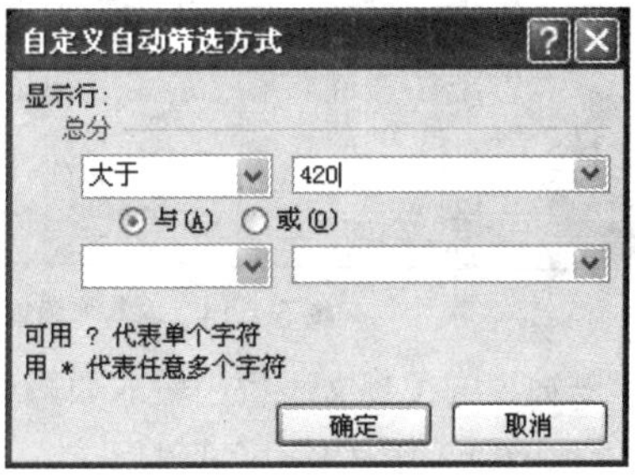

图 5.7.11　“自定义自动筛选方式”对话框

（4）单击 确定 按钮，筛选结果如图 5.7.12 所示。

3	学号	姓名	性别	语文	数学	英语	体育	美术	总分	班级
5	31104	王开选	男	78	85	90	79	95	427	2
6	31102	梁凡	男	95	85	76	95	77	428	3
7	31101	吴起	男	85	96	80	86	85	432	2
8	31106	宋新谱	男	98	85	95	90	85	453	3
10	31105	杨阳	女	85	99	78	80	81	423	2
11	31108	张娅丽	女	89	92	85	89	80	435	1
12	31107	王楠	女	86	100	84	83	87	440	3

图 5.7.12　筛选结果

技巧　自动筛选也可以对多个字段进行叠加筛选，只要先在一个字段中设置筛选条件，然后在筛选结果中再对另一个字段设置筛选条件即可。

2. 高级筛选

如果要通过复杂的条件来筛选单元格区域，就要使用高级筛选命令。

高级筛选的具体操作步骤如下：

（1）在可用做条件区域的区域上方插入至少 3 个空白行。条件区域必须具有列标签，确保在条件值与区域之间至少留有一个空白行，如图 5.7.13 所示。

（2）在列标签下面的行中键入所要匹配的条件，如图 5.7.14 所示。

（3）打开 数据 选项卡，在“排序和筛选”组中单击 高级 按钮，弹出 高级筛选 对话框，如图 5.7.15 所示。

（4）在“方式”组中选择筛选结果显示的位置。如果选中 在原有区域显示筛选结果(F) 单选按钮，结果将在原数据清单位置显示；如果选中 ⊙将筛选结果复制到其他位置(O) 单选按钮，并在“复制到”文本框中选定要复制到的区域，筛选后的结果将显示在其他区域，其结果与原工作表并存。

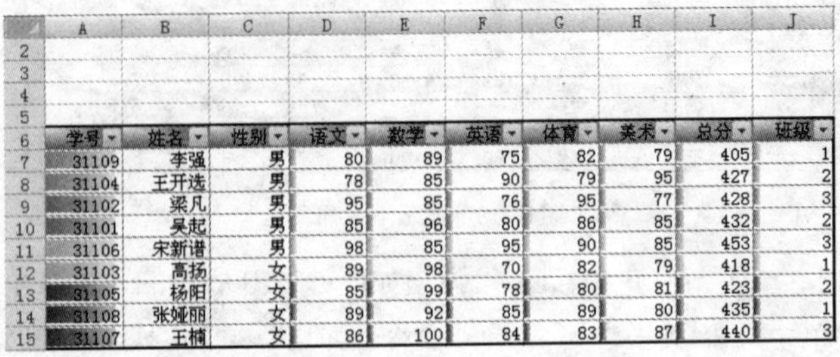

	学号	姓名	性别	语文	数学	英语	体育	美术	总分	班级
7	31109	李强	男	80	89	75	82	79	405	1
8	31104	王开选	男	78	85	90	79	95	427	2
9	31102	梁凡	男	95	85	76	95	77	428	3
10	31101	吴起	男	85	96	80	86	85	432	2
11	31106	宋新谱	男	98	85	95	90	85	453	3
12	31103	高扬	女	89	98	70	82	79	418	1
13	31105	杨阳	女	85	99	78	80	81	423	2
14	31108	张娅丽	女	89	92	85	89	80	435	1
15	31107	王楠	女	86	100	84	83	87	440	3

图 5.7.13　插入空白行

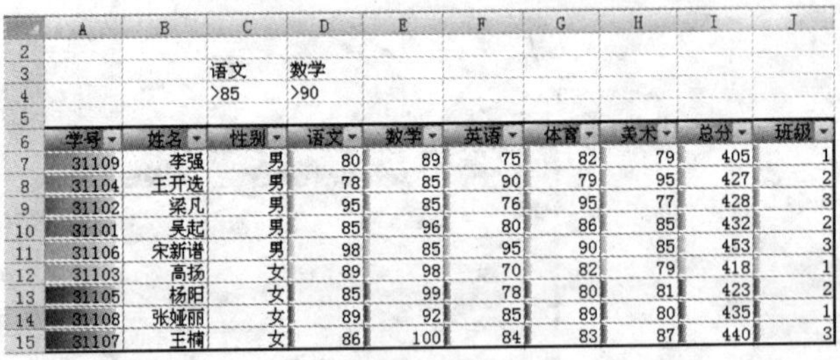

	语文	数学
4	>85	>90

	学号	姓名	性别	语文	数学	英语	体育	美术	总分	班级
7	31109	李强	男	80	89	75	82	79	405	1
8	31104	王开选	男	78	85	90	79	95	427	2
9	31102	梁凡	男	95	85	76	95	77	428	3
10	31101	吴起	男	85	96	80	86	85	432	2
11	31106	宋新谱	男	98	85	95	90	85	453	3
12	31103	高扬	女	89	98	70	82	79	418	1
13	31105	杨阳	女	85	99	78	80	81	423	2
14	31108	张娅丽	女	89	92	85	89	80	435	1
15	31107	王楠	女	86	100	84	83	87	440	3

图 5.7.14　输入筛选条件

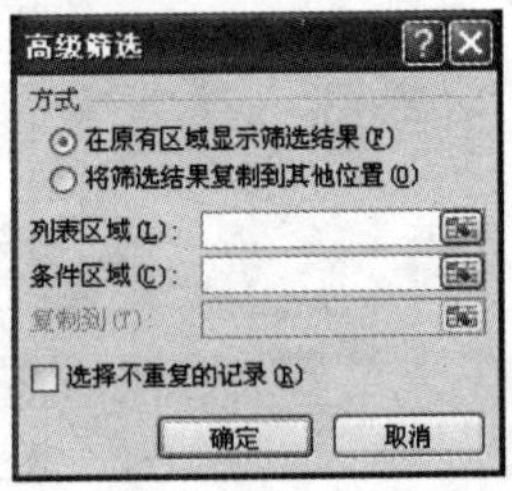

图 5.7.15　“高级筛选”对话框

（5）在“列表区域”文本框中输入要筛选的区域，也可以用鼠标直接在工作表中选定。在“条件区域”文本框中输入筛选条件的区域。

（6）如果要筛选重复的记录，则选中 ☑选择不重复的记录(R) 复选框。

（7）单击 确定 按钮，筛选后的结果将显示在工作表中，如图 5.7.16 所示。

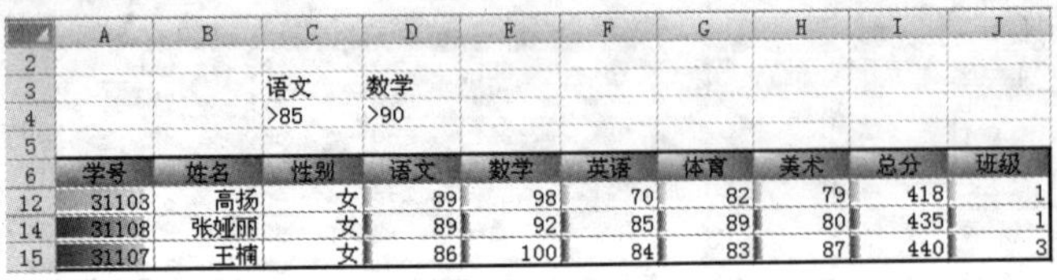

	语文	数学
4	>85	>90

	学号	姓名	性别	语文	数学	英语	体育	美术	总分	班级
12	31103	高扬	女	89	98	70	82	79	418	1
14	31108	张娅丽	女	89	92	85	89	80	435	1
15	31107	王楠	女	86	100	84	83	87	440	3

图 5.7.16　筛选结果

技巧　如果要取消对某列的筛选，单击该列中的“筛选”按钮，在弹出的菜单中选择 从“评委7”中清除筛选(C) 命令，或者单击“排序和筛选”组中的 清除 按钮即可。

5.7.6　分类汇总数据

分类汇总是分析数据库中数据的一个有力工具，它可以自动计算数据清单中的分类汇总和总计算。如果要插入分类汇总，就必须先对要分类汇总的数据字段进行排序。

1. 简单分类汇总

在插入分类汇总前要确保分类汇总的数据为数据清单的格式：第一行的每一列都有标志，并且同一列中应包含相似的数据，在数据清单中不应有空行或空列。插入分类汇总的具体操作步骤如下：

（1）选定要分类汇总的工作表中的任意单元格。

（2）排序要分类汇总的列表。在“数据”选项卡中的“排序和筛选”选项区中单击排序按钮，弹出排序对话框，在该对话框中设置如图 5.7.17 所示的参数。

（3）排序完成后，单击确定按钮。

（4）在“数据”选项卡中的“排序和筛选”选项区中单击分类汇总按钮，弹出分类汇总对话框，在该对话框中设置参数如图 5.7.18 所示。

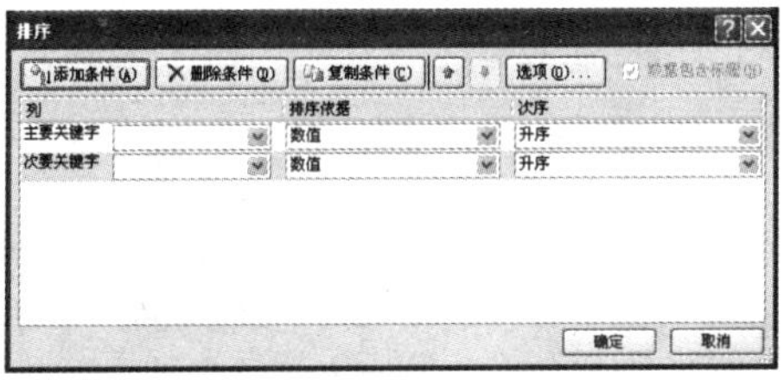

图 5.7.17　“排序”对话框

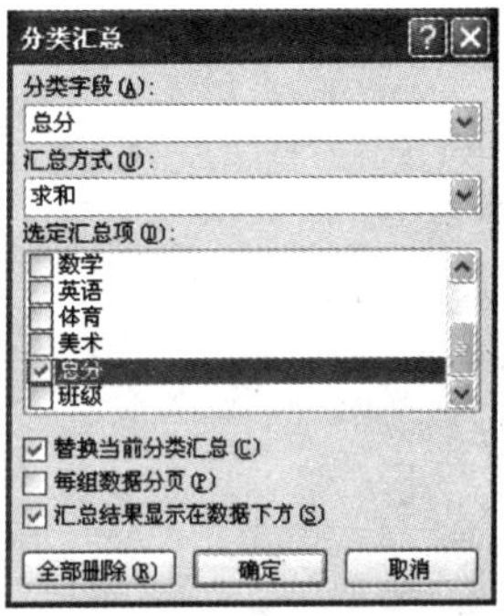

图 5.7.18　设置后的“分类汇总”对话框

（5）单击确定按钮，分类汇总后的表格如图 5.7.19 所示。

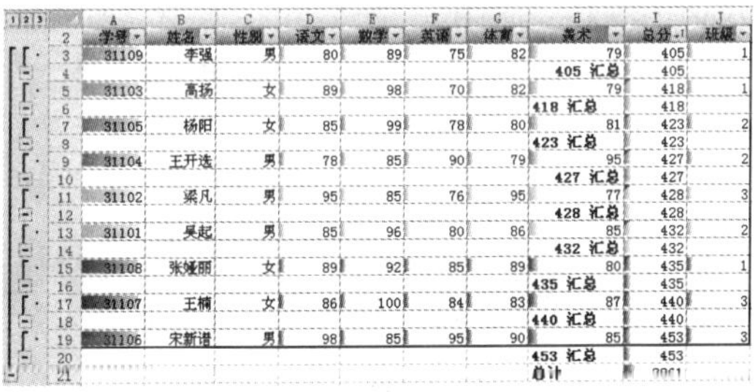

图 5.7.19　分类汇总后的表格

为数据清单添加自动分类汇总时，Excel 自动将数据清单分级显示（在工作表左侧出现分级显示符号1 2 3），以便用户根据需要查看其结构。例如，只显示分类汇总和总计的汇总，可单击行数值旁的分级显示符号1 2 3中的符号2，或者单击+和−符号来显示或隐藏单个分类汇总的明细数据行，如图 5.7.20 所示。

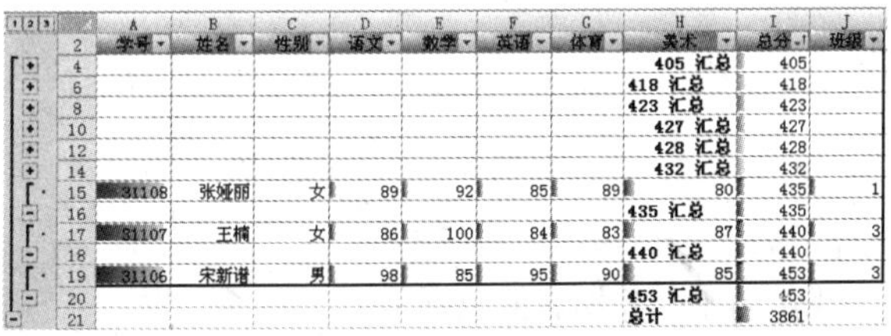

图 5.7.20　显示分类汇总和总计汇总

技巧　若要在工作表中进行分类汇总操作，必须先将数据排序，以便将要进行分类汇总的行组合在一起，然后，为包含数字的列计算分类汇总。

2. 嵌套分类汇总

所谓嵌套分类汇总，是指将更小分组的分类汇总插入到现有的分类汇总组中，其操作步骤如下：

（1）打开一个数据清单，单击数据清单中的任意单元格。

（2）在“数据”选项卡中的“排序和筛选”选项区中单击分类汇总按钮，弹出分类汇总对话框。在“分类字段”下拉列表中选择要分类汇总的列，这里选择“语文”选项；在“汇总方式”下拉列表中选择所需的用于计算分类汇总的汇总函数，这里选择“求和”选项；在“选定汇总项”下拉列表中选中进行分类汇总的复选框，这里选中“语文”复选框。

（3）在插入嵌套分类汇总时，为防止覆盖已存在的分类汇总，可取消选中替换当前分类汇总(C)复选框，如图 5.7.21 所示。

（4）设置完成后，单击确定按钮，效果如图 5.7.22 所示。

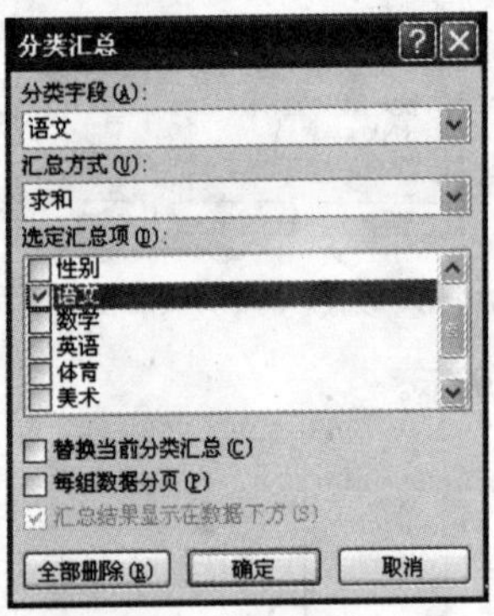

图 5.7.21　设置后的“分类汇总”对话框

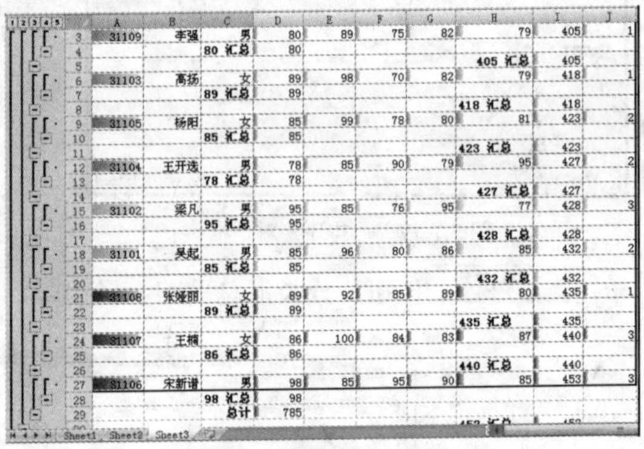

图 5.7.22　嵌套分类汇总

若要取消分类汇总，可在“分类汇总”对话框中单击全部删除(R)按钮。

5.8　用图表分析数据

图表可以将 Excel 表格中的数据以柱形图、饼图、散点图等形式生动地表现出来，便于用户对数据进行更加直观的分析，而且图表与生成它们的工作表数据相链接，当更改工作表数据时，图表中的相关内容会自动被更新。

5.8.1　创建图表

Excel 2007 提供了创建图表向导功能，利用它可以快速、方便地创建一个标准类型或自定义类型的图表。使用图表向导创建图表的具体操作步骤如下：

（1）打开工作表，并选定用于创建图表的数据。

（2）打开插入选项卡，单击“图表”组中的“对话框启动器”按钮，弹出插入图表对话框，如图 5.8.1 所示。

（3）在对话框中选择图表的类型，例如选择饼图中的三维饼图，单击确定按钮，即可创建三维饼图图表，如图 5.8.2 所示。

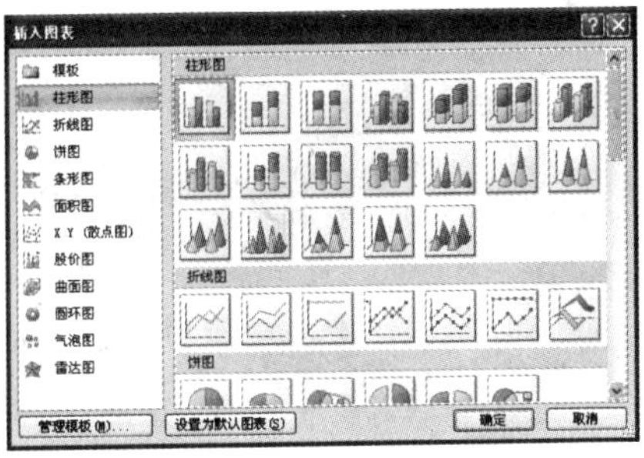

图 5.8.1　“插入图表”对话框

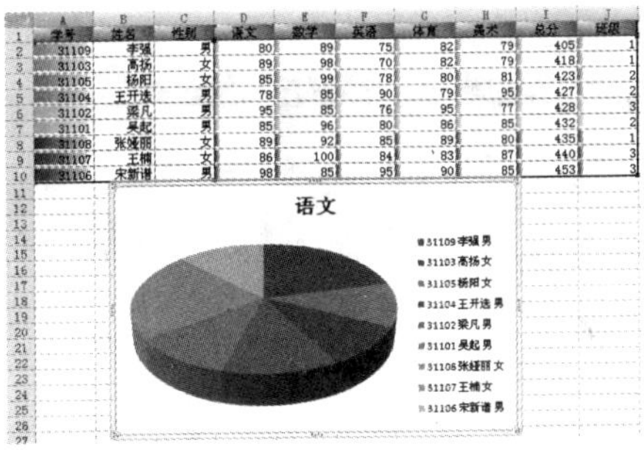

图 5.8.2　创建图表效果

5.8.2　编辑图表

创建好图表后，还可以对图表的类型、布局等进行设置，以使图表更加符合用户的需要。下面将对这些编辑操作进行介绍。

1. 修改图表样式

使用如图 5.8.3 所示的“设计”选项卡可更改图表的样式、数据和布局。它所包含的工具栏中主要按钮和列表框功能介绍如下：

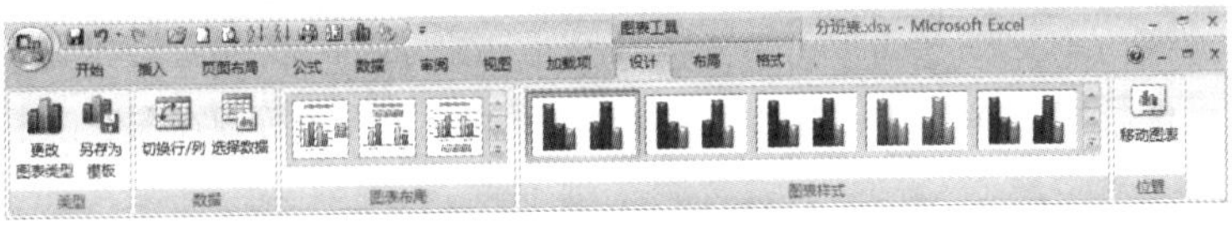

图 5.8.3　“设计”选项卡

“选择数据”按钮：单击该按钮，可打开 Excel 表格重新选择图表中的数据源。

“切换行/列”按钮：单击该按钮，可交换坐标轴上的数据。

“图表布局”列表框：在该列表框中可选择图表中标题、图例和数字标签在文档中的布局方式。

“图表样式”列表框：在该列表框中可选择图表中组件的颜色和样式。

“更改图表类型”按钮：单击该按钮可打开“更改图表类型”对话框，重新选择图表样式。

“另存为模板”按钮：单击该按钮可打开“保存图表模板”对话框，将设计后的图表样式保存到计算机中，方便以后调用。

“移动图表”按钮：单击该按钮可打开“移动图表”对话框，在其中选择图表移动目标位置。

下面以更改二维图表的图表类型为例，介绍更改图表类型的方法。

（1）选中创建的图表。

（2）在“图表工具”上下文工具中的“设计”选项卡中的“类型”选项区中单击更改图表类型按钮，弹出**更改图表类型**对话框，如图 5.8.4 所示。

（3）在对话框的“圆环图”组中选择“圆环图”选项，单击**确定**按钮，即可更改图表的类型，如图 5.8.5 所示。

图 5.8.4 “更改图表类型”对话框

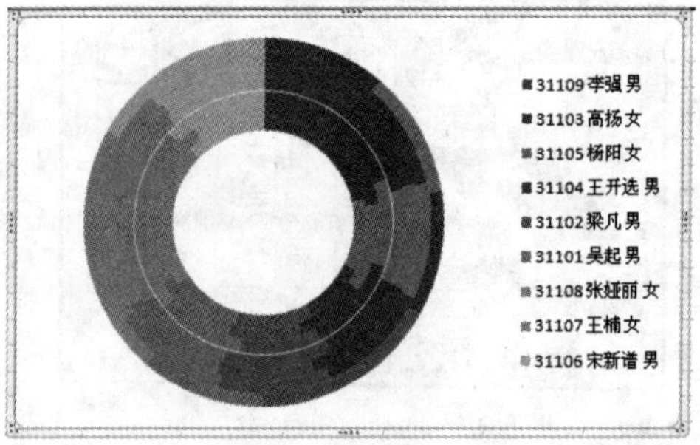

图 5.8.5 更改类型后的图表

2. 修改图表布局

在“布局”选项卡中可对图表的各组件样式和在图表框中的分布进行定义，如图 5.8.6 所示。它所包含的工具栏中主要按钮和列表框功能介绍如下：

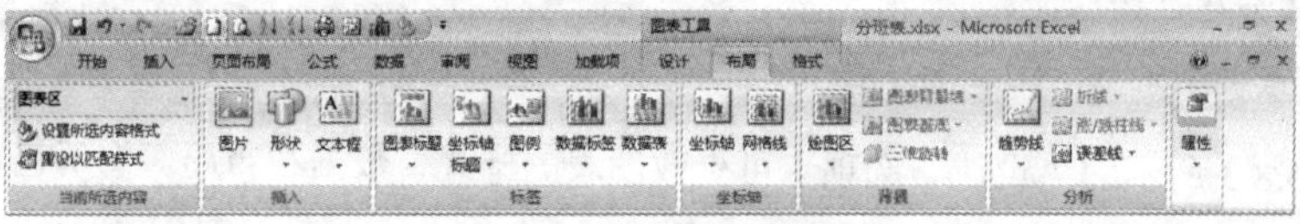

图 5.8.6 “布局”选项卡

“图表标题”按钮：单击该按钮，在下拉列表中可选择图表标题在图表框中的放置位置。

“图例”按钮：单击该按钮，在弹出的列表中可选择图例在图表框中的放置位置。

“数据标签”按钮：单击该按钮，在下拉列表中可选择图表的数据标签在图表框中的放置位置。

“当前所选内容”组：单击按钮，在打开的对话框中可对组件的填充色、边框样式和阴影等进行设置。

3. 设置图表格式

使用如图 5.8.7 所示的“格式”选项卡不但能像在“布局”选项卡中设置当前选择的图表组件样式，还可以对图表组件中的文字样式进行设置。它所包含的功能区中主要按钮和列表框功能介绍如下：

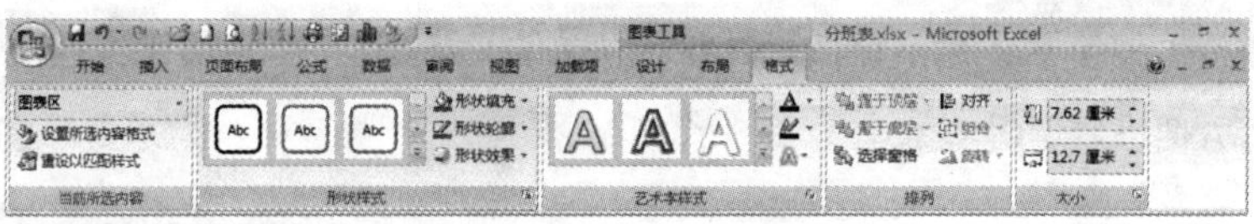

图 5.8.7 “格式”选项卡

“形状样式”列表框：选择图表组件，在该列表框中选择样式，可快速对该组件应用填充色、边框和文字颜色。

“形状填充”按钮：选择图表组件，单击该按钮，在下拉列表中可选择图表组件的填充色。

“形状轮廓”按钮：选择图表组件，单击该按钮，在下拉列表中可选择图表组件的边

框颜色和样式。

“形状效果”按钮：选择图表组件，单击该按钮，在下拉列表中可选择图表组件的特殊效果，如阴影、发光等。

“艺术字样式”列表框：选择图表组件，在该列表框中选择样式，可快速对该组件中的文字应用艺术字样式。

“文本填充”按钮：选择图表组件，单击该按钮，在下拉列表中可选择图表组件文字的填充色。

“文本轮廓”按钮：选择图表组件，单击该按钮，在下拉列表中可选择图表组件文字的边框色。

“文本效果”按钮：选择图表组件，单击该按钮，在下拉列表中可选择图表组件文字的特殊效果，如阴影、映像和发光等。

5.9 打印工作表

在打印工作表之前须对工作表页面进行设置，合理的页面设置可以使打印效果更为美观。页面设置主要包括设置页边距、纸张大小、打印区域等内容。

5.9.1 页面设置

打开页面布局选项卡，在“页面设置”选项区中单击相应的按钮对页面进行设置，如图 5.9.1 所示。

1．设置页边距

在“页面设置”选项区中单击页边距按钮，弹出其下拉列表，如图 5.9.2 所示。该列表提供了普通、宽、窄 3 种页边距可供用户选择。用户也可以选择自定义边距(A)...命令，弹出**页面设置**对话框，如图 5.9.3 所示。

在页边距选项卡中的“上”、“下”、“左”、“右”、“页眉”和“页脚”微调框中设置文件与打印纸边缘之间的距离。

2．设置纸张大小

在“页面设置”选项区中单击纸张大小按钮，弹出其下拉列表，如图 5.9.4 所示。在该列表中用户可以选择自己所需要的纸张大小，或者选择其他纸张大小(M)...命令，弹出**页面设置**对话框，如图 5.9.5 所示。

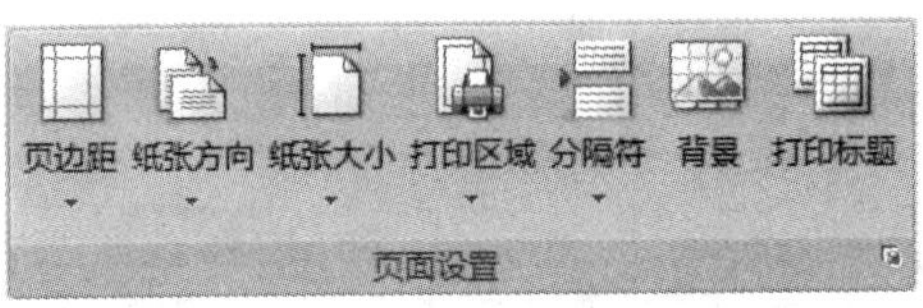

图 5.9.1 “页面设置”选项区

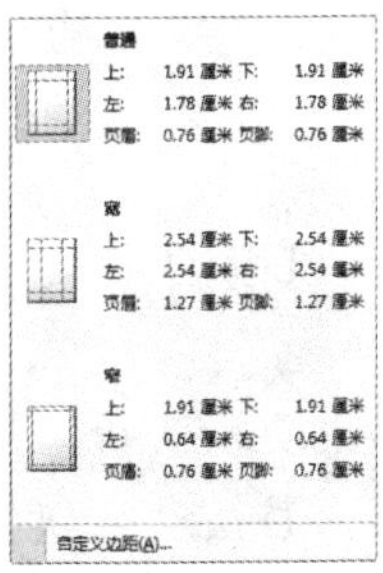

图 5.9.2 页边距下拉列表

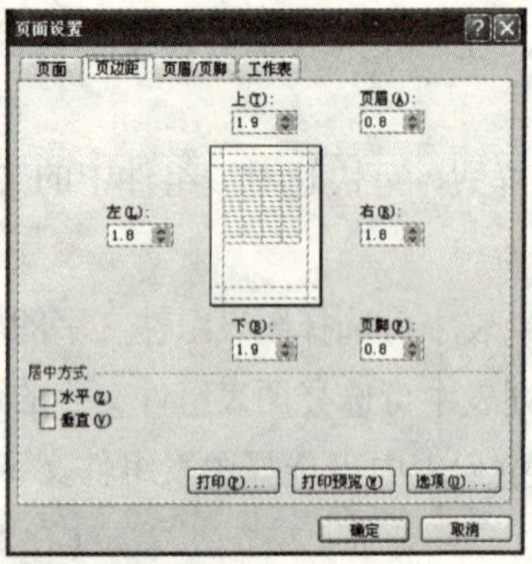

图 5.9.3 “页面设置”对话框

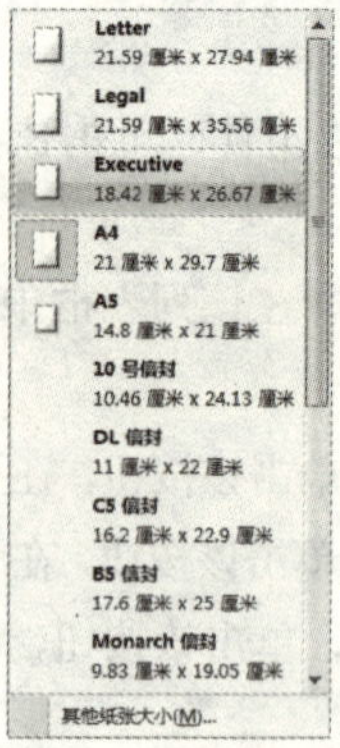

图 5.9.4 纸张大小列表

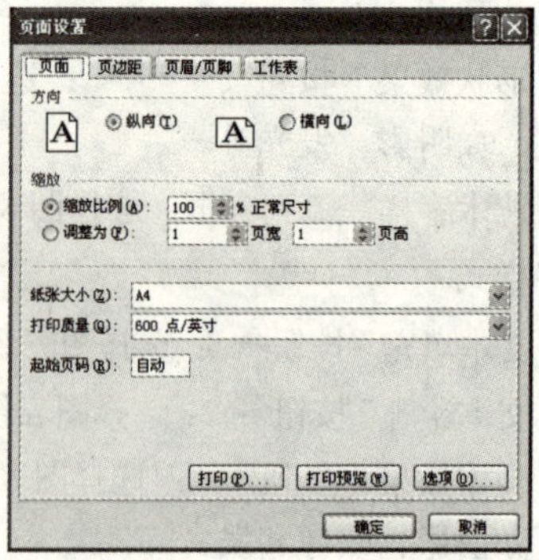

图 5.9.5 “页面设置”对话框

在 页面 选项卡的“纸张大小”列表中选择用户所需的纸张大小。

5.9.2 打印预览

打印预览可显示工作表打印出来的真正效果，使用打印预览可以清楚地看出页面设置是否合理。

1. 打开打印预览窗口

打开打印预览窗口有以下 3 种方法：

（1）单击“Office”按钮，在弹出的菜单中选择 打印(P) → 打印预览(V) 命令。

（2）按快捷键“Ctrl+F2”。

（3）单击快速访问工具栏中的“打印预览”按钮，在“打印预览”窗口中显示的是打印内容的缩略图，它和打印出来的效果相同，如图 5.9.6 所示。

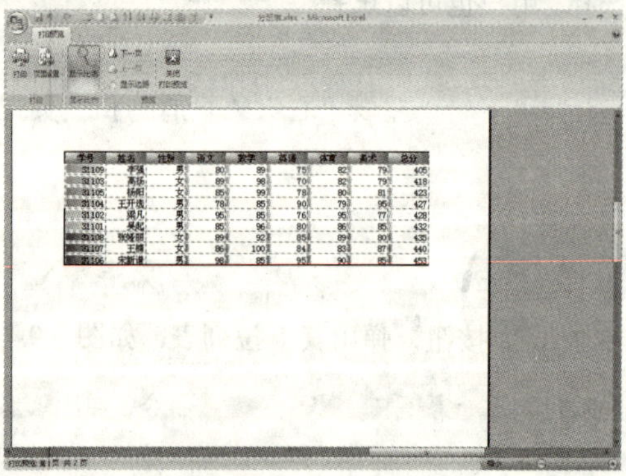

图 5.9.6 打印预览效果

5.9.3 打印输出

对预览效果满意后，就可对工作表进行打印，其具体操作步骤如下：

（1）单击“Office”按钮，在弹出的菜单中选择 打印(P) 命令，弹出 打印内容 对话框，如图 5.9.7 所示。

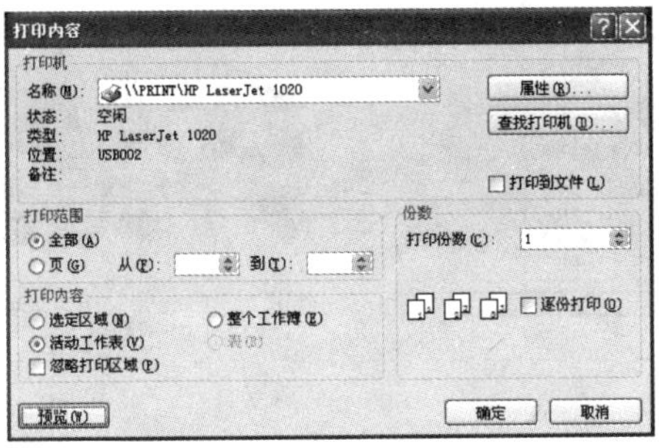

图 5.9.7　“打印内容”对话框

（2）在打印内容对话框中选择打印机的名称、打印范围、打印内容、打印份数等选项。

（3）设置完毕后，单击确定按钮，打印机按要求自动完成打印任务。

5.10　典型实例——制作损益表

通过本章的学习，利用 Excel 2007 制作损益表，最终效果如图 5.10.1 所示。

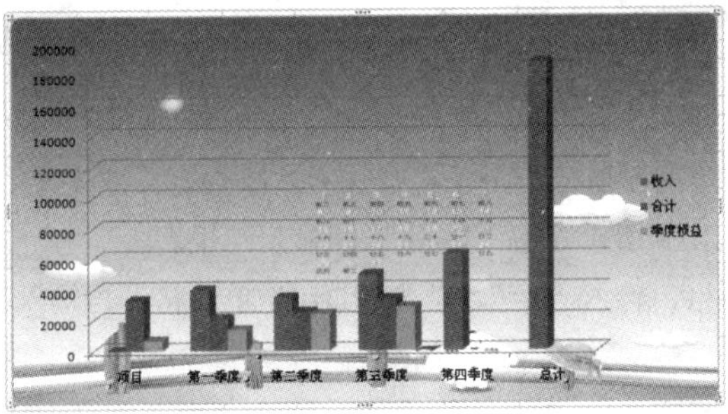

图 5.10.1　最终效果图

操作步骤

（1）启动 Excel 2007 应用程序，新建一个空白工作簿。

（2）在工作表中输入相关数据，如图 5.10.2 所示。

（3）选中 C9 单元格，在“开始”选项卡中的“编辑”选项区中单击“自动求和”按钮Σ，按“Enter”键，效果如图 5.10.3 所示。

	A	B	C	D	E	F	G
1		项目	第一季度	第二季度	第三季度	第四季度	总计
2	收入	营业额	40000	35000	50000	63000	
3							
4	支出	工资费用	6000	6000	6000	6000	
5		财务费用	1100	1200	1000	1350	
6		房租	1200	1200	1200	1200	
7		广告费用	5000	3000	4500	2600	
8		购货支出	20000	10000	13000	23000	
9		合计					
10	损益	季度损益					
11		年度损益					

图 5.10.2　输入数据

	A	B	C	D	E	F	G
1		项目	第一季度	第二季度	第三季度	第四季度	总计
2	收入	营业额	40000	35000	50000	63000	
3							
4	支出	工资费用	6000	6000	6000	6000	
5		财务费用	1100	1200	1000	1350	
6		房租	1200	1200	1200	1200	
7		广告费用	5000	3000	4500	2600	
8		购货支出	20000	10000	13000	23000	
9		合计	33300				
10	损益	季度损益					
11		年度损益					

图 5.10.3　求和结果

（4）选中 C9 单元格，拖动单元格黑色边框右下角的黑色小点至 G9 单元格，将求和公式复制到 D9～G9 单元格，结果如图 5.10.4 所示。

（5）选中 C2～F2 单元格，在“开始”选项卡中的“编辑”选项区中单击“自动求和”按钮Σ，按“Enter”键。

（6）重复步骤（4）的操作，将公式复制到 G4～G9 单元格，结果如图 5.10.5 所示。

图 5.10.4　复制公式

图 5.10.5　复制公式结果

（7）计算季度损益。季度损益等于销售收入减去支出合计，双击 C10 单元格，输入“＝”，单击“C2”单元格再输入“-”，单击 C9 单元格，如图 5.10.6 所示，按“Enter”键，得出计算结果。

（8）选中 C10 单元格，用鼠标拖动黑色边框右下角的黑色小点，将公式复制到 D10～G10 单元格，如图 5.10.7 所示。

图 5.10.6　输入公式

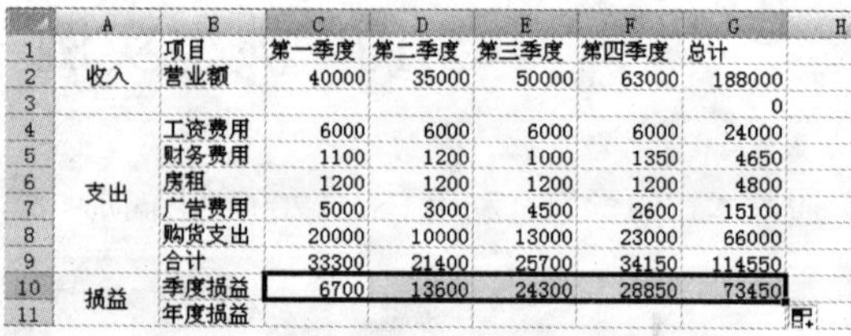

图 5.10.7　计算季度损益

（9）计算年度损益。年度损益等于上季损益加上本季损益。双击 C11 单元格，输入“＝”，单击“C10”单元格，如图 5.10.8 所示，按“Enter”键显示结果。

（10）双击 D11 单元格，输入“＝”，单击“D10”单元格，再输入“+”，然后单击“C11”单元格，如图 5.10.9 所示。

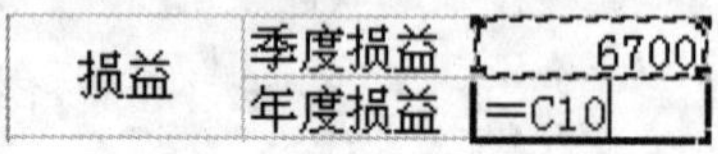

图 5.10.8　直接引用

图 5.10.9　计算年度损益

（11）重复步骤（4）的操作，将 D11 单元格中的年度损益公式复制到 E11～G11 单元格，如图 5.10.10 所示。

（12）选中 A1～G2 单元格，按住“Ctrl”键，选中 B9～F10 单元格，在“插入”选项卡中的“图表”选项区中单击柱形图按钮，弹出其下拉列表，如图 5.10.11 所示。

图 5.10.10　复制公式

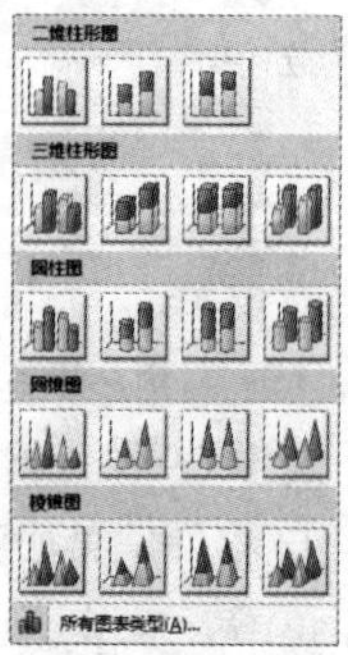

图 5.10.11　柱形图下拉列表

（13）在该列表中的“三维柱形图”选项区中选择第一个图表样式，即可在工作表中插入一个图表，如图 5.10.12 所示。

（14）选中创建的图表，将其移至合适位置。

（15）将鼠标指针置于图表右下角的控制点处，当其变成↘形状时，单击并拖动鼠标，将图表调整至合适大小。

（16）使图表处于选中状态，在“图表工具”上下文工具中的“布局”选项卡的“当前所选内容”选项区中单击设置所选内容格式按钮，弹出**设置图表区格式**对话框，如图 5.10.13 所示。

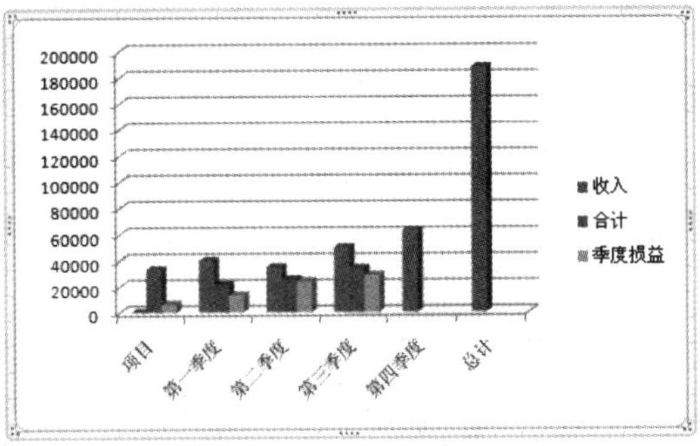

图 5.10.12　创建的图表

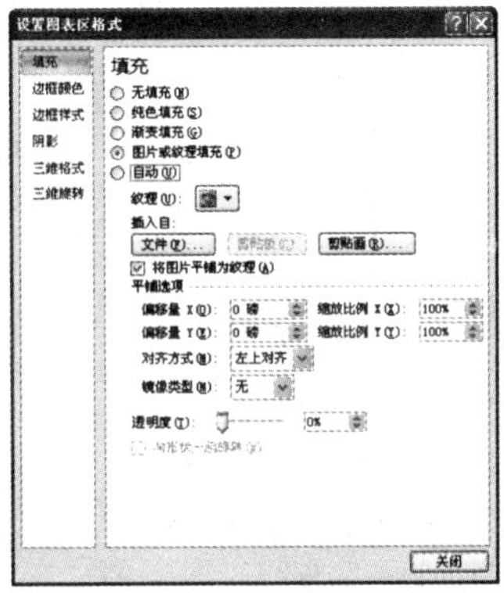

图 5.10.13　“设置图表区格式”对话框

（17）在“填充”选项区中选中◉图片或纹理填充(P)单选按钮，单击文件(F)...按钮，弹出**插入图片**对话框。

（18）在该对话框中选择合适的图片，单击插入(S)按钮，即可将该图片作为图表背景。

至此，该损益表已制作完成，最终效果如图 5.10.1 所示。

小　　结

本章主要讲解了在 Excel 2007 中工作簿、工作表和单元格的操作，数据的输入与编辑、设置单元格格式、计算和管理数据、图表的应用以及打印输出工作表等内容。通过本章的学习，使读者在以后的工作和学习中可以利用 Excel 2007 制作出各种复杂的、漂亮的数据统计图表，并且能对数据进行运算、分析以及排序等。

过关练习五

一、填空题

1．新建的工作簿默认包含 3 张工作表，标签依次为__________，__________和__________。

2．在 Excel 2007 工作表中，单元格引用的三种类型是__________、__________和__________。

3．在 Excel 2007 中，可以按照__________或__________排序方式进行排序，用户也可以根据需要自定义普通排序方式。

4．Excel 提供了自动筛选和__________两种数据筛选方法。

5．Excel 的数据筛选功能是把符合条件的数据显示在工作表内，而把不符合条件的数据__________起来。

二、选择题

1．在 Excel 2007 中，默认工作簿的文件名是（ ）。

A．Sheet1　　B．Book1　　C．Excel1　　D．Xls1

2．在 Excel 2007 中保存的工作簿文件名后缀是（ ）。

A．.xls　　B．.xlsx　　C．docx　　D．xlsb

3．选取一个单元格，在按住（ ）键的同时单击其他单元格，可选取多个不连续的单元格区域。

A．Ctrl　　B．Alt　　C．Shift　　D．Tab

4．在 Excel 2007 中，用户不可以按照（ ）进行排序。

A．文本　　B．数字　　C．日期和时间　　D．单元格

5．在 Excel 2007 中，可以拆分的单元格为（ ）。

A．任意单元格　　B．合并后的单元格

C．拆分后的单元格　　D．合并居中的单元格

6．筛选数据的目的是为了（ ）。

A．排序数据　　B．汇总数据

C．显示符合条件的数据　　D．分类数据

三、简答题

1．如何移动和复制单元格中的数据？

2．如何在单元格中输入公式？

3．怎样设置单元格的行高与列宽？

4．如何设置单元格的边框和底纹？

5．自动筛选和高级筛选有哪些不同之处？

6．如何创建图表？如何增加和删除图表数据？

四、上机操作题

1．在 Excel 2007 中选定单元格是对数据进行的最基本的操作，练习选定几个连续的单元格、几个分散的单元格、一列和一行单元格、一个工作表。

2．启动 Excel 2007 制作一个课程表，练习输入数据和字符等项操作并填充背景。

3．题图 5.1 所示是四年级学生的成绩表（只给出了部分工作表数据），如果想按照学生成绩分成两个班，1，4，5，8 分到一班，2，3，6，7 分到二班，请使用 Excel 提供的排序和筛选功能来完成。

姓名	语文	数学	英语	体育	美术	总分	名次
刘成	95	98	80	86	88	447	1
杨阳	89	95	87	82	88	441	2
王楠	86	100	84	83	87	440	3
王鹏辉	78	85	90	79	95	427	4
张英杰	82	91	82	89	80	424	5
朱晓宇	89	98	70	82	79	418	6
高月梅	96	83	75	87	76	417	7
周新明	76	82	91	81	85	415	8
平均分	86.38	91.50	82.38	83.63	84.75		

题图 5.1

第 6 章　幻灯片制作 PowerPoint 2007

PowerPoint 2007 是 Office 2007 的组件之一，利用它可以制作出具有文本、图片和图表甚至动画效果的幻灯片，主要用于会议或课堂演示。

本章重点

（1）制作与设置幻灯片。

（2）丰富幻灯片的内容。

（3）美化幻灯片。

（4）幻灯片放映。

6.1　认识 PowerPoint 2007

PowerPoint 2007 是一种操作简便、专门用于制作演示文稿的应用程序，它所制作的演示文稿广泛应用于报告会和课堂等各种场所。

6.1.1　PowerPoint 2007 的工作窗口

启动 PowerPoint 2007 后，将进入其工作窗口，该工作窗口与 Office 2007 办公自动化套件中的 Word、Excel 等类似，如图 6.1.1 所示。

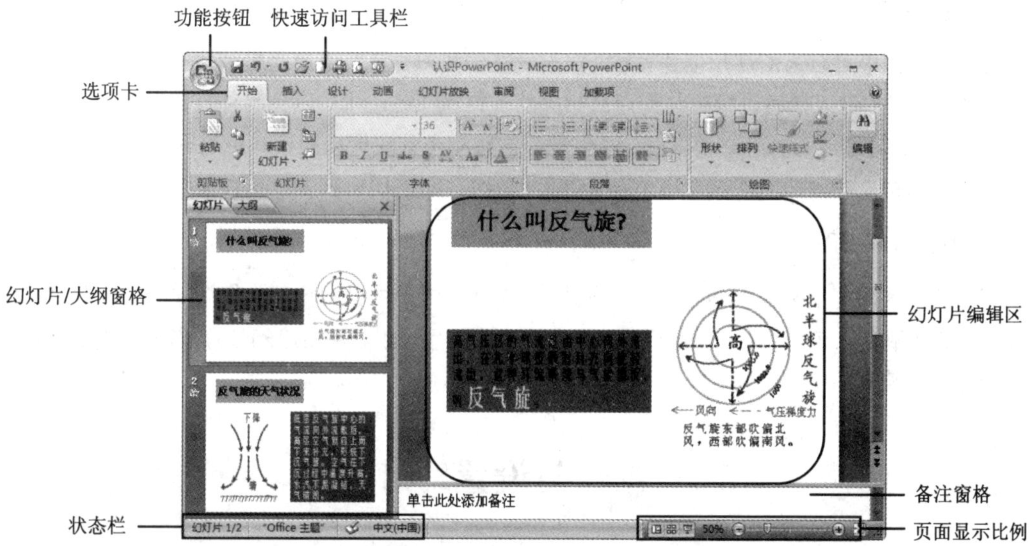

图 6.1.1　PowerPoint 2007 的工作窗口

1. 幻灯片编辑区

幻灯片编辑区用于显示和编辑幻灯片，并可以直观地看到幻灯片的外观效果，是整个演示文稿的核心。在幻灯片编辑区中可以编辑文本，添加图形、动画或声音文件等。

2. 幻灯片/大纲窗格

幻灯片/大纲窗格用于显示演示文稿的幻灯片数量、位置及结构，单击不同的选项卡标签，即可在幻灯片和大纲窗格之间切换。

3. 备注窗格

备注窗格用于添加幻灯片的说明信息，如提供幻灯片展示内容的背景、细节等，使放映者能够更好地掌握和了解幻灯片展示的内容。

6.1.2 PowerPoint 2007 的视图方式

PowerPoint 2007 提供了普通视图、备注页视图、幻灯片浏览视图和幻灯片放映视图几种视图方式，以满足用户不同的创作需求，单击视图切换按钮即可切换到相应的视图方式下。

1. 普通视图

普通视图是 PowerPoint 2007 默认的视图方式，可用于撰写或设计演示文稿，主要用于调整幻灯片的总体结构，或编辑单张幻灯片中的内容等。单击 PowerPoint 2007 工作窗口右下角的“普通视图”按钮，即可进入普通视图中。

2. 幻灯片浏览视图

在幻灯片浏览视图中以缩略图的形式显示演示文稿中的多张幻灯片。在该视图方式下，可以整体上浏览所有的幻灯片效果，并且可以方便地进行幻灯片的复制、移动、删除等操作。单击 PowerPoint 2007 工作窗口右下角的“幻灯片浏览”按钮，即可进入幻灯片浏览视图中。

3. 备注页视图

在备注页视图中可以为幻灯片创建备注。演讲者在演讲时，常常需要一份演讲稿，一边放映幻灯片，一边讲解，用户可以把演讲稿或与幻灯片相关的资料写在备注中，以免另外打印演讲稿。创建备注有两种方法，即在普通视图下的“备注区”中进行创建和在备注页视图模式中进行创建。在“视图”选项卡中的“演示文稿视图”选项区中单击备注页按钮，即可切换到备注页视图。

4. 幻灯片放映视图

幻灯片放映视图占据整个电脑屏幕，在该视图方式下，用户可以浏览每张幻灯片的动画效果及切换效果，如果不满意，可按“Esc”键退出幻灯片放映并进行修改。单击“幻灯片放映”按钮，即可进入幻灯片放映视图中。

6.2 制作与设置幻灯片

PowerPoint 建立的文件一般称为演示文稿，演示文稿由一系列幻灯片组成，演示文稿与幻灯片的关系如同 Excel 中工作簿与工作表的关系。

根据不同的方法创建的演示文稿中包含的幻灯片数量也不同，当其中的幻灯片数量不能满足实际需要的时候，可增加幻灯片的数量，并且可组织与编辑幻灯片。

6.2.1　新建幻灯片

在 PowerPoint 2007 中创建演示文稿有几种方式，如创建空白演示文稿、根据设计模板新建演示文稿、根据内容提示向导新建演示文稿等方式。

1. 新建空白演示文稿

新建空白演示文稿的具体操作步骤如下：

（1）单击“Office”按钮，在弹出的菜单中选择新建(N)命令，弹出“新建演示文稿”对话框，如图 6.2.1 所示。

（2）在该对话框中选择“空白演示文稿”选项，单击创建按钮，即可创建一个空白演示文稿，如图 6.2.2 所示。

提示　启动 PowerPoint 2007 后会自动新建一个空白演示文稿，其默认的文件名为“演示文稿 1”。在工作界面中按“Ctrl+N”组合键也可新建一个空白演示文稿。

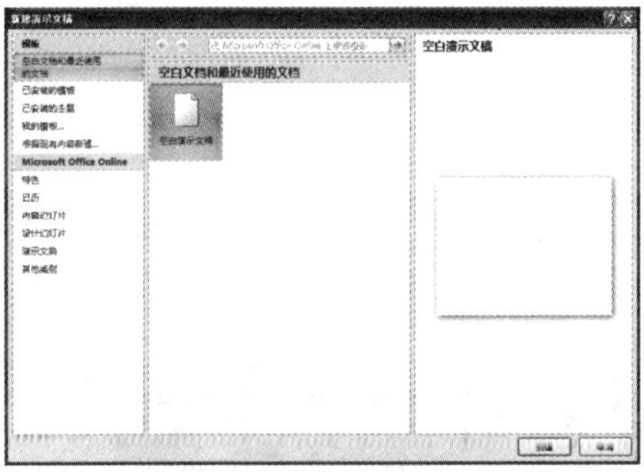

图 6.2.1　“新建演示文稿”对话框

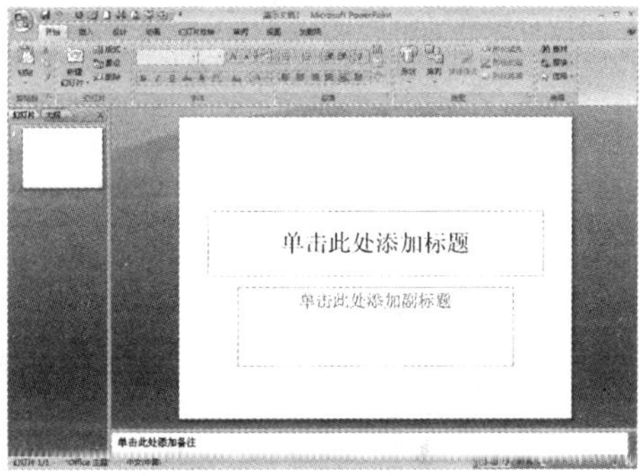

图 6.2.2　创建空白演示文稿

2. 根据设计模板创建演示文稿

设计模板是指已经设计好的幻灯片样式和风格，包括幻灯片的背景图案、文字结构、色彩配置等内容。中文 PowerPoint 2007 为用户提供了许多美观的设计模板，使用户能够创建出风格统一的演示文稿。

根据设计模板创建演示文稿的具体操作步骤如下：

（1）单击“Office”按钮，在弹出的菜单中选择新建(N)命令，弹出新建演示文稿对话框。

（2）在该对话框中的“模板”列表框中单击已安装的模板按钮，在“已安装的模板”预览框中显示模板的外观，如图 6.2.3 所示。

（3）在该对话框中选择用户所需的模板，单击创建按钮即可根据模板新建演示文稿。

3. 根据现有内容创建演示文稿

根据现有内容创建演示文稿的具体操作步骤如下：

（1）单击“Office”按钮，在弹出的菜单中选择新建(N)命令，弹出新建演示文稿对话框。

（2）在该对话框中的“模板”列表框中单击根据现有内容新建...按钮，弹出根据现有演示文稿新建对话框，如图 6.2.4 所示。

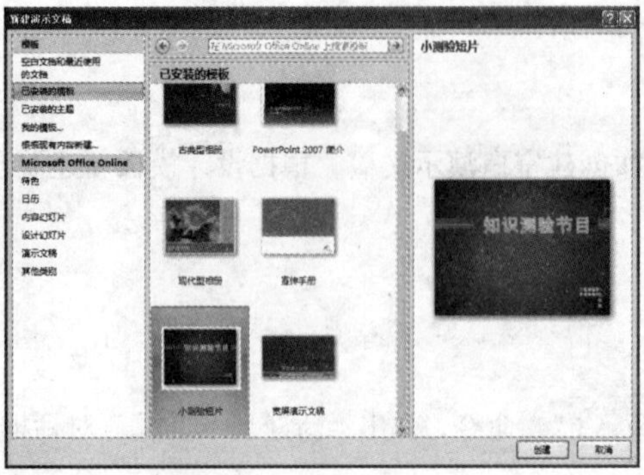

图 6.2.3 “新建演示文稿”对话框

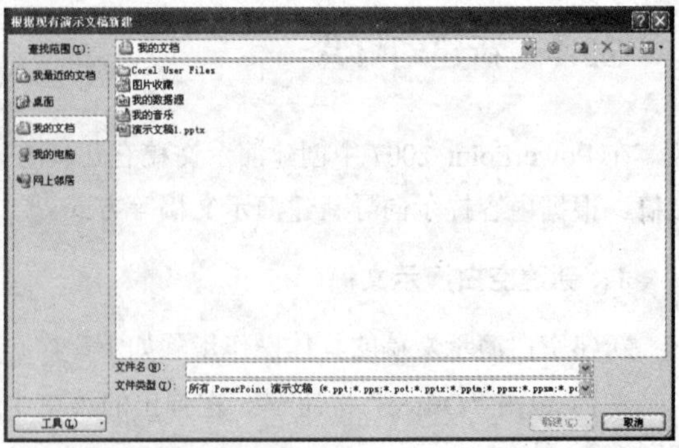

图 6.2.4 “根据现有演示文稿新建”对话框

（3）在该对话框中选择现有的演示文稿文件，单击 新建(C) 按钮，即可根据现有内容创建新的演示文稿。

6.2.2 选择幻灯片版式

在幻灯片编辑窗格中显示的幻灯片为当前幻灯片，用户可根据需要选择不同的版式，并在相应的占位符中输入文本或插入图片等对象。

选择幻灯片版式的具体操作步骤如下：

（1）启动 PowerPoint 2007，打开 开始 选项卡。

（2）在“幻灯片”组中，单击 版式 按钮，弹出幻灯片版式列表，如图 6.2.5 所示。

（3）在列表中选择用户所需的版式，例如选择“标题和内容”版式，幻灯片效果如图 6.2.6 所示。

图 6.2.5 幻灯片版式列表

图 6.2.6 “标题和内容”版式

6.2.3 输入与设置文本

在 PowerPoint 2007 中，有文本占位符与项目占位符两种。文本占位符用于输入文本内容，它是一种带有虚线标记的边框；项目占位符用于容纳图片、图表、图示、表格和媒体剪辑等媒体对象。

1．在文本框中输入文本

在文本框中输入文本的具体操作步骤如下：

（1）打开 插入 选项卡，在“文本”组中单击 文本框 按钮。

（2）在弹出的菜单中选择 横排文本框(H) 或 垂直文本框(V) 命令。

（3）单击幻灯片上要输入文本的位置，出现一个可供输入的文本框。文本框中显示文本的输入提示符，如图 6.2.7 所示。

（4）在该文本框中输入所要输入的文本即可。

2．在占位符中输入文本

用鼠标单击占位符，占位符中即出现输入光标，此时直接在占位符中输入文本内容，如图 6.2.8 所示。输入完成后，单击占位符外的任意位置，可使占位符的边框消失。

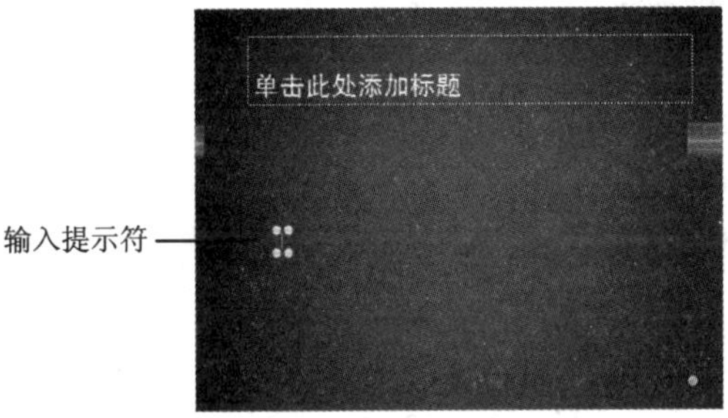

图 6.2.7　输入文本

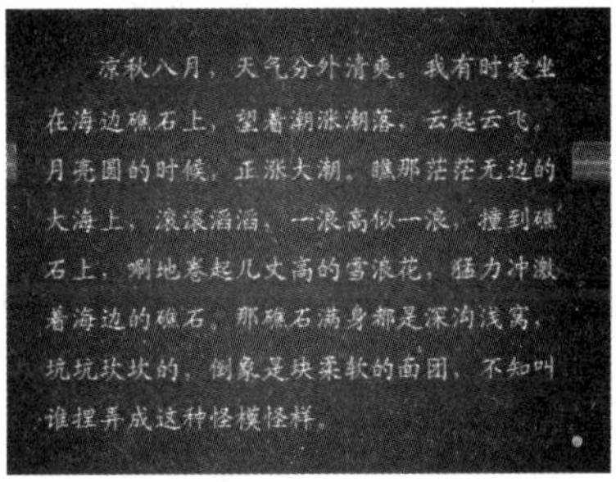

图 6.2.8　在占位符中输入文本

在占位符中输入文本有两种方法：一种是在幻灯片编辑区中输入，另一种是在大纲窗格中输入。

3．设置文本字体格式

为了使整个幻灯片美观，根据文本内容的不同，用户可以使用不同的字体、字号，使演示文稿变得生动活泼。设置文本字体格式的具体操作步骤如下：

（1）用鼠标选定要设置的文本，使之反白显示。

（2）在选定的文本上单击鼠标右键，在弹出的快捷菜单中选择 字体(F)... 命令，弹出 字体 对话框。

（3）在该对话框中选择需要的文本格式后单击 确定 按钮，关闭“字体”对话框，并将已设定好的结果应用于选定的文本。

6.2.4　编辑幻灯片

编辑幻灯片包括在演示文稿中添加、移动、复制以及删除幻灯片等，下面分别进行介绍。

1．选择幻灯片

选择幻灯片包括选择单张幻灯片和选择多张幻灯片，下面分别加以介绍。

（1）选择单张幻灯片。选择单张幻灯片的方法很简单，单击幻灯片浏览视图中任意一张幻灯片的缩略图即可选中该幻灯片。被选中的幻灯片边框线条将被加粗，此时用户可以对幻灯片进行编辑。

（2）选择多张幻灯片。选择多张幻灯片的方法很多，下面介绍 4 种选择多张幻灯片的方法。

1）在普通视图的“大纲”窗格中选中一张幻灯片，然后按住“Shift”键，再按键盘中的“↑”或“↓”方向键，可以选中相邻的多张幻灯片。

2）在普通视图的“大纲”窗格中选中一张幻灯片，然后按住“Shift”键，再单击另一张幻灯片，可以同时选中两张幻灯片之间的所有幻灯片。

3）在普通视图的“大纲”窗格中选中一张幻灯片，然后按住“Ctrl”键，再单击其他幻灯片，可以同时选中不连续的多张幻灯片。

4）在“幻灯片浏览视图”方式下，选中第一张幻灯片，然后按住“Shift”键，再选中最后一张幻灯片，即可选中所有的幻灯片。

2. 插入幻灯片

在修改和管理演示文稿的过程中，常常要插入幻灯片，插入幻灯片操作可以在“幻灯片”窗格或“幻灯片浏览”视图中进行。

在“幻灯片”窗格中插入新幻灯片的具体操作步骤如下：

（1）打开视图选项卡，单击“演示文稿视图”组中的按钮，切换到普通视图模式。

（2）在“幻灯片”窗格中，选定要插入新幻灯片的位置，如果要在一张幻灯片的后面插入新的幻灯片，则选中该幻灯片，单击鼠标右键，从弹出的快捷菜单中选择新建幻灯片(N)命令，插入新幻灯片。

在“幻灯片浏览”视图中插入新幻灯片的操作步骤与在幻灯片窗格中插入的具体操作步骤相似，在此不再赘述。

3. 复制或移动幻灯片

复制或移动幻灯片的具体操作步骤如下：

（1）选中一张或多张幻灯片。

（2）打开开始选项卡，在“剪贴板”组中单击“复制”按钮，或按快捷键“Ctrl+C”，将幻灯片复制到剪贴板中；如果要移动幻灯片，单击“剪贴”按钮，或者按快捷键“Ctrl+X”，将幻灯片移动到剪贴板中。

（3）单击要插入幻灯片的位置，单击粘贴按钮，或按快捷键“Ctrl+V”，粘贴幻灯片，即可完成幻灯片的复制或者移动操作。

> **技巧** 在普通视图和幻灯片浏览视图中，也可以用鼠标拖动的方式来复制和移动幻灯。如果想在移动的过程中复制该幻灯片，则选中该幻灯片后按住“Ctrl”键并拖动鼠标；如果只是移动幻灯片，则在选中幻灯片后直接拖动鼠标即可。

4. 删除幻灯片

如果要在大纲窗格或浏览视图中删除某张幻灯片，其具体操作步骤如下：

（1）在大纲窗格或浏览视图中选中要删除的幻灯片。

（2）打开开始选项卡，单击“剪贴板”组中的“剪贴”按钮，或者按“Delete”键，删除幻灯片。

6.3　丰富幻灯片的内容

PowerPoint 的主要功能是制作集文字、图形、图像、声音、视频于一身的演示文稿。因此，用户可以在幻灯片中插入图片及多媒体文件。

6.3.1　插入图片

图片是幻灯片中不可缺少的组成元素，它可以形象、生动地表达作者的意思。在 PowerPoint 中不仅可以插入剪贴画，还可以插入来自文件的图片。

1．插入剪贴画

在幻灯片中插入剪贴画的具体操作步骤如下：

（1）打开要插入剪贴画的幻灯片。

（2）打开 插入 选项卡，单击“插图”组中的 剪贴画 按钮，打开“剪贴画”任务窗格，如图 6.3.1 所示。

（3）在“搜索文字”文本框中输入要搜索图片的关键字，例如输入“办公用品”，单击 搜索 按钮，系统自动搜索所需的图片，如图 6.3.2 所示。

（4）如果列表框中的剪贴画不能满足用户的需求，可单击 管理剪辑... 超链接，打开 剪辑管理器 窗口，如图 6.3.3 所示。

图 6.3.1　“剪贴画”任务窗格

图 6.3.2　搜索到的相关图片

图 6.3.3　“剪辑管理器”窗口

（5）在“Office 收藏集”中选择要插入的剪贴画，单击鼠标右键，从弹出的快捷菜单中选择 复制(C) 命令，返回到幻灯片窗格中，在要插入剪贴画的位置单击鼠标右键，从弹出的快捷菜单中选择 粘贴(P) 命令，即可将剪贴画插入到幻灯片中。

2．插入来自文件的图片

插入来自文件的图片，其具体操作步骤如下：

（1）打开要插入图片的幻灯片。

（2）单击“插图”组中的 图片 按钮，弹出 插入图片 对话框，如图 6.3.4 所示。

（3）在该对话框中选择要插入的图片，单击 插入(S) 按钮，返回 PowerPoint 工作界面，即可看到插入图片后的幻灯片效果，如图 6.3.5 所示。

图 6.3.4 “插入图片”对话框

图 6.3.5 插入图片效果

6.3.2 插入表格和图表

为了使幻灯片中的内容更加简单明了，用户还可以在幻灯片中插入表格和图表。

1. 插入表格

打开 插入 选项卡，在“表格”组中单击 表格 按钮，在弹出的下拉列表中拖动鼠标选择表格的行数和列数（见图 6.3.6），选择完成后，单击鼠标左键，即可在幻灯片中插入相应的表格。在下拉列表中选择 插入表格(I)... 命令，弹出 插入表格 对话框，如图 6.3.7 所示。在该对话框中的“列数”和“行数”微调框中设置表格的列数和行数值，单击 确定 按钮，即可在幻灯片中插入表格。用户可直接在表格中输入文本，并设置表格的大小、边框、行高和列宽、对齐方式、合并和拆分单元格等。

2. 插入图表

打开 插入 选项卡，在“表格”组中单击 图表 按钮，弹出 插入图表 对话框，如图 6.3.8 所示。在该对话框中选择需要的图表类型，单击 确定 按钮，即可在幻灯片中插入图表。

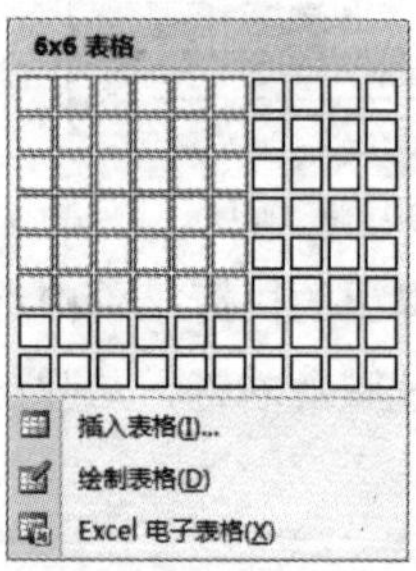

图 6.3.6 “表格”下拉列表

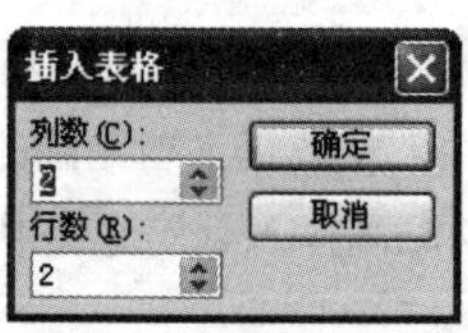

图 6.3.7 “插入表格”对话框

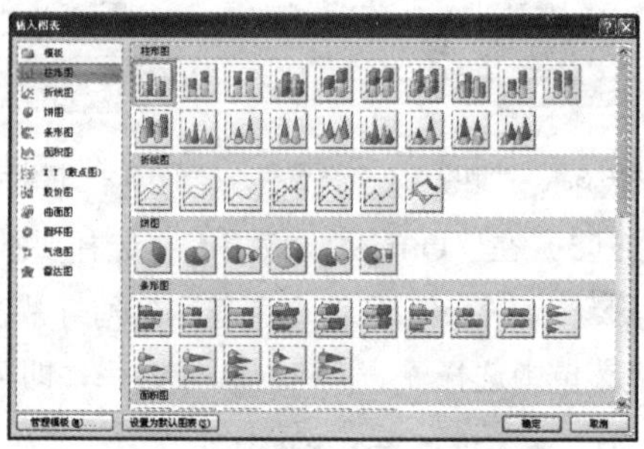

图 6.3.8 “插入图表”对话框

6.3.3 插入多媒体文件

在 PowerPoint 2007 中，可供插入的媒体文件类型分别为剪辑管理器中的影片、文件中的影片、剪辑管理器中的声音、文件中的声音等，下面以插入剪辑管理器中的声音为例进行介绍。

在幻灯片中插入剪辑管理器中的声音，其具体操作步骤如下：

（1）打开要插入声音的幻灯片。

（2）打开 插入 选项卡，单击“媒体剪辑”组中的 影片 按钮，在弹出的菜单中选择 文件中的影片(F)... 命令，弹出 插入影片 对话框，如图 6.3.9 所示。

（3）选择要插入的影片文件，单击 确定 按钮，弹出如图 6.3.10 所示的提示框。

图 6.3.9　“插入影片”对话框

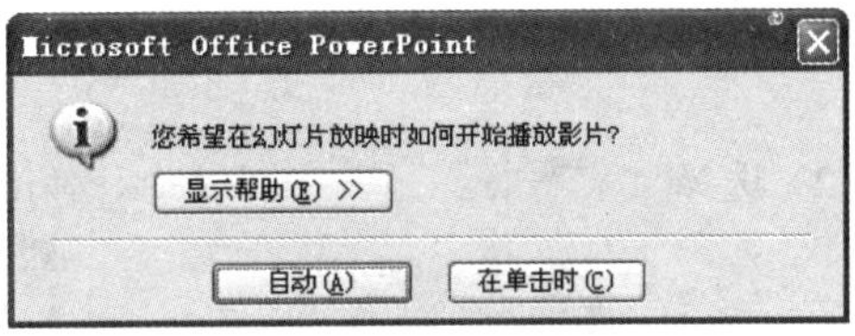

图 6.3.10　提示框

（4）如果要在幻灯片中自动播放声音，单击 自动(A) 按钮；如果要在单击鼠标时才播放声音，则单击 在单击时(C) 按钮。

6.4　美化幻灯片

为了制作出一个精美的演示文稿，还必须对演示文稿的外观进行美化和编辑，也就是修改演示文稿的主题样式、背景样式等。

6.4.1　应用主题

主题是一组统一的设计元素，使用颜色、字体和图形设置文档的外观。通过应用主题样式可以快速而轻松地设置整个文档的格式，并赋予它专业和时尚的外观。

1. 应用文档主题

应用文档主题的具体操作步骤如下：

（1）打开 设计 选项卡，在“主题”组中单击用户想要的文档主题，或者单击“更多”按钮 查看所有可用的文档主题，如图 6.4.1 所示。

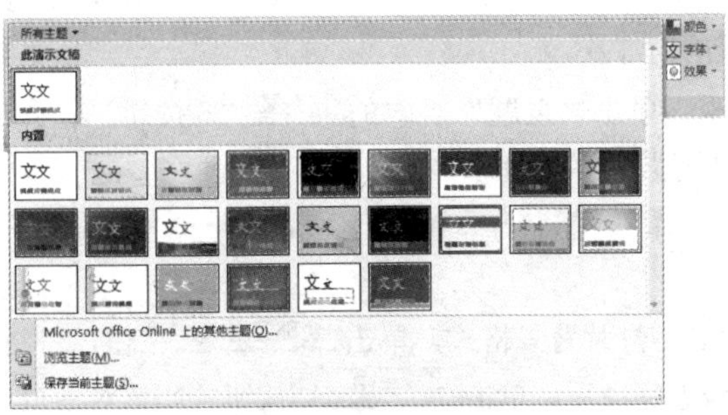

图 6.4.1　演示文稿的主题

（2）在“内置”选区中选择用户要使用的文档主题。

（3）如果用户要使用的文档主题未列出，单击 浏览主题(M)... 按钮，在弹出的 选择主题或主题文档 对话框中选择所需的主题样式。

2．自定义文档主题

自定义文档主题可以从更改已使用的颜色、字体、线条和填充效果开始。对一个或多个主题组件所做的更改将立即影响活动文档中已经应用的样式。如果要将这些更改应用到新文档，用户可以将它们另存为自定义文档主题。

自定义主题颜色的具体操作步骤如下：

（1）打开 设计 选项卡，单击“主题”组中的 颜色 按钮，弹出“颜色”下拉列表，如图 6.4.2 所示。

（2）选择 新建主题颜色(C)... 命令，弹出 新建主题颜色 对话框，如图 6.4.3 所示。

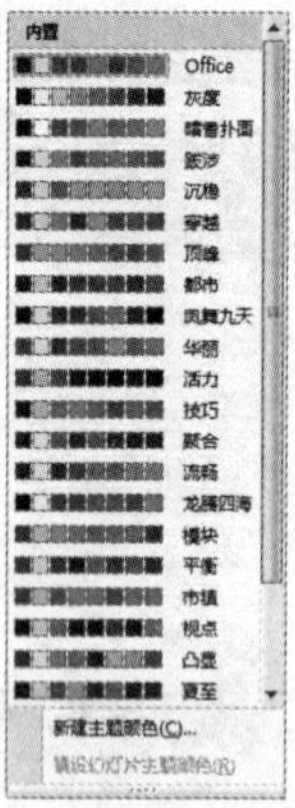

图 6.4.2 “颜色”下拉列表

图 6.4.3 “新建主题颜色”对话框

（3）在“主题颜色”选区中单击要更改的主题颜色元素对应的按钮。

（4）如果要更改所有的主题颜色元素，可重复步骤（3）的操作。

（5）在“名称”文本框中为新的主题颜色输入一个适当的名称。

（6）单击 保存(S) 按钮，保存自定义的主题颜色。

6.4.2 设置背景

要使幻灯片的效果更加精美，可以更改幻灯片、备注及讲义的背景颜色。PowerPoint 应用程序默认幻灯片背景为白色，可利用“背景”对话框设置背景颜色，其具体操作步骤如下：

（1）打开要设置背景的幻灯片。

（2）打开 设计 选项卡，单击“主题”组中的 背景样式 按钮，在弹出的如图 6.4.4 所示的“背景样式”下拉列表中选择幻灯片背景的样式。

（3）在该下拉列表中选择 设置背景格式(B)... 命令，弹出 设置背景格式 对话框，如图 6.4.5 所示。

（4）在该对话框中设置幻灯片背景格式，单击 全部应用(L) 按钮，可将设置的背景格式应用于演示文稿的所有幻灯片中，设置完成后，单击 关闭 按钮关闭该对话框。

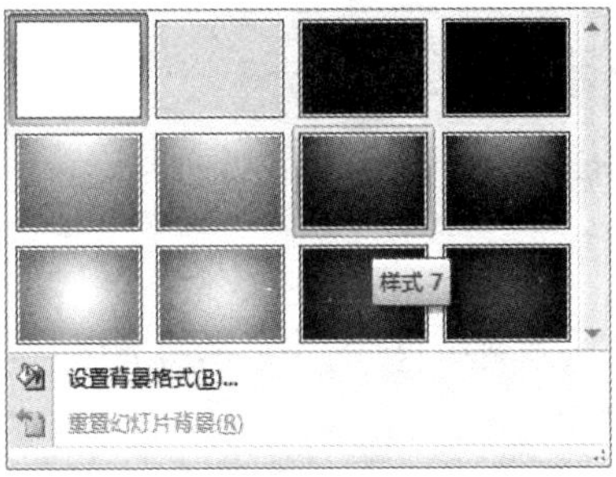

图 6.4.4　“背景样式”下拉列表

图 6.4.5　“设置背景格式”对话框

6.4.3　制作母版

所谓幻灯片母版，就是一张特殊的幻灯片，在其中可以定义整个演示文稿幻灯片的格式，设置演示文稿的外观。母版分为 3 种，分别为幻灯片母版、讲义母版和备注母版。

1．插入幻灯片母版

幻灯片母版是最常用的母版，其中存储了模板信息，这些模板信息包括字形、占位符大小和位置、背景设计和配色方案。它可以对演示文稿进行全面更改，并将其应用到演示文稿的所有幻灯片中。插入幻灯片母版的具体操作步骤如下：

（1）打开一个要插入幻灯片母版的演示文稿。

（2）打开视图选项卡，在“演示文稿视图”组中单击“幻灯片母版”按钮，打开“幻灯片母版”视图，如图 6.4.6 所示。

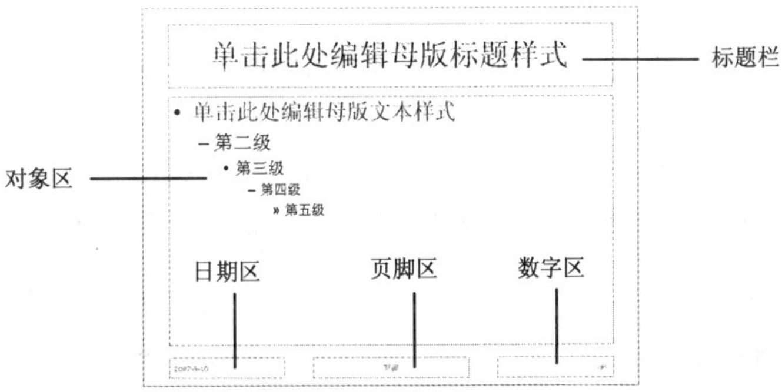

图 6.4.6　幻灯片母版

幻灯片母版中各部分的功能如下：

标题区：设置演示文稿中所有幻灯片标题文字的格式、位置和大小。

对象区：设置幻灯片所有对象的文字格式、位置和大小，以及项目符号的风格。

日期区：为演示文稿中的每一张幻灯片自动添加日期，并决定日期的位置、文字的大小和字体。

页脚区：给演示文稿中的每一张幻灯片添加页脚，并决定页脚文字的位置、大小和字体。

数字区：给演示文稿中的每一张幻灯片自动添加序号，并决定序号的位置、文字的大小和字体。

（3）在插入幻灯片母版后，系统会自动打开幻灯片母版选项卡，如图 6.4.7 所示。

图 6.4.7　“幻灯片母版”选项卡

2．编辑幻灯片母版

除了可在幻灯片母版视图中编辑文本的大小、字体，设置项目符号外，还可利用“幻灯片母版视图”工具栏实现幻灯片母版的插入、重命名和删除等操作。

（1）插入新幻灯片母版：如果要插入一个新幻灯片母版，可在 幻灯片母版 选项卡中的“编辑母版”组中单击 插入幻灯片母版 按钮，这时自动插入一个新的幻灯片母版。

（2）插入版式：如果要在幻灯片母版中添加自定义版式，可在 幻灯片母版 选项卡中的“编辑母版”组中单击 插入版式 按钮，则自动插入幻灯片母版版式。

（3）重命名母版：如果要更改幻灯片母版的名称，可在 幻灯片母版 选项卡中的“编辑母版”组中单击 重命名 按钮，弹出 **重命名母版** 对话框，如图 6.4.8 所示。在该对话框中的“母版名称”文本框中输入要命名的名称，单击 重命名(R) 按钮即可。

图 6.4.8　“重命名母版”对话框

（4）删除母版：在 幻灯片母版 选项卡中的“编辑母版”组中单击 删除 按钮，即可删除母版。

6.5　幻灯片放映

制作幻灯片的最终目的就是将其放映出来，设置好幻灯片的切换方式与动画效果之后，就可放映幻灯片了。根据幻灯片放映场合的不同，还需设置其放映方式；为了达到更佳的演示效果，在放映前还可以进行排练计时。

6.5.1　设置动画效果

切换效果应用于幻灯片之间，而动画效果则是应用于幻灯片。使用 PowerPoint 2007 自带的动画方案设置动画效果的操作步骤如下：

（1）在“大纲视图”或“幻灯片视图”模式下，选择要添加动画效果的幻灯片。

（2）打开 动画 选项卡，在“动画”组中的“动画”下拉列表 无动画 中选择需要的动画效果；单击 自定义动画 按钮，打开“自定义动画”任务窗格，如图 6.5.1 所示。

（3）在该任务窗格中单击 添加效果 按钮，在弹出的下拉列表中选择需要的动画效果，例如选择 进入(E) → 其他效果(M)... 命令，弹出 **添加进入效果** 对话框，如图 6.5.2 所示。

图 6.5.1　“自定义动画”任务窗格

图 6.5.2　“添加进入效果”对话框

（4）在该对话框中选择其他动画效果后，选中[☑自动预览]复选框，在幻灯片编辑区会立刻显示出该动画效果，也可以在选择了动画类型后单击[▶ 播放]按钮启动当前幻灯片中的动画，效果与系统自动播放一样。

6.5.2　设置放映方式

在 PowerPoint 中，依据工作性质的不同，允许用户使用 3 种不同的方式放映幻灯片。要为演示文稿选择一种放映方式，可以按以下操作步骤进行：

（1）打开[幻灯片放映]选项卡，在“设置”组中单击[设置幻灯片放映]按钮，弹出[设置放映方式]对话框，如图 6.5.3 所示。

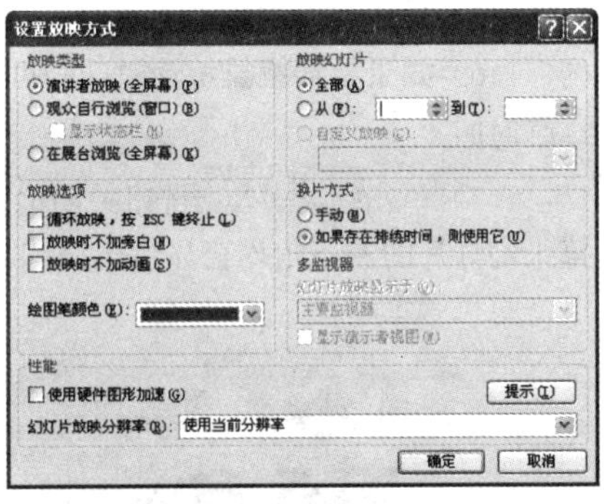

图 6.5.3　“设置放映方式”对话框

（2）在该对话框的“放映类型”选区中显示了放映幻灯片的 3 种不同方式。

1）[⊙演讲者放映(全屏幕)(P)]：这是一种最常用的放映方式，可以将演示文稿全屏幕显示。在这种放映方式下，既可以用人工方式放映，也可以用自动方式放映。

2）[⊙观众自行浏览(窗口)(B)]：这是一种小规模的放映方式，在这种放映方式下，演示文稿出现在小型窗口内，并提供了在放映时移动、编辑、复制和打印幻灯片的命令。在此方式中，可以使用滚动条从一张幻灯片移到另一张幻灯片，同时打开其他程序。

3）[⊙在展台浏览(全屏幕)(K)]：这是一种简单的放映方式。选择该方式，可以在无人管理的情况下自动运行演示文稿。在这种方式下除了可以使用超链接和动作按钮外，大多数控制按钮都为不可用状态（包括右键快捷菜单选项和放映导航工具）。

（3）在对话框的“放映选项”选区中，若选中[☑循环放映，按 ESC 键终止(L)]复选框，则在放映过程中，当最后一张幻灯片放映结束后，会自动转到第一张幻灯片进行播放；若选中[☑放映时不加旁白(N)]复选框，则在播放幻灯片的过程中不播放任何旁白；若选中[☑放映时不加动画(S)]复选框，则在播放幻灯片的过程中，原来设定的动画效果将不起作用。

（4）当所有设置完成之后，单击[确定]按钮即可将所有的设置应用到演示文稿中。

6.5.3 放映幻灯片

设置好放映方式后即可放映幻灯片了，其操作方法有以下几种：

（1）单击 PowerPoint 窗口左下角的“幻灯片放映”按钮。

（2）在幻灯片放映选项卡中单击从头开始或从当前幻灯片开始按钮。

（3）按快捷键“F5”。

6.5.4 排练计时

排练计时就是利用预演的方式，让系统将每张幻灯片在放映时所使用的时间记录下来，并累加从开始到结束的总时间数，然后应用于以后的放映中。用户也可以在“幻灯片切换”任务窗格中更改时间值。排练幻灯片放映时间的具体操作步骤如下：

（1）打开要应用排练计时的演示文稿。

（2）在“幻灯片放映”选项卡中的“设置”选项区中选中 使用排练计时 复选框，单击排练计时按钮，进入幻灯片的放映状态，并打开“预演”工具栏，该工具栏会自动显示放映的总时间和当前幻灯片的放映时间，如图 6.5.4 所示。

（3）单击工具栏中的“下一项”按钮，或者在放映区域单击鼠标，可排练下一张幻灯片或下一项幻灯片动画效果的时间。

（4）单击工具栏中的“暂停”按钮，可以暂停排练计时。再次单击该按钮，可继续排练计时。

（5）单击工具栏中的“重复”按钮，可以重新为当前幻灯片录制排练时间。

（6）如果要结束排练计时，则可以按“Esc”键，并弹出询问框，询问用户是否保留新的幻灯片排练时间。

（7）单击是(Y)按钮关闭询问框，并自动切换到幻灯片浏览视图模式下，如图 6.5.5 所示。每张幻灯片的左下角均会显示出排练时间。

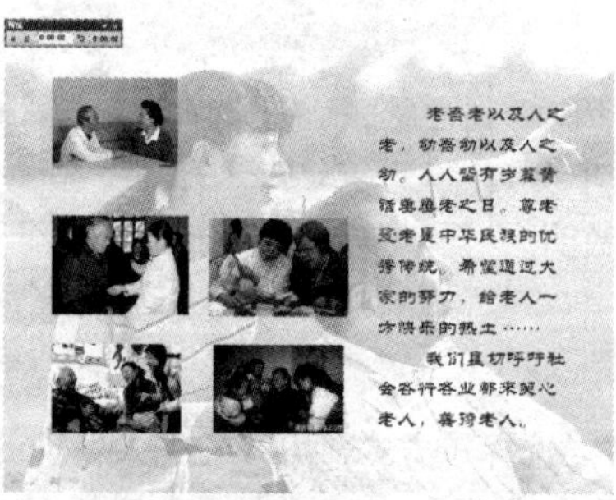

图 6.5.4 排练计时的幻灯片放映状态

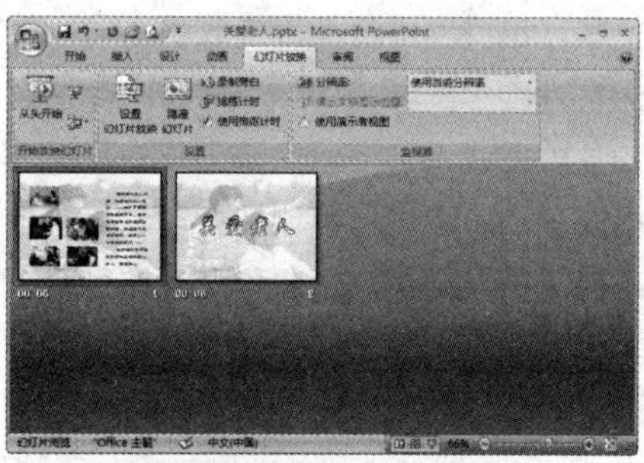

图 6.5.5 幻灯片浏览视图

6.6 打印演示文稿

在 PowerPoint 中可以以彩色、灰度或黑白三种方式打印整个演示文稿中的幻灯片、大纲、备注和观众讲义，也可打印特定的幻灯片、讲义、备注页或大纲页，与 Word 一样在打印之前还要进行页面设置和打印预览操作。

6.6.1 页面设置

打开要进行页面设置的演示文稿，在 设计 选项卡中的“页面设置”组中单击 页面设置 按钮，弹出 页面设置 对话框，如图 6.6.1 所示。

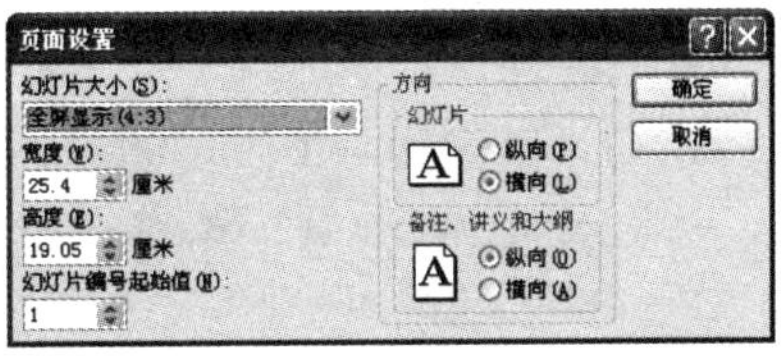

图 6.6.1 “页面设置”对话框

（1）设置幻灯片的大小。在该对话框的“幻灯片大小”下拉列表中选择幻灯片的大小，包括“在屏幕上显示”、“投影机”、“横幅”等选项，也可以在“宽度”和“高度”微调框中根据需要自定义幻灯片的大小。

（2）设置幻灯片编号的起始值。用户可以在“幻灯片编号起始值”微调框中设置幻灯片编号的起始值，它决定了幻灯片的起始编号，该编号出现在幻灯片上和 PowerPoint 2007 窗口底部的幻灯片编号器上，幻灯片编号起始值可以是任意数值。

（3）设置幻灯片方向。在“页面设置”对话框右边的“方向”设置区域有两种幻灯片的方向设置，一种用于幻灯片；另一种用于备注、讲义和演示文稿大纲。用户可以根据需要分别设置它们的方向，默认情况下，幻灯片的方向为 ⊙纵向(P)；备注、讲义和大纲的方向为 ⊙横向(L)。

如果要预览打印效果，单击“Office”按钮，在弹出的菜单中选择 打印(P) → 打印预览(V) 命令即可。

6.6.2 输出演示文稿

通过打印机可以将制作好的演示文稿打印出来装订成册，其操作方法如下：

（1）选中需要打印的演示文稿。

（2）单击“Office”按钮，在弹出的菜单中选择 打印(P) → 打印(P) 命令，弹出 打印 对话框，如图 6.6.2 所示。

图 6.6.2 “打印”对话框

（3）在该对话框中可设置打印机的名称、打印范围、打印内容以及打印的份数。

（4）设置完成后单击 确定 按钮即可。

6.7 典型实例——制作公益广告

本例制作公益广告——吸烟有害健康，在制作过程中，首先制作背景，然后再插入文字、图片，最后再添加动画效果。通过本例的练习，可以让读者掌握 PowerPoint 中母版的应用、图片的插入和动画的制作。最终效果如图 6.7.1 所示。

操作步骤

（1）启动 PowerPoint 2007 应用程序，新建一个演示文稿。

（2）按“Ctrl+M”键，插入一张新的幻灯片。

（3）在“视图”选项卡中的“演示文稿视图”选项区中单击 幻灯片母版 按钮，切换到幻灯片母版视图。

（4）选中“标题幻灯片”，在“幻灯片母版”选项卡中的“背景”选项区中单击 背景样式 按钮，从弹出的下拉菜单中选择“样式 4”选项，如图 6.7.2 所示。

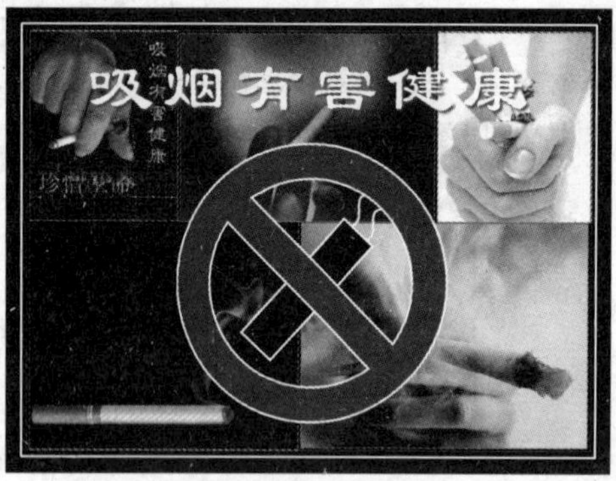

图 6.7.1 效果图

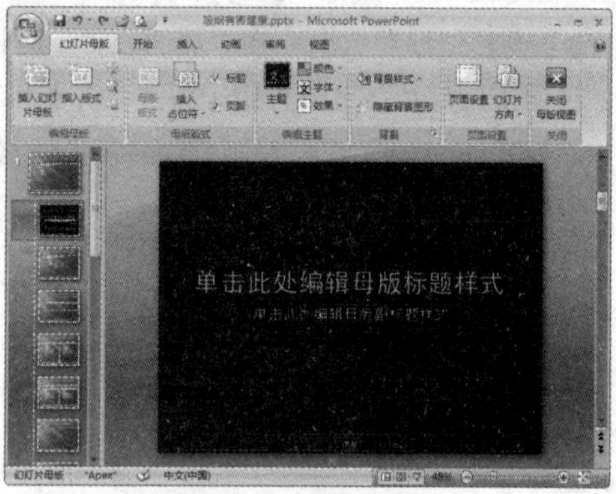

图 6.7.2 设置背景样式

（5）在“插入”选项卡中的“插图”选项区中单击 形状 按钮，在弹出的下拉列表中选择矩形工具，使用该工具在幻灯片中绘制一个矩形，如图 6.7.3 所示。

（6）在绘制的矩形上单击鼠标右键，从弹出的快捷菜单中选择 设置形状格式(O)... 选项，弹出 **设置形状格式** 对话框，如图 6.7.4 所示。

图 6.7.3 绘制矩形

图 6.7.4 “设置形状格式”对话框

（7）在“线条颜色”选项区中将线条颜色设置为“白色”，在“线型”选项区中将线的宽度设置为“3 磅”。

（8）选中该矩形，在“绘图工具”上下文工具中的“格式”选项卡中的“大小”选项区中将其大小设置为“17.69，24.13”；在“排列”选项区中设置其为上下、左右分别居中对齐。

（9）重复步骤（5）～（8）的操作，绘制一个大小为“17.18，23.69”、粗细为“1 磅”的矩形，并将其居中对齐，效果如图 6.7.5 所示。

（10）选中“标题和内容”幻灯片，重复步骤（4）的操作，将其背景样式设置为“样式 4”，并将“标题幻灯片”中的两个矩形复制并粘贴到该幻灯片中。

（11）单击按钮，返回至普通视图，如图 6.7.6 所示。

图 6.7.5　绘制矩形

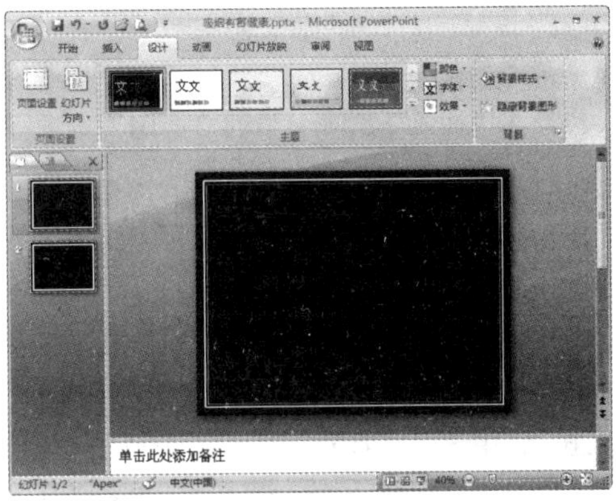

图 6.7.6　普通视图

（12）将幻灯片中的占位符选中后按“Delete”键将其删除。在“插入”选项卡中的“插图”选项区中单击按钮，在弹出的“插入图片”对话框中选择一张图片插入到幻灯片中。

（13）选中插入的图片，调整其至合适大小，并在“格式”选项卡中的“图片样式”选项区中单击按钮，在弹出的下拉列表中选择“0.75 磅”的白色线条作为其边框，如图 6.7.7 所示。

（14）重复步骤（12）～（13）的操作，在幻灯片中插入其他 4 张图片，并分别为其添加白色边框，如图 6.7.8 所示。

图 6.7.7　添加边框

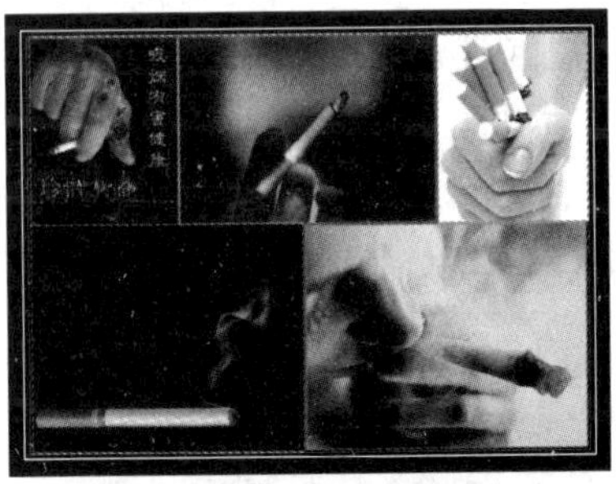

图 6.7.8　插入其他图片

（15）在“插入”选项卡中的“插图”选项区中单击按钮，在弹出的下拉列表中选择矩形工具，使用该工具在幻灯片中绘制一个矩形。将其高度设为“1.8 厘米”，宽度设为“6.9 厘米”，线条颜色设为“白色”，粗细设为“3 磅”，并旋转一定角度，如图 6.7.9 所示。

（16）在“形状”下拉列表中选择曲线工具，使用该工具在幻灯片中绘制一条曲线，将其颜色设为“白色”，粗细设为“3 磅”，并复制出另一条曲线，如图 6.7.10 所示。

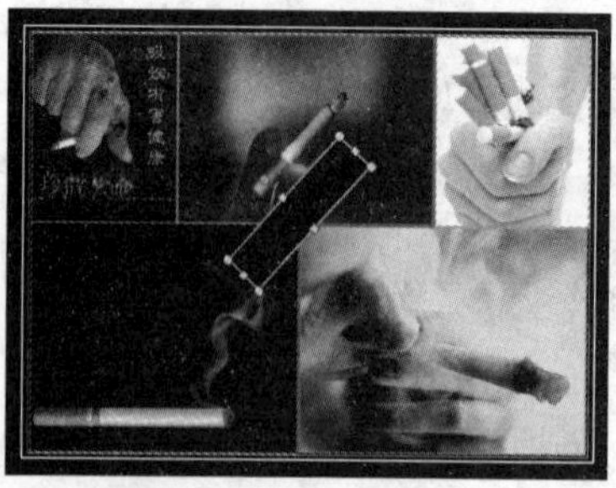

图 6.7.9　绘制矩形

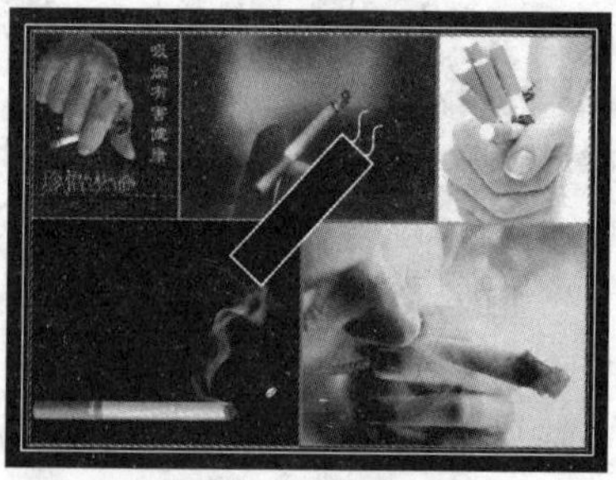

图 6.7.10　复制曲线

（17）在“插入”选项卡中的“插图”选项区中单击 形状 按钮，在弹出的下拉列表中选择“禁止符”，并在幻灯片中绘制一个符号。

（18）选中该符号，将其宽度和高度都设为“12.4 厘米”，粗细设为“3 磅”，填充色设为“红色”，效果如图 6.7.11 所示。

（19）按住“Shift”键的同时依次单击绘制的矩形、曲线及禁止符，将它们选中后，按“Ctrl+G”键将其组合。

（20）选中该组合对象，将其移至该幻灯片的底部，如图 6.7.12 所示。

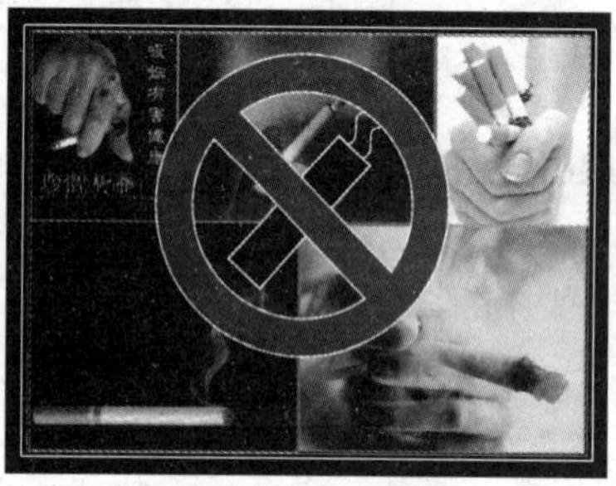

图 6.7.11　绘制禁止符

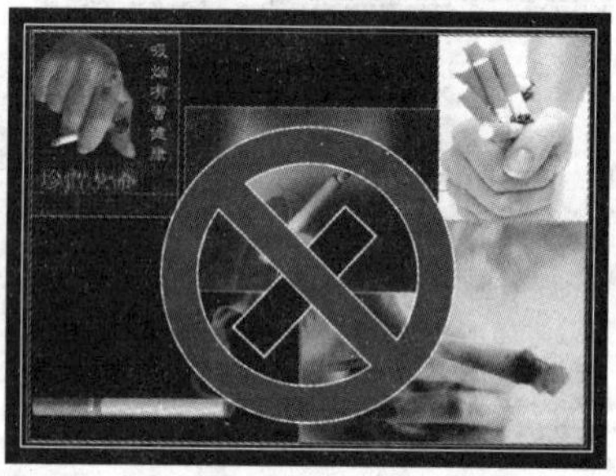

图 6.7.12　移动对象

（21）在该幻灯片中插入一个横排文本框，在其中输入文本，并将其字体设为“隶书”，大小设为“80”，文字颜色设为“白色”，并添加文字阴影，如图 6.7.13 所示。

（22）选中第二张幻灯片，在“插入”选项卡中的“插图”选项区中单击 图片 按钮，在弹出的“插入图片”对话框中选择一张图片插入到幻灯片中，如图 6.7.14 所示。

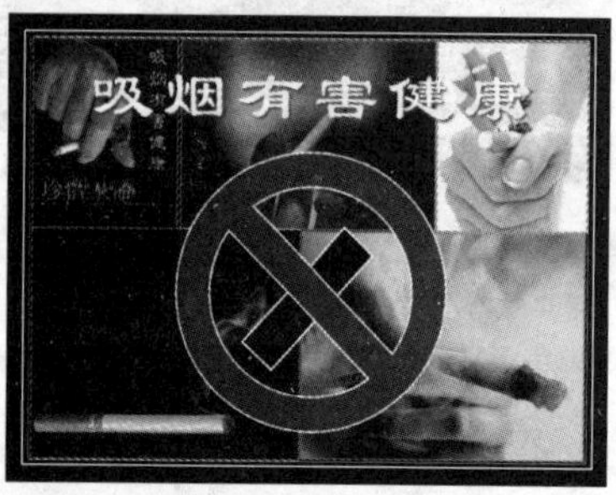

图 6.7.13　添加文本

图 6.7.14　插入图片

（23）在该幻灯片中插入两个横排文本框，在其中输入如图 6.7.15 所示的文本。

（24）按两次“Ctrl+M”键，插入两张幻灯片。重复步骤（22）～（23）的操作，分别在这两张幻灯片中插入图片和文本，如图 6.7.16 所示。

图 6.7.15　输入文本

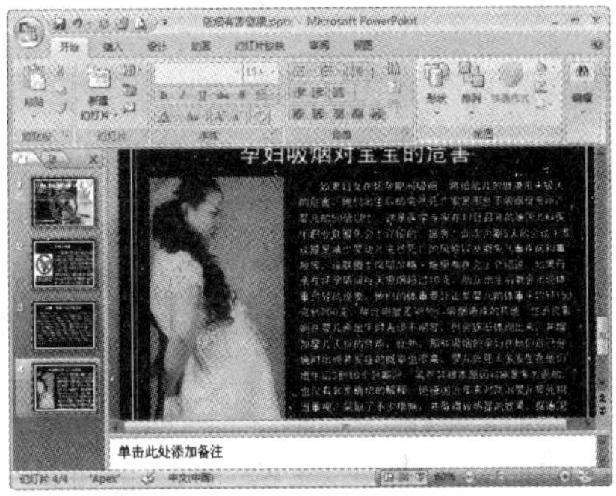

图 6.7.16　制作其他两张幻灯片

（25）切换到第一张幻灯片。选中第一张图片，在“动画”选项卡中的“动画”选项区中单击 自定义动画 按钮，打开“自定义动画”任务窗格。

（26）选择 添加效果 → 进入(E) → 其他效果(M)... 命令，在弹出的“添加进入效果”对话框中选择“渐入动画”选项。

（27）重复步骤（25）～（26）的操作步骤，为幻灯片中的其他图片以及文本添加动画效果，如图 6.7.17 所示。

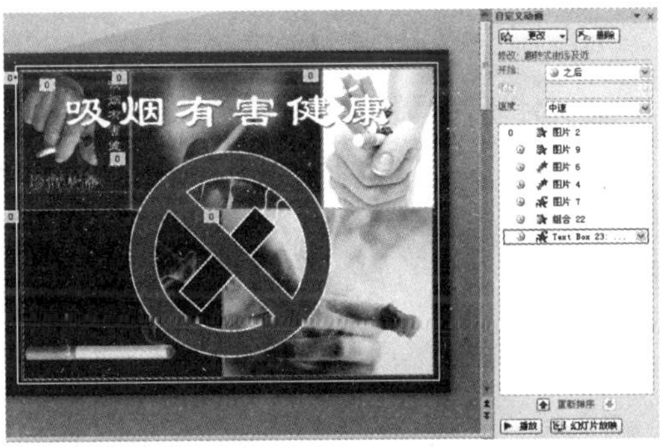

图 6.7.17　添加动画效果

（28）重复步骤（25）～（27）的操作，为其他 3 张幻灯片中的图片及文字添加动画效果。

（29）在“动画”选项卡中的“切换到此幻灯片”选项区中单击按钮，在弹出的下拉列表中选择“新闻快报”选项。在“切换声音”下拉列表中选择“照相机”选项，在“切换速度”下拉列表中选择“中速”选项。

（30）单击 全部应用 按钮，将设置的切换效果应用到所有幻灯片中。

至此，该幻灯片已制作完成，效果如图 6.7.1 所示。

小　　结

本章主要讲述了制作与设置幻灯片、丰富幻灯片的内容、美化幻灯片以及幻灯片放映等内容，通过本章的学习，使读者能够制作出具有专业水准的幻灯片，使幻灯片的放映更具有观赏性。

过关练习六

一、填空题

1．幻灯片的视图方式主要有_________、_________、_________和_________。

2．母版分为________母版、备注母版和________母版 3 种，在其中可以定义整个演示文稿幻灯片的________，设置演示文稿的________。

3．放映幻灯片时，按可_________快捷键。

4．在幻灯片浏览视图中，可在选择了第一张幻灯片后，按住________键的同时，单击最后一张幻灯片以选择多张连续的幻灯片。

5．在放映幻灯片的过程中，按________可退出幻灯片放映。

二、选择题

1．在大纲视图中，演示文稿以大纲形式显示，大纲由每张幻灯片的标题和（　）组成。

A．段落　　B．提纲　　C．中心内容　　D．副标题

2．如果在空白幻灯片中输入文本，就要（　）。

A．添加占位符　　B．添加文本框　　C．添加图文框　　D．直接输入文字

3．在幻灯片浏览视图中，可在选择了第一张幻灯片后，按住（　）键的同时，单击多张幻灯片以选择多张不连续的幻灯片。

A．Ctrl　　B．Alt　　C．Tab　　D．Shift

4．要更改所有幻灯片上的标题和文本的格式与类型，应（　）。

A．更改幻灯片的设计模板　　B．更改幻灯片的母版

C．更改幻灯片的幻灯片版式　　D．逐一更改每张幻灯片的文本格式与类型

5．下列（　）在 PowerPoint 2007 的“声音”列表中不能设置。

A．文件中的声音　　B．录制声音

C．播放 CD 乐曲　　D．录制旁白

三、简答题

1．新建演示文稿有哪几种方法？

2．怎样向幻灯片中输入文本和插入媒体文件？

3．幻灯片母版的作用是什么？在 PowerPoint 2007 中有哪几种类型的母版？

4．怎样设置排练计时幻灯片放映？

5．如何设计幻灯片的动画效果？

四、上机操作题

利用 PowerPoint 2007 中的相册功能，创建一本相册。要求：

（1）新建一张幻灯片，选择“诗情画意”的模板并设计配色方案。

（2）为幻灯片的标题文本添加动画效果，设置动画效果为“强调”选项中的“彩色波纹”效果。

（3）设置幻灯片之间的切换效果为“随机”且在每个动画播放完之后，自动播放下一个动画。

第 7 章　计算机网络与 Internet

随着计算机技术的迅猛发展，计算机逐渐渗透到各个技术领域和整个社会的各个方面。社会的信息化、数据的分布处理、各种计算机资源的共享等各种应用要求都促使计算机技术与通信紧密结合。Internet 的产生符合了现代人们对计算机技术的要求。目前，Internet 的范围已经扩展到了生活、娱乐、新闻、通信、投资理财，甚至于军事、外交等各个方面，与人们的工作、学习和生活密切相关。

本章重点

（1）计算机网络基础知识。

（2）Internet 的基本概念。

（3）使用 IE 浏览器。

（4）收发电子邮件。

7.1　计算机网络基础知识

了解计算机网络的基本概念、分类、基本组成以及计算机局域网操作系统，学会连接局域网并学会共享和使用局域网资源。

7.1.1　网络的基本概念

计算机网络是一个利用外围通信设备和线路将不同地理位置、功能独立的多台计算机互相连接起来，实现各台计算机之间信息的互相交换，从而实现计算机资源共享的综合系统。

1．计算机网络的分类

按照网络覆盖地理范围的大小，将计算机网络分为局域网、城域网和广域网。

局域网（Local Area Network，LAN）是覆盖地理范围较小的通信网络。它常利用电缆线将个人计算机和办公设备相互连接起来，以实现用户之间相互通信、共享资源及访问其他网络和远程主机。

城域网（Metropolitan Area Network，MAN）可以覆盖相距不远的几栋办公楼，也可以覆盖一个城市；既可以是专用网，也可以是公用网，所采用的技术基本上与局域网相似。城域网既可以支持数据和语音传输，也可以与有线电视相连。

广域网（Wide Area Network，WAN）是覆盖地理范围广阔的数据通信网络。它利用电话线、高速电缆、光缆和微波天线等将远距离的计算机相互连接起来以实现数据传输，是一种跨越地区及国家的遍布全球的计算机网络。

按照网络拓扑结构来分，可以将其分为总线型、星型、环型、树型和混合型等。其中总线型、星型、环型是比较常见的拓扑结构，图 7.1.1 和图 7.1.2 所示的分别为总线型网络和星型网络。

按照网络的传输介质划分，可分为双绞线网、光纤网、无线网等。

按网络数据传输速率划分，可分为宽带网和窄带网。

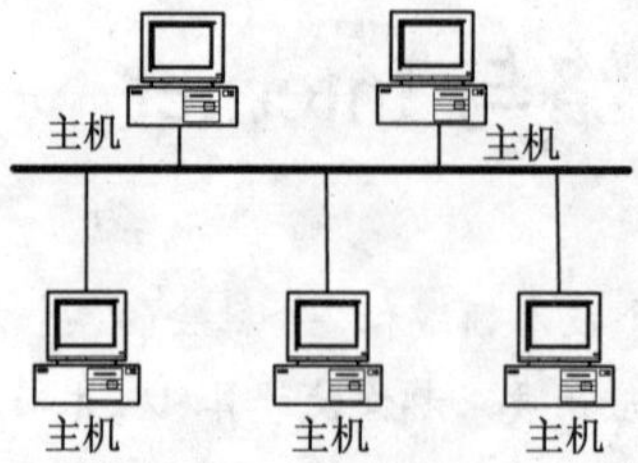

图 7.1.1 总线型网络

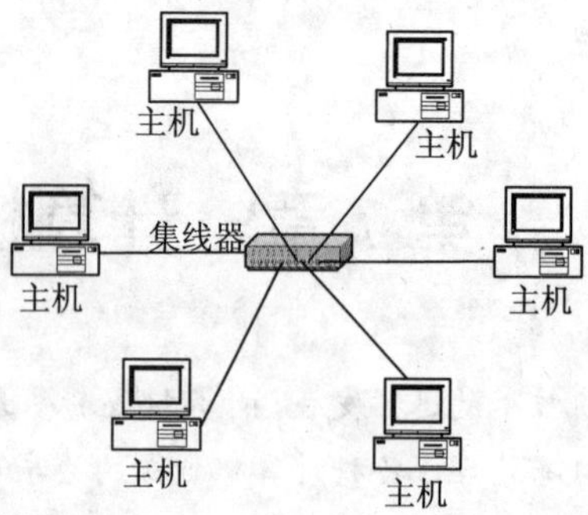

图 7.1.2 星型网络

2. 计算机网络的基本组成

计算机网络包括了计算机硬件、软件、网络体系结构以及通信技术等。

计算机网络是由若干个计算机（服务器、客户机）及各种通信设备通过高速通信线路连接组成。

（1）服务器。服务器是一台高性能的计算机，用于网络管理、运行应用程序、处理各个网络工作站的信息请求等，并连接一些外部设备。服务器为网络提供共享资源，根据其作用的不同分为文件服务器、应用程序服务器、通信服务器和数据库服务器等。

（2）客户机。客户机也称工作站，连入网络中由服务器进行管理和提供服务的计算机都属于客户机，其性能一般低于服务器。客户机是网络用户直接处理信息和事务的计算机。

（3）网络适配器。网络适配器也称网卡，用于将用户计算机与网络相连接。

（4）网络电缆。网络电缆用于网络设备之间的通信连接，常用的网络电缆有双绞线、细同轴电缆、粗同轴电缆、光缆等。

（5）网络操作系统。网络操作系统是用于管理网络的软件。常用的网络操作系统有：UNIX 系统、PC UNIX 系统、Novell Netware、Windows NT、Apple Macintosh 等。

UNIX 因其有强大的通信和管理功能以及可靠的安全性等特点，占领了大型系统市场。

Windows NT 则利用它优势的价格、友好的用户界面、简易的操作方式和丰富的软件等特性，在小型系统市场竞争中脱颖而出。Windows NT 有较好的扩展性、优良的兼容性，易于管理和维护，通常小型网络系统平台均选用它。

（6）协议。协议是网络设备之间进行互相通信的语言和规范。

（7）客户软件和服务软件。客户机上使用的应用软件统称为客户软件，它用于应用和获取网络上的共享资源。用在服务器上的服务软件则使网络用户可以获取这种服务。

3. 连接网络

启动 Windows 后桌面有两个与网络有关的图标，“网上邻居”图标和“Internet Exporer”浏览器图标，用鼠标右键双击图标可以进入不同的网络。

（1）“网上邻居”图标：双击打开“网上邻居”，会出现与你相连的附近的计算机的名称。打开它们，可以复制这些计算机上共享的文件和其他信息。

（2）“Internet Explorer”图标：双击打开“Internet Explorer”，可以连上 Internet，可以跟世界各地的计算机进行联系和资源共享。

7.1.2 连接建立局域网

局域网一般由以下五部分组成：网络服务器、工作站（普通 PC 机）、网络适配器（网卡）、传输介质和网络操作系统。

1. 网卡驱动的安装

在安装 Windows 2000 时，操作系统将检测网卡，创建局域网连接，并在“控制面板”的“网络和拨号连接”中创建“本地连接”，同时局域网连接自动启动。

2. 网络协议的安装

（1）在“网上邻居”图标上单击鼠标右键，选择 属性(R) 命令，打开“网络和拨号连接”窗口。

（2）在“本地连接”上单击鼠标右键，选择“属性”选项，打开“本地连接属性”对话框，如图 7.1.3 所示。

下面是加载到该网卡上的各种服务和协议，默认的情况下，系统自动加载“Microsoft 网络客户端”、“网络文件和打印机共享”、“NetBEUI 协议”和“TCP/IP 协议”。

“TCP/IP”协议现在已成为 Internet 的标准协议。如果要访问局域网中的计算机，或者通过局域网访问 Internet，或者使用 Modem 拨号连接 Internet，就要加载该协议。

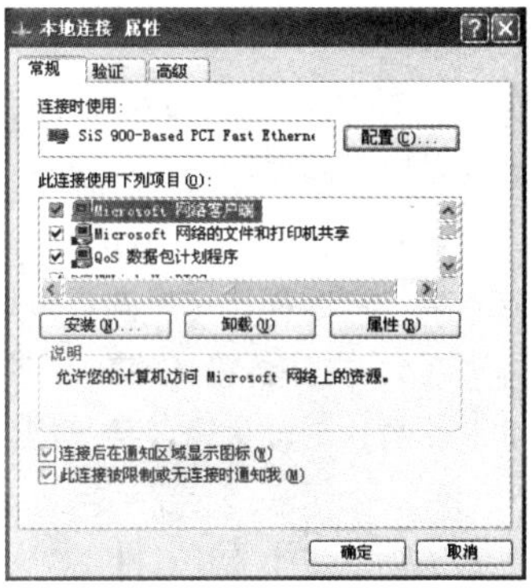

图 7.1.3 “本地连接属性”对话框

3. 设置局域网共享资源和查找使用局域网共享资源

建立局域网后，服务器和用户可以把一些资源通过网络提供给其他用户共享，可以共享的资源包括打印机、硬盘、光驱、软驱和文件夹等。共享这些网络资源的操作步骤如下：

（1）用鼠标右键单击要共享的文件夹图标，在快捷菜单中选择“共享”选项，打开该文件夹属性对话框。

（2）单击“共享该文件夹”单选按钮，在“共享名”文本框中输入该文件夹的共享名，选“权限”中的“根据密码访问”，输入指定密码，单击“确定”按钮。

（3）在桌面上双击“网上邻居”图标，打开“网上邻居”窗口，窗口中列出了当前网络上正在工作的同一工作组中的所有用户。

如果显示其他工作组的用户，可双击“整个网络”图标，并选择相应的工作组，双击用户图标，可以看到该用户向网络提供的共享文件夹。

（4）在“网上邻居”窗口中双击用户图标，可以看到该用户向网络提供的共享文件夹，找到共享的“共享”文件夹，进行查看、复制操作。

7.2 Internet 的基本概念

Internet 的音译名为“因特网”，人们也常称其为“互联网”或者是“国际互联网”。Internet 是目前世界上最大的信息网络，有人把它称为“网络中的网络”，但它不是一个具体的网络，是众多网络互相通过一定的协议（TCP/IP 协议）连接而成的一个网络集合。

7.2.1 Internet 的服务

Internet 之所以得到广泛的应用，是因为它提供了大量的服务，如万维网（WWW）服务、电子邮件（E-mail）服务、电子公告板（BBS）服务、文件传输（FTP）服务、新闻组（Usenet）服务、远程登录（Telnet）服务、信息查询工具（Gopher）等。这些服务为人们之间的信息交流带来了极大的便利，下面对主要的服务项目做以介绍。

（1）万维网（WWW）。万维网是全世界性的互联网的多媒体子网，是 Internet 上发展最快的一部分，也是最受欢迎的一种信息服务形式。万维网站点地址前都有“http//”字样，它遵循超文本传输协议（HTTP），通过超文本及超媒体技术将 Internet 上的信息集合起来，使用户可以通过“超级链接”快速访问。即使用户对网络不熟悉，也可以使用 WWW 浏览器（如 Internet Explorer）漫游 Internet，从中获取信息。

（2）电子邮件（E-mail）。E-mail 的使用很普及，是由于它可以使用户在任何时间、地点撰写、收发、读取、回复及转发邮件等。用户可以通过 Internet Explorer 中的电子邮件收发器 Outlook Express 来收发电子邮件。

（3）远程登录（Telnet）。远程登录作为 Internet 上最早的一种服务，使用户使用的个人计算机成为某一台远程计算机的虚拟终端，用户所有的操作都要通过远程主机处理后才反馈给用户。

（4）文件传输（FTP）。使用文件传输这种服务可以将一台计算机上的文件传送到另外一台计算机上。FTP 可以传输各种类型的文件。

7.2.2 下载文件

进入 FTP 服务器后，用鼠标右键单击某文件或文件夹，系统弹出快捷菜单，单击“复制到文件夹”选项，打开文件夹对话框，选择本地机的文件夹，单击“确定”按钮，IE 就开始下载 FTP 上的文件，下载时出现一个对话框以显示下载速度。

用浏览器下载文件具有使用简单、操作方便的特点，但也有如下缺点：

（1）不安全。如果文件下载的过程中突然断线，那么你可能要从头再来，而且文件传输过程中的各种错误也无法控制，所以一般不用此方法下载大文件。

（2）传输速度慢。因为浏览器是单线程的下载，没有充分利用网络的带宽。

（3）文件管理功能差。文件下载后，只能知道文件的格式、大小、时间等基本信息，对于下载文件的来源、软件的作用、类别等无法知晓。

针对浏览器下载文件存在的缺陷，程序员开发了专门下载的工具，常见的有 NetAnts（网络蚂蚁）、FlashGet（网际快车）、CuteFTP 等。专门的下载工具大多支持断点续传，采用多线程传输，有强大的文件管理功能，能批量下载文件，可设立计划任务表，因此，下载功能显得非常强大，大多数网民都采用这种方式来下载文件。

7.2.3 IE 浏览器

IE 是 Internet 上最流行的一个 WWW 浏览器。万维网 WWW（World Wide Web）是一个基于超文本方式的信息检索工具。它将文本、图形、文件和其他Internet上的资源紧密地联系起来，用户只要操作鼠标就可以从其他地方调来所需的信息，使用IE浏览器可使用户访问Internet上的资源更加方便、快捷。

7.2.4 使用ADSL上网

与Internet连接有三种基本方式，即拨号上网、专线连接上网和通过局域网上网，另外还有ISDN、ADSL等，在此只讲解ADSL上网方式。

ADSL（Asymmetric Digital Subscriber Line，非对称数字用户环路）是目前使用最多的一种上网方式，其最大的优点是网速快，而且价格相对较低。使用ADSL上网时，用户也需要到当地的电信局去办理ADSL业务。

1. 使用ADSL上网的连接方式

使用ADSL连接Internet的方式有两种：虚拟拨号和ADSL专线接入。

（1）虚拟拨号。所谓虚拟拨号是指用户在使用ADSL接入Internet时同样需要输入用户名和密码，但和拨号上网不同的是，ADSL连接的是虚拟专用网的IP地址。当进行虚拟拨号时，在ADSL的数字线路上使用PPPoE（PPP over Ethernet）协议来检验用户输入的用户名和密码，检验正确后就建立一条高速的数字通道，并为用户的计算机分配一个动态的IP地址。

（2）ADSL专线接入。ADSL专线接入是采用一种类似于专线的接入方式。使用ADSL专线上网时，用户端和服务器端都安装有数据分离设备，能够自动完成数据的合并和分离。因此，在一条线上可以同时传输语音和数据。当用户连接好硬件设备、配置好ADSL调制解调器并设置好TCP/IP协议和网络参数后即可自动连接上网。

2. 安装ADSL设备

使用ADSL上网前，也需要安装专用的硬件设备。包括网卡、ADSL信号分离器、ADSL调制解调器、双绞线、一根用来连接ADSL信号分离器和ADSL调制解调器的M线、一根用来连接ADSL信号分离器和电话机的P线等。

安装网卡的过程非常简单，只要将网卡插入到主板上的PCI插槽中并固定好即可。

连接其他ADSL设备的过程如下：

（1）将电话线从电话上拔下来，然后插入到ADSL分离器的Line端口上。

（2）将M线的一端插入到ADSL分离器上标注有Modem的端口，另一端插入到ADSL分离器的Phone端口上。

（3）将P线的一端插入ADSL信号分离器的Phone端口，另一端连接电话。

（4）将双绞线的一端插入到ADSL调制解调器上的Ethernet端口上，另一端插入网卡接口上。

（5）连接好ADSL调制解调器的电源线即可。

3. 安装网卡驱动

安装好网卡硬件设备后，还需要安装其驱动程序才能使其发挥作用。安装网卡驱动程序的操作步骤如下：

（1）打开“控制面板”窗口，双击 添加硬件 图标，打开如图7.2.1所示的**添加硬件向导**界面。

（2）单击 下一步(N) > 按钮，打开如图 7.2.2 所示的界面，选中 是，我已经连接了此硬件(Y) 单选按钮，继续安装。

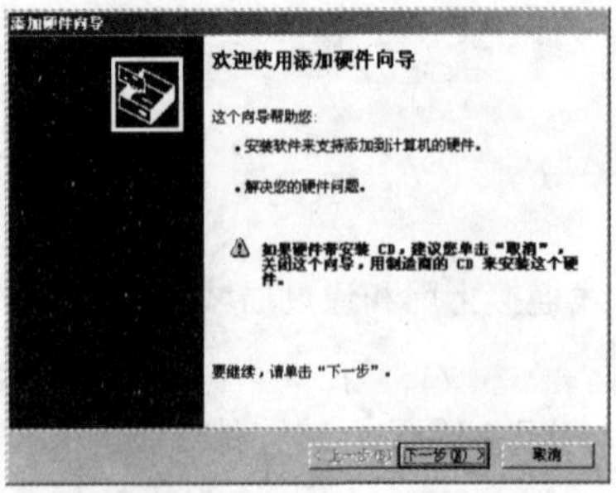

图 7.2.1 “添加硬件向导”界面（一）

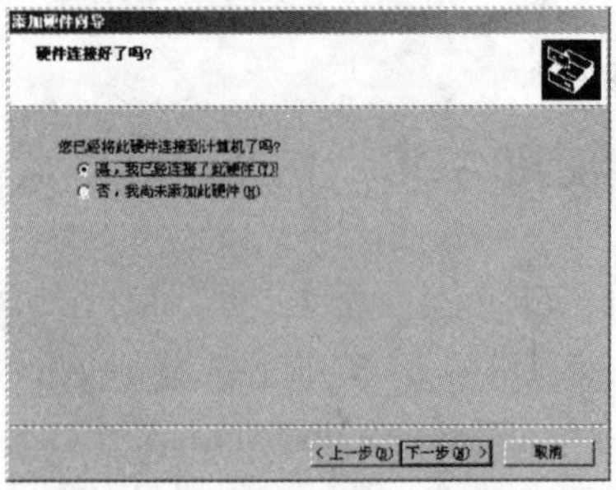

图 7.2.2 “添加硬件向导”界面（二）

（3）单击 下一步(N) > 按钮，打开如图 7.2.3 所示的界面，选择 已安装的硬件(N): 文本框中的 添加新的硬件设备 选项。

（4）单击 下一步(N) > 按钮，打开如图 7.2.4 所示的界面，选中其中的 安装我手动从列表选择的硬件(高级)(M) 单选按钮。

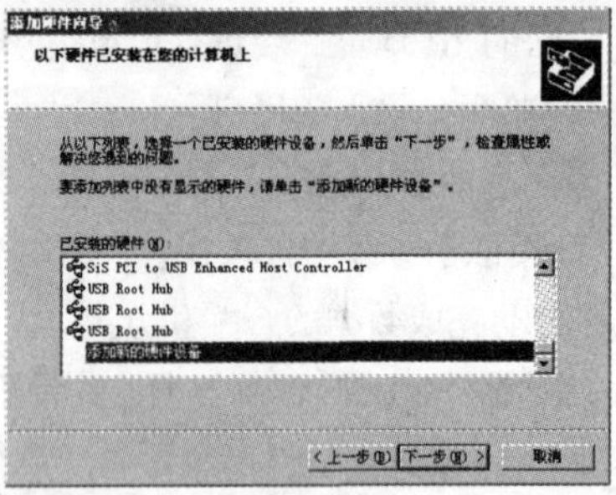

图 7.2.3 “添加硬件向导”界面（三）

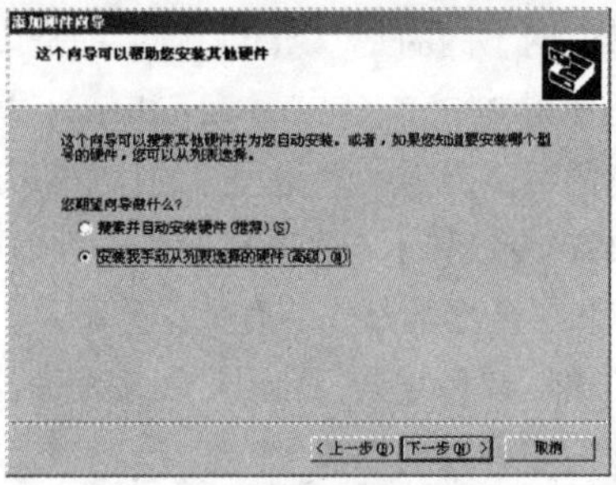

图 7.2.4 “添加硬件向导”界面（四）

（5）单击 下一步(N) > 按钮，打开如图 7.2.5 所示的界面，选择 常见硬件类型(H): 文本框中的 网络适配器 选项。

（6）单击 下一步(N) > 按钮，打开如图 7.2.6 所示的界面，从列表中选择所选用的网卡的厂商和类型，然后单击 下一步(N) > 按钮进行安装，安装完成后在打开的界面中单击 确定 按钮即可。

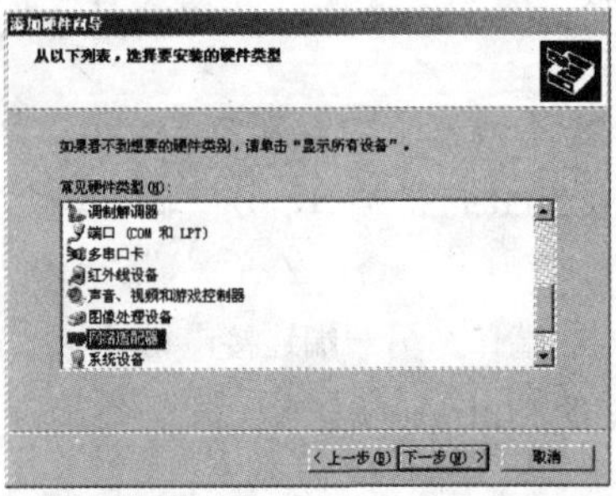

图 7.2.5 添加硬件向导界面（五）

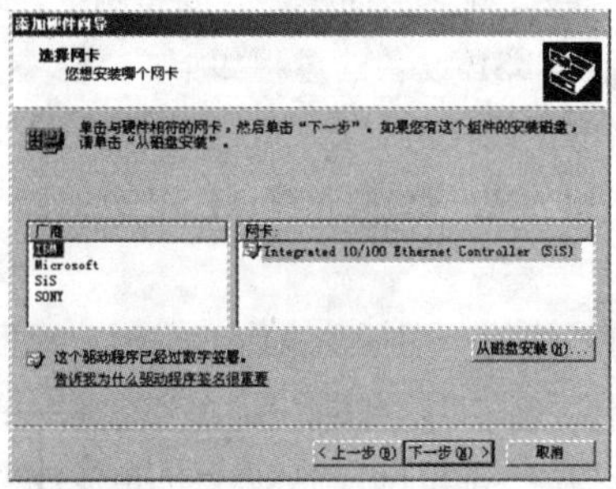

图 7.2.6 添加硬件向导界面（六）

如果列表框中没有相匹配的网卡类型，单击 从磁盘安装(H)... 按钮，打开如图 7.2.7 所示的界面，然后将网卡的驱动盘插入驱动器，单击 确定 按钮，安装完成后单击 确定 按钮。

4．在 Windows XP 中建立网络连接

和拨号上网时需要建立网络连接相同，在使用 ADSL 上网时，同样需要建立网络连接。在

Windows XP 中建立网络连接的具体过程如下：

（1）选择 开始 → 所有程序(P) → 附件 → 通讯 → 新建连接向导 命令，打开 **新建连接向导** 界面，如图 7.2.8 所示。

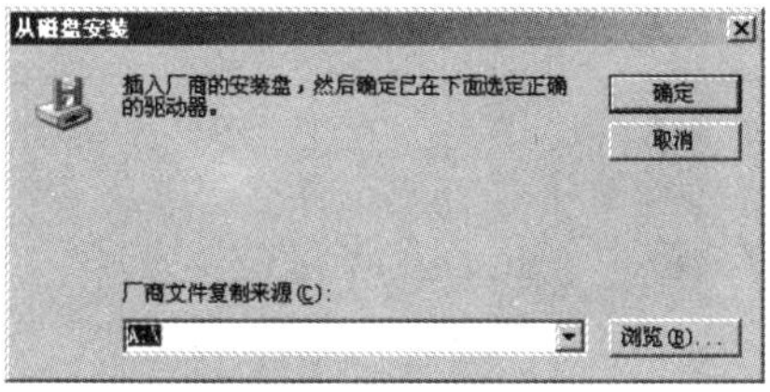

图 7.2.7　从磁盘安装

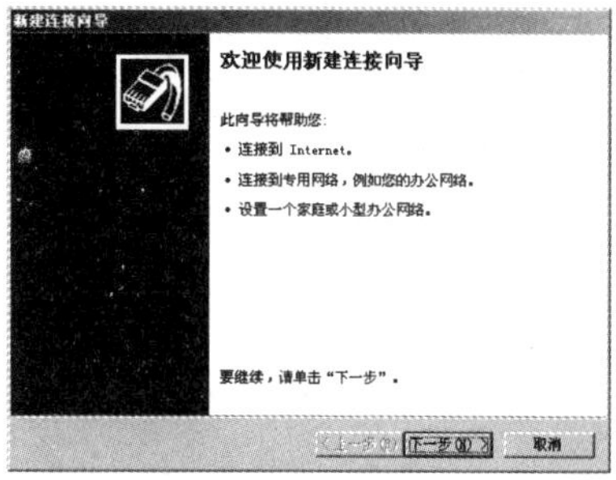

图 7.2.8　新建连接向导

（2）单击 下一步(N) > 按钮，打开如图 7.2.9 所示的选择网络连接类型界面，在此保持默认状态，即选中 **连接到 Internet(C)** 单选按钮。

（3）单击 下一步(N) > 按钮，打开如图 7.2.10 所示的界面，选中 **手动设置我的连接(M)** 单选按钮。

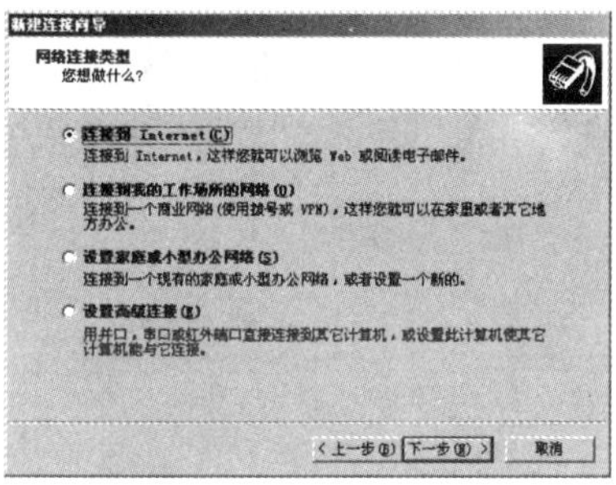

图 7.2.9　选择网络连接类型

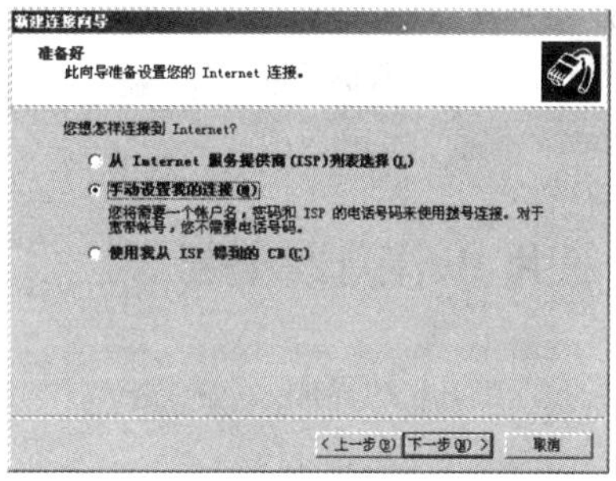

图 7.2.10　设置手动连接

（4）单击 下一步(N) > 按钮，打开如图 7.2.11 所示的界面，选中 **用要求用户名和密码的宽带连接来连接(U)** 单选按钮。

（5）单击 下一步(N) > 按钮，打开如图 7.2.12 所示的界面，在 ISP 名称(A) 下面的文本框中输入“ADSL”。

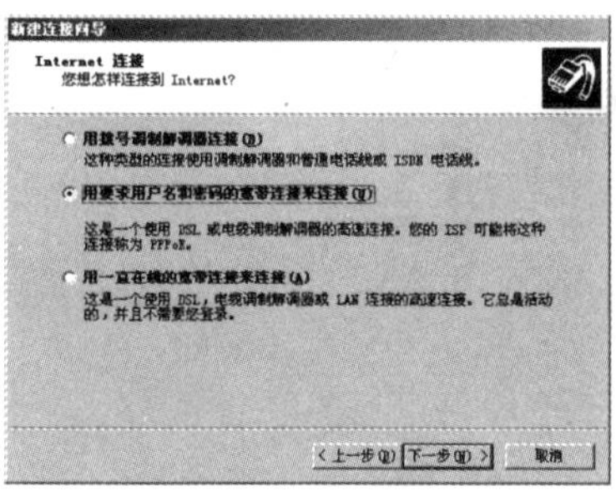

图 7.2.11　接入 Internet 的方式

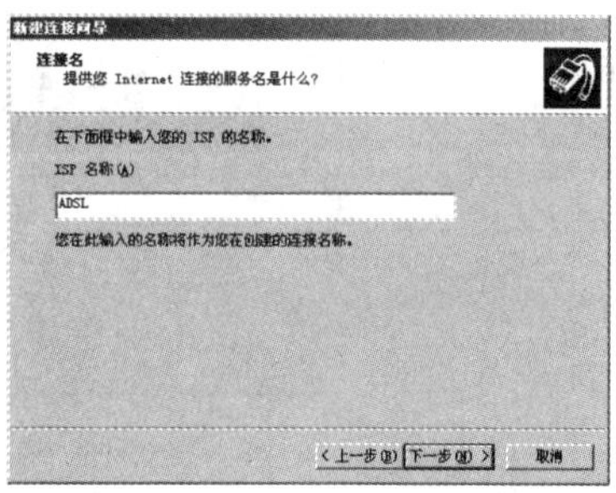

图 7.2.12　输入 ISP 名称

（6）单击 下一步(N) > 按钮，打开如图 7.2.13 所示的 **Internet 帐户信息** 界面，输入用户名和密码。

（7）单击 下一步(N) > 按钮，打开如图 7.2.14 所示的界面，选中 ☑ 在我的桌面上添加一个到此连接的快捷方式(S) 复选框。

（8）单击 完成 按钮，完成 Internet 连接的建立。

这时，只要双击网络连接在桌面上的快捷图标，在打开的对话框中输入相关参数并拨号，即可实现 ADSL 上网。

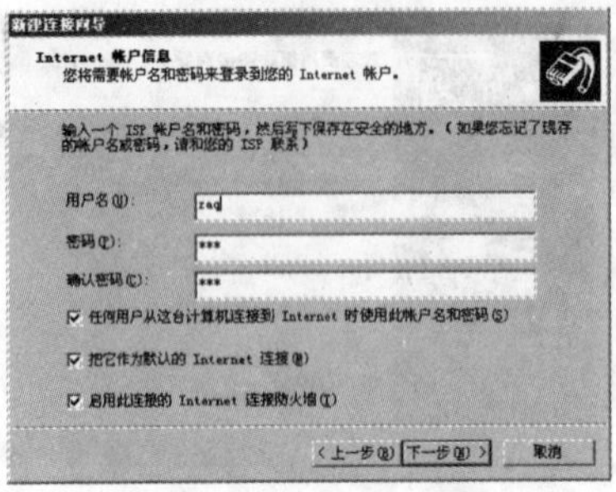

图 7.2.13　Internet 账户信息

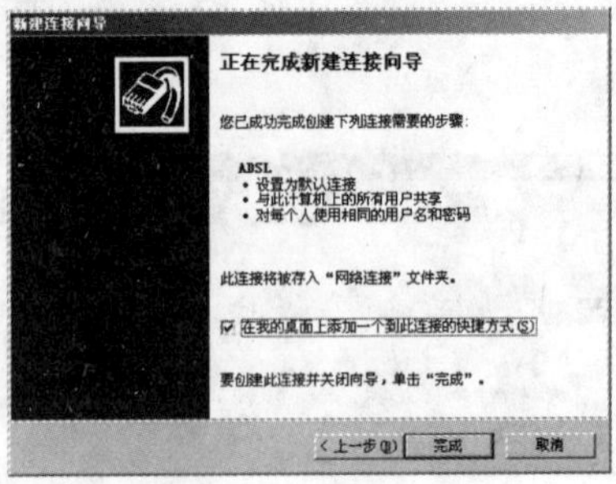

图 7.2.14　Internet 连接建立完成

7.3　使用 IE 浏览器

使用 Windows XP 内置的 Internet Explorer 6.0（简称 IE 6.0），可以很方便地帮助用户从 Internet 上获取各种类型的信息。

7.3.1　使用 IE 浏览器上网

下面主要介绍 IE 6.0 的界面及使用 IE 6.0 浏览网页、查找网页、保存网页、脱机浏览等。

1. IE 6.0 的界面

双击任务栏中 IE 的快速启动图标，或选择 开始 → Internet Explorer 命令，打开如图 7.3.1 所示的 IE 6.0 界面。

图 7.3.1　IE 6.0 界面

IE 6.0 界面是 Windows XP 的一个标准界面，主要由标题栏、菜单栏、工具栏、地址栏、状态栏等组成。

（1）标题栏。标题栏位于界面的顶行，标明正在浏览的网页标题。

（2）菜单栏。菜单栏位于标题栏的下方，它包含 IE 所有的命令，单击其中任意一个菜单项即可弹出相应的下拉菜单。用户可以根据需要选择菜单命令。

（3）工具栏。工具栏位于菜单栏的下方，它包含了常用的功能按钮，如后退、前进、停止、刷新等，用户单击按钮即可实现相应的功能。

（4）地址栏。地址栏位于工具栏的下方，用户可以在此输入网页的地址，单击地址栏右边向下的箭头可弹出最近查看过的网页地址。

（5）状态栏。状态栏位于 IE 界面的最底部，它显示当前的工作状态，连接网页时显示进度条。

（6）浏览区。位于地址栏和状态栏之间的区域是界面的浏览区，在此可以显示网页的内容。

（7）滚动条。滚动条分为水平滚动条和垂直滚动条。水平滚动条位于“浏览区”的底端，垂直滚动条位于“浏览区”的右侧，使用滚动条可以查看未显示完整的网页内容。

2．浏览网页

启动 IE 6.0 后，就可以打开任意一个网页（见图 7.3.1）。从中可以看到许多彩色文本、图片和一些动画，因为它们都设置了超链接，单击其中任意一个，都可链接到其他的网页。

（1）地址栏的使用。单击网页中的超链接，可以链接到其他的网页，如果一直单击，网页会层层显示，但这样比较浪费时间，为了节省时间，如果用户已经知道某些网址或网站，就可以在地址栏中输入网址，进行有目的的浏览。

在地址栏中输入一个网址，单击“转到”按钮 转到 或按回车键，即可打开该网站的主页。

（2）切换网页。切换网页通常有下面三种方法：

1）刷新。用户在打开网页时，有时会出现网页没有完整显示或网页被停止的情况，这时，单击 IE 工具栏中的“刷新”按钮，可以重新打开该网页。

2）使用“前进”和“后退”按钮。使用“前进”和“后退”按钮可连接到最近访问过的网页。单击 IE 工具栏中的“后退”按钮 后退，可查看刚刚访问的最后一页。

3）使用“停止”按钮。打开网页时，如果网页打开速度较慢或者发现不是自己所要浏览的网页时，单击 IE 工具栏中的“停止”按钮，可停止正在打开的网页。

3．查找网页

（1）在当前网页中查找信息。用户要在当前网页中查找信息，具体操作步骤如下：

1）选择 编辑(E) → 查找(在当前页)(F)... Ctrl+F 命令，弹出如图 7.3.2 所示的 查找 对话框。

2）在“查找内容”文本框中输入要查找的关键字。

3）单击 查找下一个(F) 按钮，光标即停在第一个找到的关键字上。

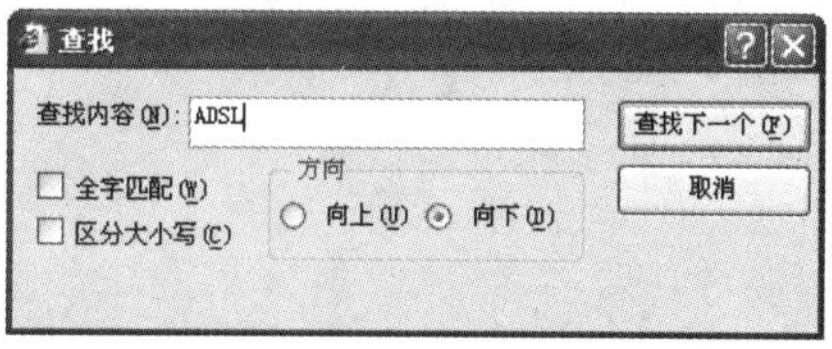

图 7.3.2　“查找”对话框

（2）查找网页。在 Internet 上查找网页，可通过下面的方法完成：

1）选择 查看(V) → 浏览器栏(E) → 搜索(S) Ctrl+E 命令，或者使用“搜索”按钮 搜索，可打开“搜索”任务窗格，如图 7.3.3 所示。

2）在“请选择您要搜索的内容”选项中，选中需要的单选按钮，然后在“请输入查询关键词”文本框中输入您要查找的网站或者是相关的关键词，如输入“sohu.com”，单击 搜索 按钮即可打开相应的网页，如图 7.3.4 所示。

用户还可以通过单击工具栏中的“历史”按钮，来查找几天前或几周前访问过的网页站点链接。

找到所需的历史记录快捷方式后，单击该快捷方式图标即可查看访问过的历史记录。

图 7.3.3 “搜索”任务窗格

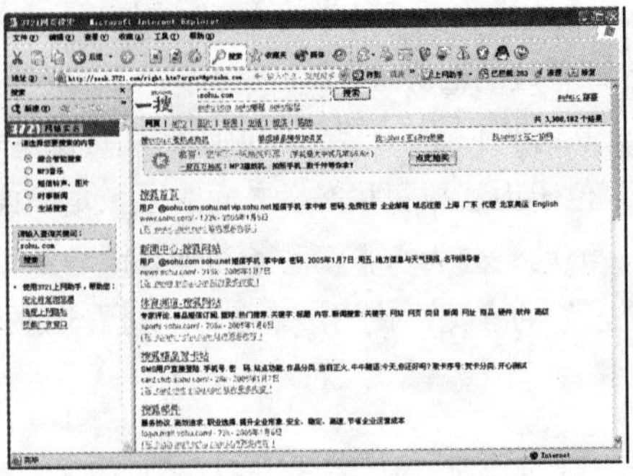

图 7.3.4 使用“搜索”打开的网页

4．保存网页

保存网页的具体操作步骤如下：

（1）使用 IE 6.0 打开要保存的网页，选择 文件(F) → 另存为(A)... 命令，弹出 **保存网页** 对话框。

（2）在 文件名(N): 下拉列表框中输入网页的名称；在 保存类型(T): 下拉列表框中选择要保存网页的类型。用户可以将网页保存为以下 4 种类型：

1）网页，全部（*.htm；*.html）。该类型可以保存网页包含的所有信息。

2）Web 档案，单一文件（*.mht）。该类型只保存网页中的可视信息。

3）网页，仅 HTML（*.htm；*.mhtl）。该类型只保存当前网页中的文字、表格、颜色、链接等信息，而不保存图像、声音或其他文件。

4）文本文件（*.txt）。该类型可将网页保存为文本文件。

5．收藏网页

浏览网页时，可以将喜欢的网页用收藏夹收藏起来，以后再打开该网页时，只要单击收藏夹中的链接即可。

（1）收藏网页。使用收藏夹收藏网页的具体操作步骤如下：

1）使用 IE 6.0 打开要收藏的网页。

2）单击工具栏中的 收藏夹 按钮，即可打开“收藏夹”面板，如图 7.3.5 所示。单击 添加... 按钮，弹出 **添加到收藏夹** 对话框，如图 7.3.6 所示。

图 7.3.5 “收藏夹”面板

图 7.3.6 “添加到收藏夹”对话框

3）单击 创建到(C) >> 按钮，即可弹出创建到列表框，用户可在该列表框中选择一个收藏网页的文件夹。

4）在“名称”文本框中输入网页的名称，单击 确定 按钮即可。

（2）整理收藏夹。在 IE 6.0 中，如果用户收藏了多个网页，就需要对收藏夹进行整理，以便于快速查找。整理收藏夹的具体操作步骤如下：

1）在“收藏夹”面板中单击 整理... 按钮，弹出 整理收藏夹 对话框，如图 7.3.7 所示。

2）单击 创建文件夹(C) 按钮，即可创建一个文件夹，并为其设置合适的名称。

3）在网页列表框中选择要移动的网页对应的图标，单击 移至文件夹(M)... 按钮，弹出 浏览文件夹 对话框，如图 7.3.8 所示。

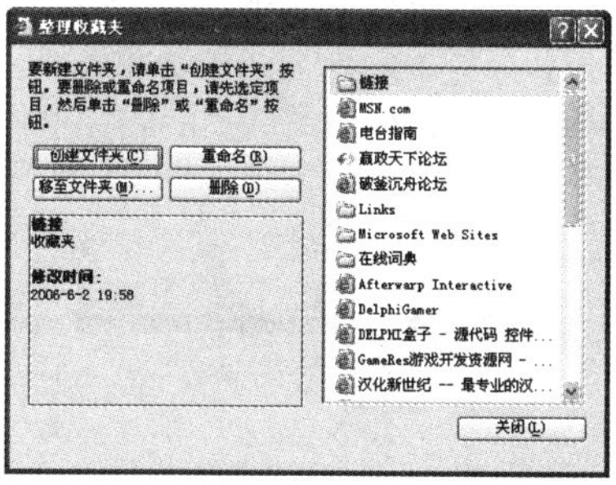

图 7.3.7　“整理收藏夹”对话框

图 7.3.8　“浏览文件夹”对话框

4）在该对话框中选择合适的文件夹，单击 确定 按钮，即可将选中的网页移至该文件夹中。

5）如果要删除收藏夹中的某个网页，将其选中后单击 删除(D) 按钮即可。

6. 使用历史记录栏

历史记录栏中存放着曾经浏览过的网页，如果用户想要再次浏览该网页，可通过历史记录直接打开。其具体操作步骤如下：

（1）在 IE 浏览器窗口中单击“历史”按钮，即可弹出“历史记录”面板，如图 7.3.9 所示。

（2）单击 查看(W) 按钮，弹出其下拉菜单，如图 7.3.10 所示。用户可选择相应的命令，按日期、站点、访问次数及当天的访问顺序查看访问过的网页。

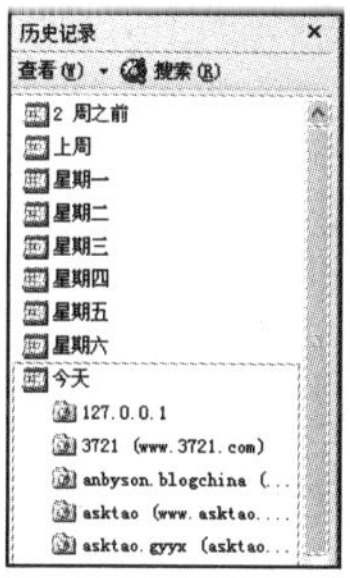

图 7.3.9　“历史记录”面板

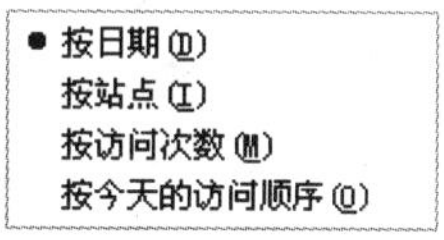

图 7.3.10　“查看”下拉菜单

（3）找到要打开的网页后，单击鼠标即可将其打开。

7.3.2　IE 搜索功能的应用

在介绍 IE 搜索功能前，先介绍搜索引擎的概念及搜索信息的分类等。

1. 搜索引擎的概念

随着 Internet 的飞速发展，网上的信息越来越多，如果只是通过在网上浏览来获取有价值的信息是比较困难的，为了满足广大用户信息检索的需求，便产生了搜索网站。由专业网站提供的搜索工具，称为“搜索引擎”。目前常用的专业搜索引擎包括百度、Google、一搜、网易等，不同搜索引擎的查询方法略有不同。

搜索引擎的启动很简单，单击工具栏中的“搜索”按钮，可在浏览器窗口的左侧出现“搜索”任务窗格，如图 7.3.11 所示。

2. 搜索信息

搜索引擎是最重要的网络应用之一，利用它可以帮助用户在 Internet 上快速、准确地查找到所需的信息。搜索引擎也是一类网站，它具备关键字查询和分类主题查询两种功能。

（1）直接搜索信息。在搜索文本框中输入要查找信息的关键字，就可查找到需要的信息。具体操作步骤如下：

1）打开 Google 搜索引擎，如图 7.3.12 所示。

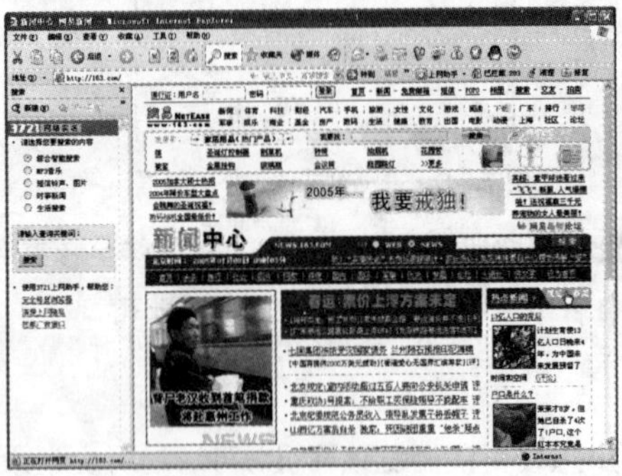

图 7.3.11　启动“搜索引擎”

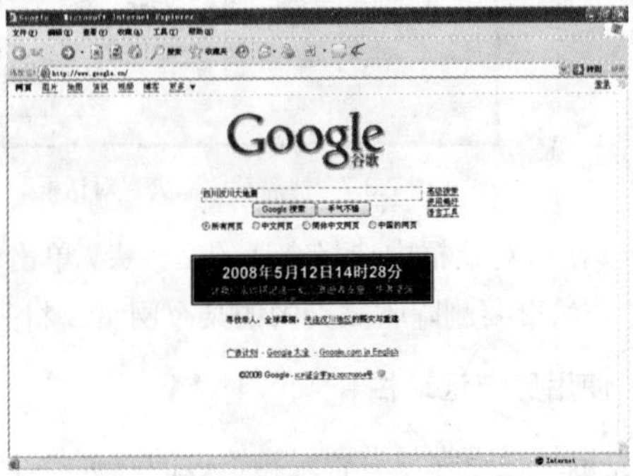

图 7.3.12　Google 搜索引擎

2）在图中文本框内输入“四川汶川大地震”关键字，选中 ◉搜索所有网站 单选按钮，然后单击 Google搜索 按钮。

3）如果需要更详细的信息，在文本框中输入内容，继续搜索即可。

（2）分类搜索，分类搜索不需要在文本框中输入内容，按照网站提供的分类说明单击进入即可。

7.4　收发电子邮件

电子邮件是随着计算机网络技术的发展而出现的一种崭新的通信手段。其中 Outlook Express 6.0 是当前常用的一个电子邮件收发软件，它与 Internet Explorer 6.0 集成在一起，安装 IE 6.0 浏览器时，Outlook Express 6.0 也会被自动安装。

Outlook Express 6.0 不仅方便易用、界面友好，且功能强大。它可以管理多个电子邮件和新闻组账户；在服务器上保存邮件以便在多台计算机上查看；使用通讯簿存储和检索电子邮件地址；在邮件中添加个人签名或信纸、发送和接收安全邮件等。

用户使用 Outlook Express 6.0 可以接收邮件、阅读邮件、回复邮件、管理邮件等。

1. 接收邮件

在打开的 Outlook Express 6.0 窗口中单击“发送和接收”按钮，Outlook Express 6.0 验证用

户的身份并且接收新的邮件，打开如图 7.4.1 所示的“接收新邮件”窗口。

在该窗口中提示有两封未读的邮件，说明有新的邮件，否则就表示没有新的邮件。

2. 阅读邮件

用户接收到新的邮件后，就可以阅读它们了。阅读邮件的具体操作步骤如下：

（1）单击左侧窗格中的“收件箱”文件夹，打开如图 7.4.2 所示的“收件箱”窗口。

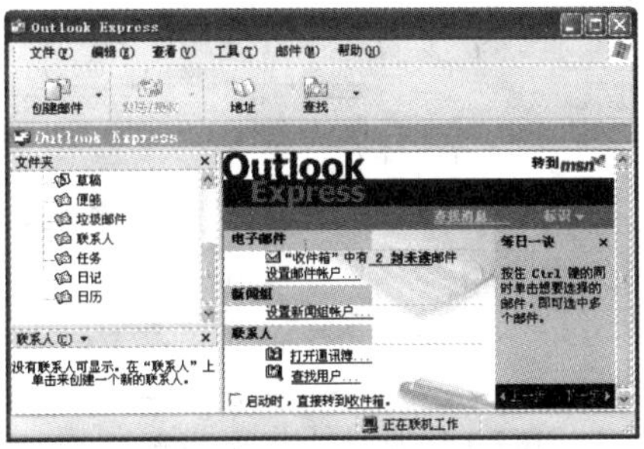

图 7.4.1 “接收新邮件”窗口

图 7.4.2 “收件箱”窗口

（2）单击要阅读的邮件主题，相应的邮件内容便在窗口的右下方显示，如图 7.4.3 所示。

（3）用户也可以通过双击要阅读的邮件主题打开邮件阅读的窗口，如图 7.4.4 所示。

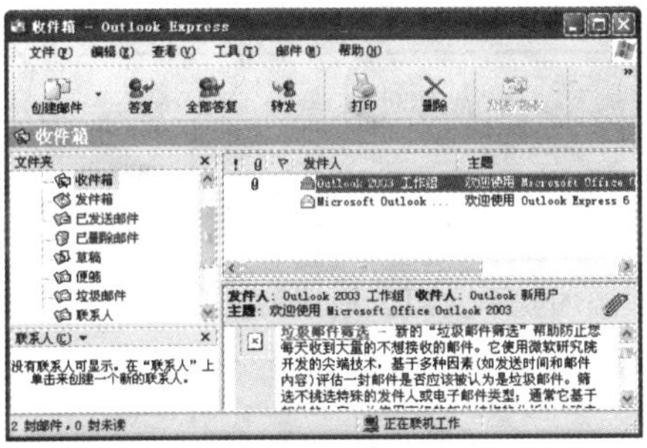

图 7.4.3 阅读邮件的窗口（一）

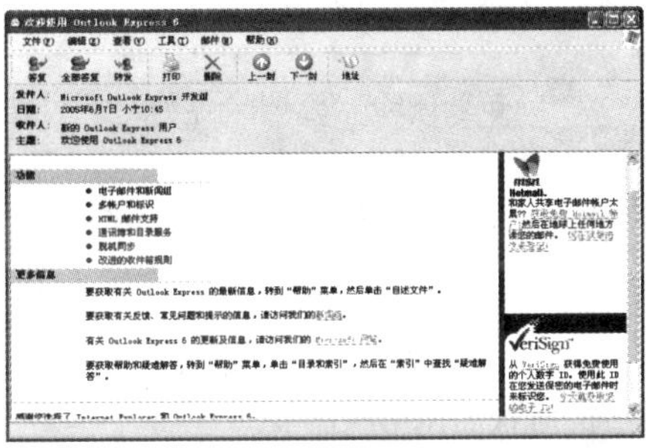

图 7.4.4 阅读邮件的窗口（二）

3. 回复邮件

发送邮件有两种，一种是创建一个新邮件，然后发送该邮件；另一种是回复邮件。回复邮件的具体操作步骤如下：

（1）在 Outlook Express 6.0 窗口中，选择好要回复的主题后单击答复按钮，打开“回复邮件”窗口，如图 7.4.5 所示。

（2）在窗口中输入要回复的内容，如果要添加附件，单击附件按钮，增加附件文件。单击发送按钮，该邮件被发送出去。发送时会显示邮件发送进度的对话框，如果邮件地址错误或其他原因，系统会显示邮件发送错误的信息，用户可以根据提示采取相应的改进措施。邮件发送完后，系统自动返回到 Outlook Express 6.0 窗口，并且可以看到在“已发送邮件”文件夹中添加了刚刚发送的邮件。

4. 管理邮件

管理邮件主要指删除邮件、通讯簿管理以及文件夹管理。

（1）删除邮件。当用户接收到大量的电子邮件时，有的是有用的，有的是没用的，这时就需要对一些没用的电子邮件进行删除。删除邮件的操作非常简单，在 Outlook Express 6.0 窗口中选择要删除的主题，然后单击删除按钮；或者在要删除的主题上单击鼠标右键，在弹出的快捷菜单中选择删除(D)命令，如图 7.4.6 所示。

图 7.4.5　“回复邮件”窗口

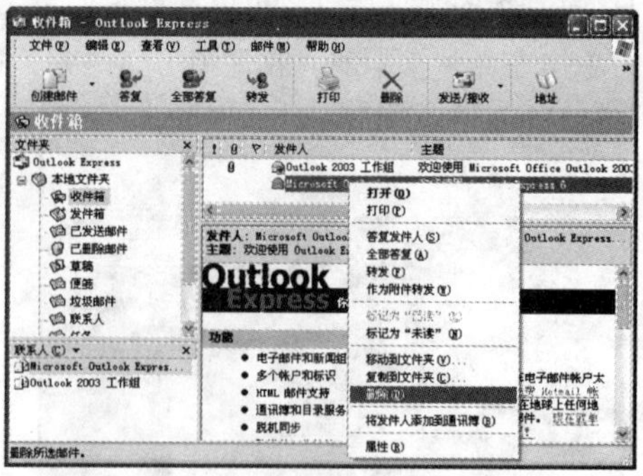

图 7.4.6　使用快捷菜单删除邮件

Outlook Express 6.0 先将删除的邮件移动到“已删除邮件”文件夹中，如果用户想恢复已删除的邮件，可以打开“已删除邮件”文件夹，然后将邮件拖回到“收件箱”文件夹或者其他文件夹中。这种功能类似于 Windows 中的“回收站”。

注意 如果删除“已删除邮件”文件夹中的邮件，则该邮件将会被永久删除，无法恢复。

（2）通讯簿管理。通讯簿管理包括添加联系人和添加联系人组。通讯簿提供了存储联系人信息的方便场所，用户可以在其中添加联系人的各类信息而且还可以对联系人进行分组管理。在通讯簿中添加联系人的具体操作步骤如下：

1）单击“打开通讯簿”超链接，打开如图 7.4.7 所示的通讯簿 - 主标识窗口。

2）选择文件(F)→新建联系人(C)... Ctrl+N命令；或者单击工具栏中的“新建”按钮，在弹出的下拉菜单中选择新建联系人(C)...命令，弹出如图 7.4.8 所示的联系人属性对话框。

3）在该对话框中输入联系人的相关信息，如姓名、职务、电子邮件地址等。

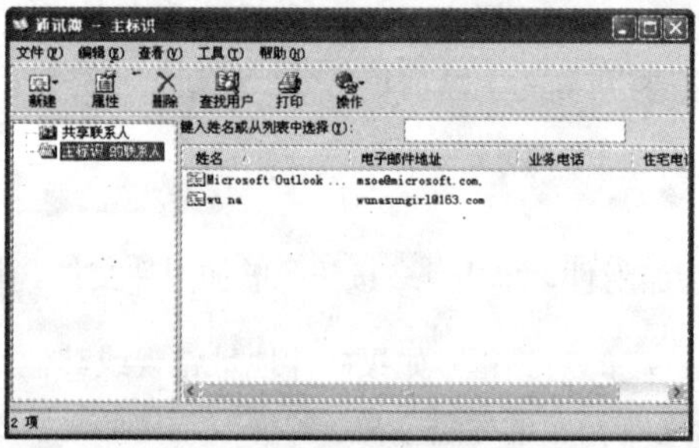

图 7.4.7　“通讯簿 - 主标识”窗口

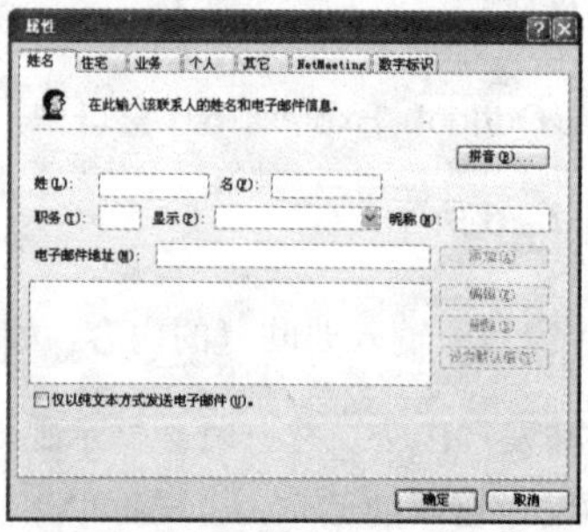

图 7.4.8　联系人“属性”对话框

4）单击确定按钮，联系人就添加到通讯簿中，如图 7.4.9 所示。

除了可以在通讯簿中添加联系人外，还可以在通讯簿中添加联系人组，利用组名可以同时给组内各成员发送内容相同的邮件，便于更好地管理通讯簿。

添加联系人组的具体操作步骤如下：

1）在 通讯簿 - 主标识 窗口中，选择 文件(F) → 新建组(G)... Ctrl+G 命令，弹出如图 7.4.10 所示的联系人组 属性 对话框。

图 7.4.9 “添加联系人”通讯簿

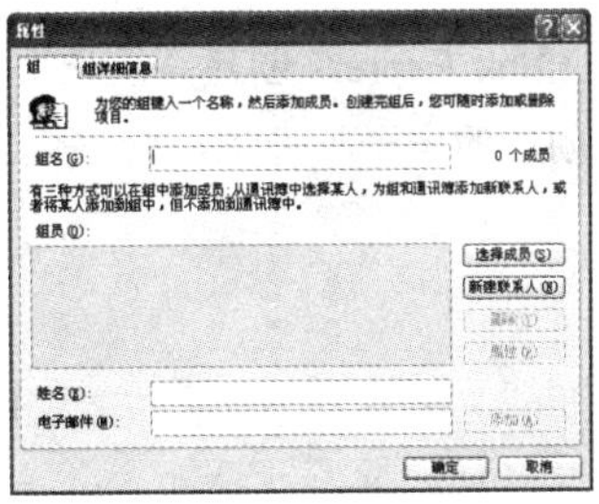

图 7.4.10 联系人组“属性”对话框

2）在“组名”文本框中输入联系人组的名称，如同事。在“姓名”和“电子邮件”文本框中分别输入要添加到联系人组的联系人的姓名和电子邮件地址，单击 添加(A) 按钮，便添加到“组员”列表框中。单击 选择成员(S) 按钮，弹出如图 7.4.11 所示的 选择组成员 对话框。

3）在该对话框中选择一个需要添加的邮件地址，单击 选择(T) -> 按钮，所选的邮件地址便可添加到右边的“成员”列表框中。单击 确定 按钮，“成员”列表框中的邮件地址便添加到“组员”列表框中。单击 确定 按钮，新建的组便添加到通讯簿中，如图 7.4.12 所示。

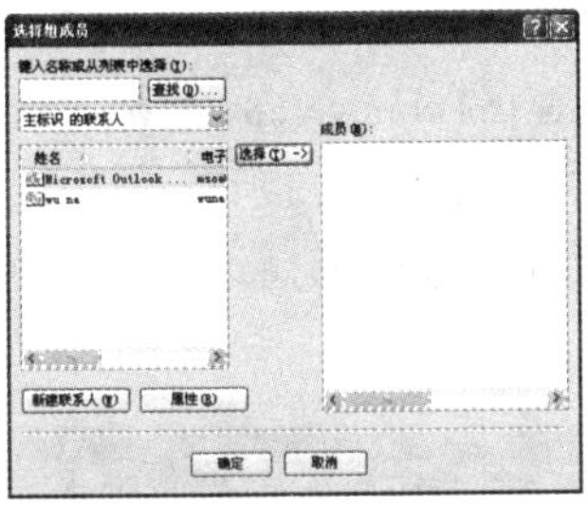

图 7.4.11 “选择组成员”对话框

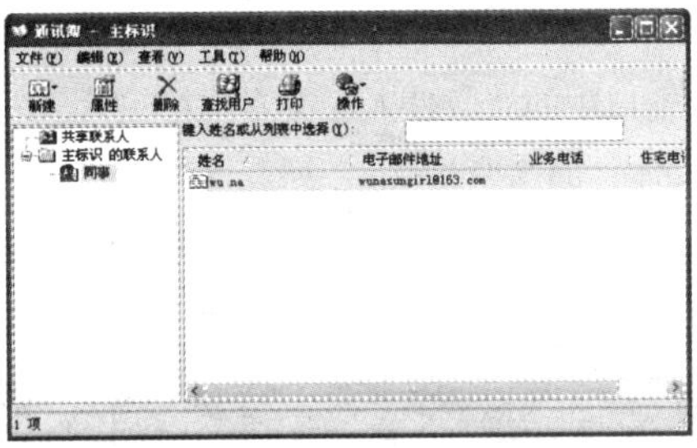

图 7.4.12 “添加联系人组”的通讯簿

（3）文件夹管理。当收件箱中的邮件太多时，用户可以通过新建文件夹来对邮件进行分类管理。新建文件夹的具体操作步骤如下：

1）选择 文件(F) → 文件夹(F) → 新建(N)... Ctrl+Shift+E 命令，弹出 创建文件夹 对话框，如图 7.4.13 所示。

2）在“文件夹名”文本框中输入新的文件夹名，单击 确定 按钮，创建好的文件夹如图 7.4.14 所示。

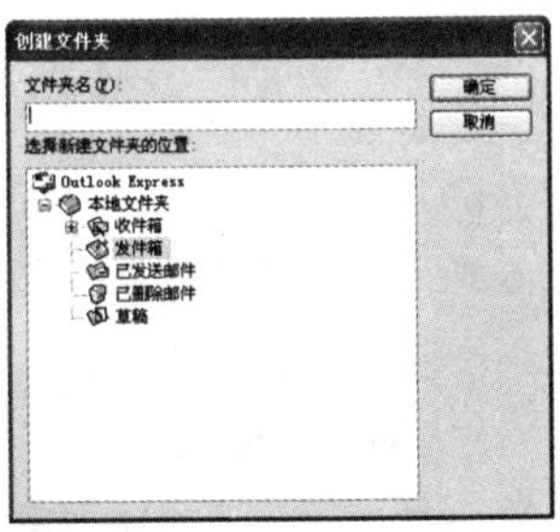

图 7.4.13 “创建文件夹”对话框

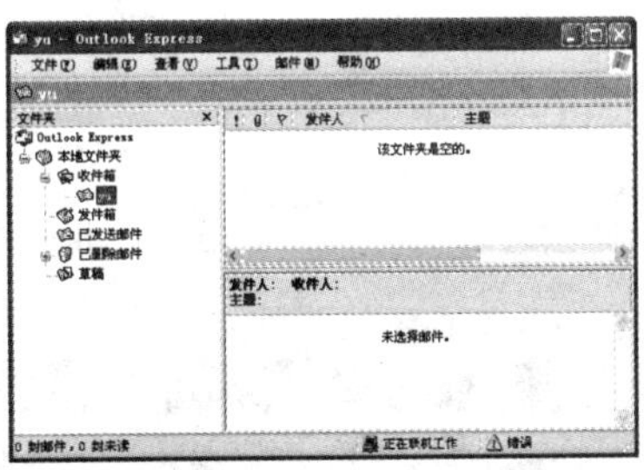

图 7.4.14 新建文件夹

7.5 典型实例——创建并发送电子邮件

本例将用 Outlook Express 创建并发送电子邮件，使读者掌握在 Outlook Express 中创建电子邮件的方法，并能对创建的电子邮件进行格式化、添加附件、保存等操作，效果如图 7.5.1 所示。

操作步骤

（1）在 Outlook Express 工作界面中单击 创建邮件 按钮，打开 新邮件 窗口，如图 7.5.2 所示。

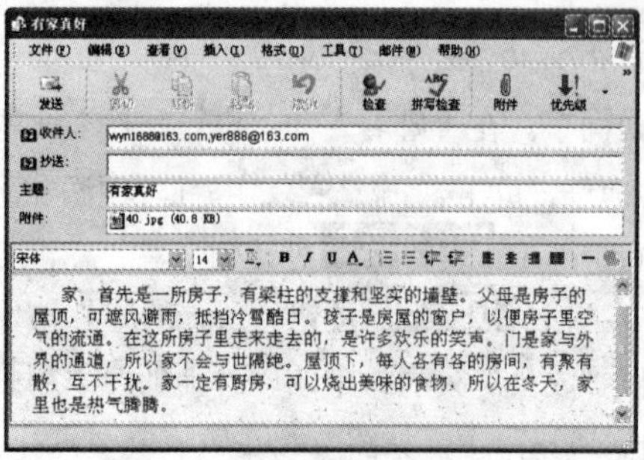

图 7.5.1 最终效果

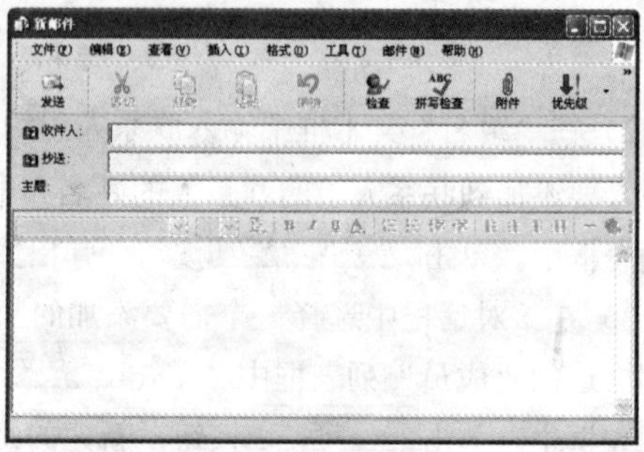

图 7.5.2 “新邮件”窗口

（2）在该窗口中的“收件人”文本框中输入 wyn1688@163.com,yer888@163.com；在“主题”文本框中输入文本“有家真好”；在列表框中输入信件的内容，如图 7.5.3 所示。

（3）在该对话框中选择 格式(O) → 应用信纸(S) → 1 向日葵 命令，设置信纸的效果，如图 7.5.4 所示。

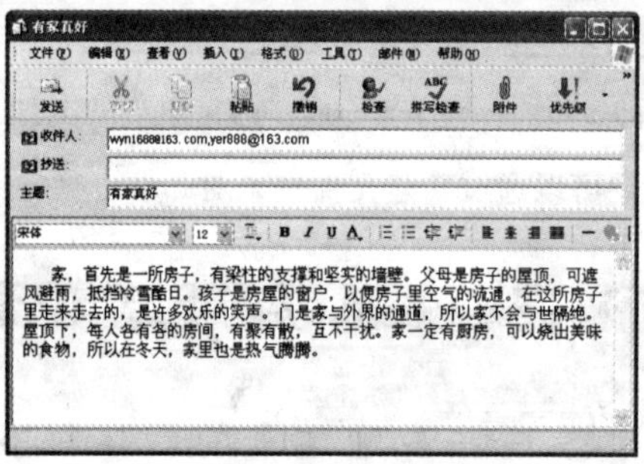

图 7.5.3 输入信件内容

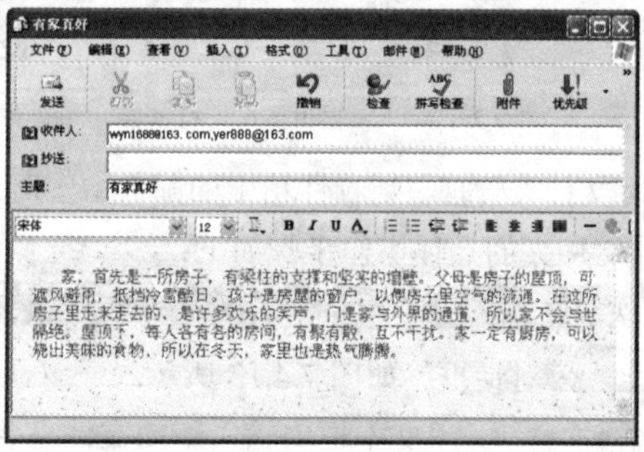

图 7.5.4 设置信纸效果

（4）选中信件内容的所有文本，设置邮件内容的字体为“宋体”；字号为“14 磅”；字体颜色为“蓝色”，效果如图 7.5.5 所示。

（5）单击 附件 按钮，弹出 插入附件 对话框，如图 7.5.6 所示。在该对话框中选中需要的附件，单击 附件(A) 按钮，为信件添加附件文件。

（6）选择 文件(F) → 保存(S) Ctrl+S 命令，对信件进行保存。

（7）选择 文件(F) → 发送邮件(E) Alt+S 命令，即可将电子邮件发送到指定的邮件接收地址中，电子邮件的最终效果如图 7.5.1 所示。

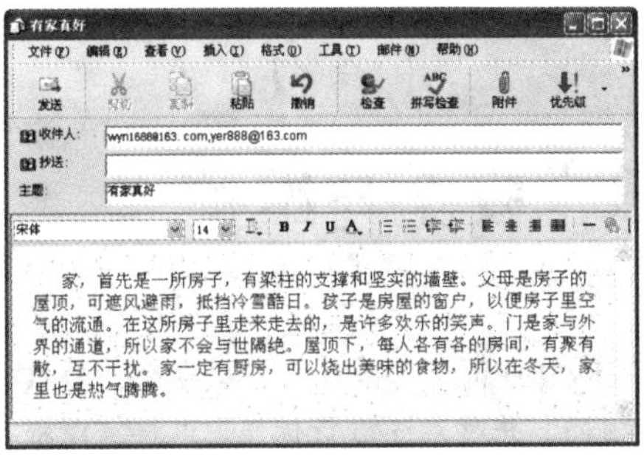

图 7.5.5　格式化信件

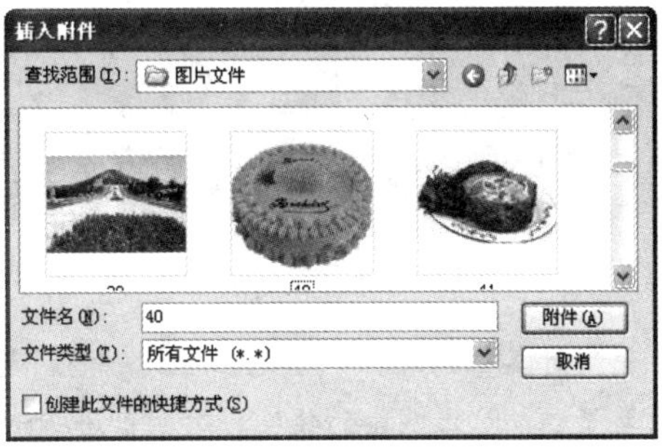

图 7.5.6　“插入附件”对话框

小　　结

本章主要讲述了 Internet 的基础知识、IE 浏览器的使用、在网页上收发电子邮件、用 Outlook Express 收发电子邮件等。通过本章的学习，读者应理解 Internet 的概念，学会使用 IE 浏览器浏览网页、收藏网址、保存网页或图片，掌握搜索引擎、电子信箱等的使用方法。

过关练习七

一、填空题

1．按照网络覆盖地理范围的大小，将计算机网络分为________、________和________。

2．按照网络拓扑结构来分，可以将其分为________、________、________、________和混合型等。

3．与 Internet 连接有三种基本方式，即________、________和________。

二、选择题

1．WWW 的中文称为（　）。

A．电子商务　　B．万维网

C．浏览器　　D．网页

2．（　）是因特网上的信息实时发布系统，通过它可以发布各种信息及进行各种交流。

A．电子邮件　　B．新闻组

C．电子公告板　　D．WWW

3．为了满足广大用户信息检索的需求，由专业网站提供的搜索工具称为（　）。

A．网络导航　　B．搜索引擎

C．检索工具　　D．推（Push）技术

三、上机操作题

1．使用搜索引擎在 Internet 上搜索需要的网页和信息。

2．在某个网站上注册一个免费电子邮箱，并给好友发一封电子邮件。

第 8 章　计算机日常安全与维护

在使用计算机的过程中难免会遇到一些问题，此时做好日常安全防范工作以及维护好计算机就非常有必要了，如防止病毒的侵害，对磁盘进行清理、扫描，并对系统进行优化，这样可以提高系统的性能，延长计算机的使用寿命。

本章重点

（1）计算机日常安全。
（2）计算机的日常维护。
（3）保护重要数据安全。

8.1　计算机日常安全

计算机是精密的电子仪器，很多不安全因素都将导致计算机出现各种各样的问题，如死机、重要数据丢失、打印机不能正常地打印等。这不仅会给计算机本身造成不同程度的威胁和破坏，甚至还会给用户造成无法挽回的损失，因此，计算机的日常安全成为不容忽视的问题。

8.1.1　计算机安全常识

影响计算机的不安全因素从是否能够预防的角度，可以分为不可预防和可预防两大类。其中不可预防的安全因素主要指的是意外发生的外在因素，如自然灾害、电压不稳以及突然断电等；可预防的不安全因素指的是计算机病毒、木马程序、系统漏洞等。

（1）防范病毒。从病毒的传播途径着手，做好防范措施。因此，需要在平时使用计算机的过程中养成良好的习惯，如在使用移动存储器之前对其进行病毒的扫描和查杀，不访问不良的网站，不打开来历不明的电子邮件，不从不可靠的途径获得任何程序等。

（2）查杀病毒。除了在使用移动存储器时需要进行病毒的查杀外，还应定期对计算机进行病毒的扫描和查杀，清除已经感染的病毒和木马程序。

（3）修复系统漏洞。通过对系统的更新或者安装补丁程序来修复系统存在的漏洞，防范计算机病毒和木马程序利用系统漏洞进行传播。

（4）增设防火墙。通过有效地监控任何网络连接行为，保护上网安全，免受黑客攻击。

8.1.2　防治和查杀病毒

目前对于计算机病毒的防治和查杀主要是通过杀毒软件来完成的，常用的杀毒软件有瑞星、金山毒霸、江民、卡巴斯基等。各种杀毒软件防治和查杀病毒的方法基本相同，下面以瑞星杀毒软件 2008 为例进行讲解。

1. 认识计算机病毒

计算机病毒是指编制或者在计算机程序中插入的破坏计算机功能或者毁坏数据、影响计算机使用，并能自我复制的一组计算机指令或者程序代码。

这种指令或者程序代码一般来说是比较精巧严谨的，是按照严格的逻辑组织起来的。在大多数情况下，这种程序不是独立存在的，它依附（或寄生）于其他的计算机程序，利用系统资源进行自我繁殖，破坏计算机系统，常常给用户带来巨大损失。计算机病毒具有以下共同特点：

（1）传染性。传染性是计算机病毒最基本的特征。计算机病毒入侵计算机后，就开始自动寻找可以被传染的其他程序，然后通过自我复制，以极快的速度传播到硬盘或软盘。

（2）寄生性。计算机病毒一般都有依附于其他媒体寄生的能力，计算机系统中凡是可以存放程序的地方，都可能寄生计算机病毒。计算机病毒通常寄生在磁盘或 Office 系统的文件中。

（3）破坏性。计算机病毒的破坏性取决于具体的计算机病毒程序，轻则影响系统的运行速度，使计算机不能正常运行，重则使计算机处于瘫痪状态，给用户带来不可估量的损失。

（4）潜伏性。计算机病毒为了达到破坏目的，通常都具有潜伏期，它可以潜伏在文件中几个月甚至几年的时间不被发现，而且还不断地对系统进行破坏。

2. 防治病毒

通过杀毒软件的详细设置功能，可以设置保护的安全防护级别、实时监控等常用功能来有效地预防计算机病毒的入侵。它们各自的特点及作用如下：

（1）安全防护级别。瑞星杀毒软件提供了高、中、低 3 个安全防护级别，用户可以根据实际情况选择相应的级别，以后软件在扫描病毒时将会根据此级别的相应参数进行扫描。

（2）实时监控。瑞星杀毒软件的实时监控功能包括对文件、内存、邮件、网页、注册表、系统漏洞等进行监控。拥有这些功能，可以有效地查杀和截获病毒，全面保护计算机不受病毒的侵害。

（3）定时升级。杀毒软件是根据软件自身病毒库中的病毒样本来剖析和判定病毒。由于病毒在日益更新和变化，因此需要及时地对病毒库中的病毒样本和软件自身进行更新，这样才能更准确地防范和查杀病毒。这一过程是靠软件的升级来完成的。

3. 扫描和查杀病毒

在使用计算机的过程中，即使是再好的防范措施仍然存在感染病毒的可能，因此需要经常对计算机进行病毒的扫描。当发现病毒时，需要对其进行清除。

下面使用瑞星杀毒软件 2008 进行扫描和查杀病毒，其具体操作如下：

（1）安装杀毒软件后，在桌面上双击该软件的快捷图标，启动瑞星杀毒软件 2008。

（2）在打开的瑞星杀毒软件界面中的“查杀目标”窗格中选中要查杀的目标选项前的复选框，然后单击

按钮，如图 8.1.1 所示。

（3）发现病毒后将打开“发现病毒”对话框，其中显示了感染病毒的文件的名称和病毒的名称，这里单击“清除病毒”按钮。

（4）杀毒软件对感染病毒的文件进行病毒的清除，并在瑞星杀毒的界面中显示感染病毒文件的相关信息。

（5）杀毒完成后，打开“杀毒结束”对话框，提示扫描病毒的结果，如图 8.1.2 所示。这里单击

“确定”按钮，返回到“瑞星杀毒软件”窗口中，单击标题栏右侧的 × 按钮，退出杀毒软件。

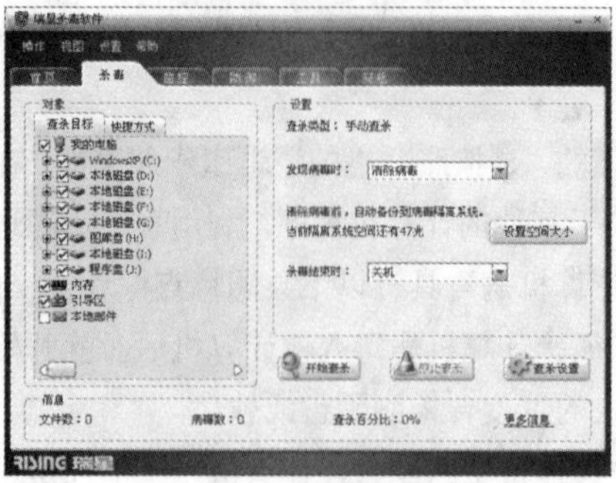

图 8.1.1 设置杀毒目标

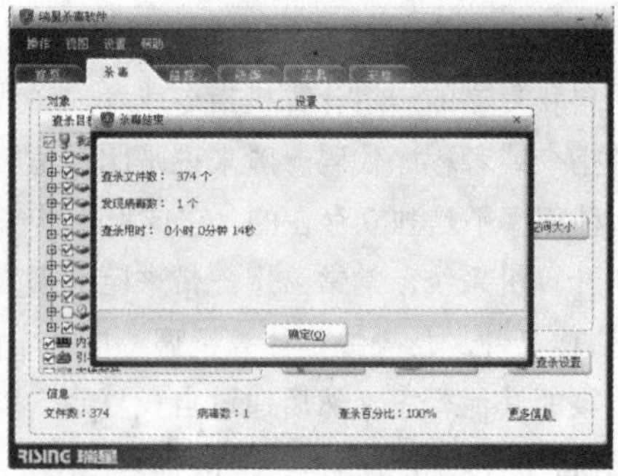

图 8.1.2 查找并清除病毒

提示 用户还可对瑞星杀毒软件进行设置和手动升级。只有在计算机连入 Internet 的时候，在打开的瑞星杀毒软件界面的右侧窗格中才能显示网页信息，并进行软件的升级。

8.1.3 使用防火墙

目前很多杀毒软件都有配套的防火墙，有的是杀毒软件自带的，有的则需要自行安装，如瑞星个人防火墙。

防火墙主要通过将可信任的访问网络的行为添加到访问规则中来控制计算机的上网安全，同时还能对木马病毒进行监控和查杀。同杀毒软件一样，瑞星个人防火墙也可以设置安全防护级别，其具体操作如下：

（1）选择 开始 → 所有程序(P) → 瑞星个人防火墙 → 瑞星个人防火墙 命令，系统运行“瑞星个人防火墙”，并在任务栏通知区域中出现图标。

（2）用鼠标右键单击图标，在弹出的快捷菜单中选择“启动主程序”命令，如图 8.1.3 所示。

（3）打开瑞星个人防火墙界面，拖动程序界面右下侧的安全级别滑块，这里拖动到中间位置，即将安全级别设置为中级，如图 8.1.4 所示，设置的内容会自动生效。

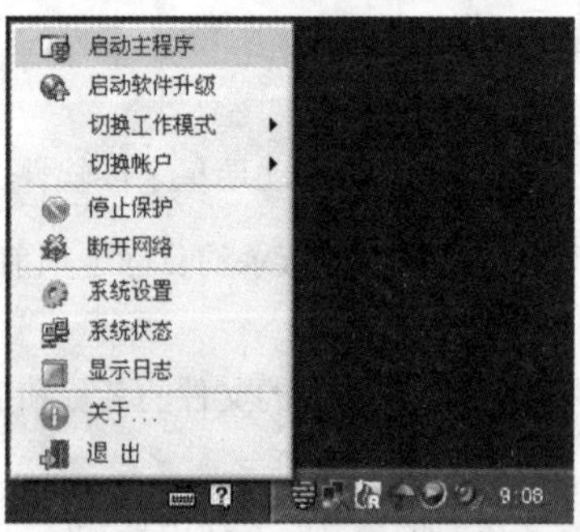

图 8.1.3 选择“启动主程序”命令

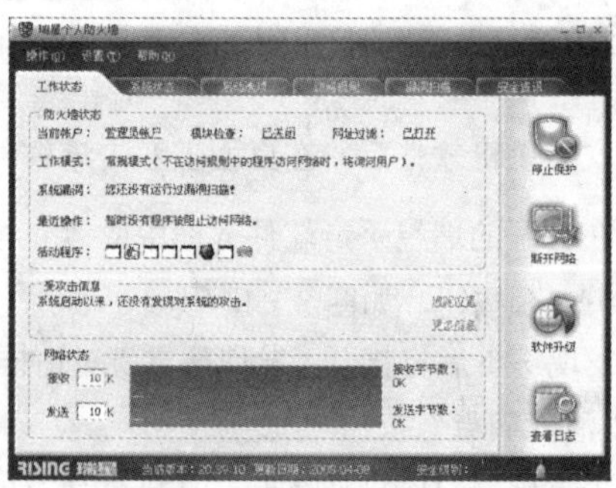

图 8.1.4 设置防火墙的安全级别

若将防火墙的安全级别设置为高安全级别，则将关闭网络共享资源和不常用的端口，可根据需求手动开放网络。在瑞星个人防火墙主程序界面的菜单栏中选择 操作(O) → 扫描木马病毒 命令，系统将对木马病毒进行扫描，完成后将在通知区域附近打开对话框显示扫描的结果。

8.1.4　更新 Windows XP

Windows XP 操作系统的功能虽然强大，但也存在一些容易让计算机病毒或木马程序利用的漏洞，Windows XP 的开发商 Microsoft 公司针对这些漏洞开发了系统安全补丁程序进行补救，以使系统更完善。常用的更新 Windows XP 的方法有以下 3 种：

（1）设置自动更新。通过 Windows XP 自带的更新程序可以让系统在设置的时间自动进行更新；

（2）通过网页更新。这种方法是通过系统自带的 Windows Update 程序访问 Windows XP 的官方网站，在线进行更新的一种方式。

（3）使用更新程序更新。这种方法是通过从网上下载或购买光盘的途径来获得系统补丁程序，然后再将其安装到计算机中，安装时根据向导提示进行操作，完成后需重新计算机才能使设置生效。

下面以设置自动更新为例，讲解 Windows XP 更新的方法，其具体操作如下：

（1）选择 开始 → 控制面板(C) 命令，在打开的 控制面板 窗口中单击 安全中心 图标，这时会打开 Windows 安全中心 窗口，如图 8.1.5 所示。

（2）单击 自动更新 图标，弹出 自动更新 对话框，在该对话框中选中 ◉ 自动(推荐)(U) 单选按钮，然后在“自动推荐”下拉列表框中分别选择“每星期五”和“12:00”选项，单击 确定 按钮即可，如图 8.1.6 所示。

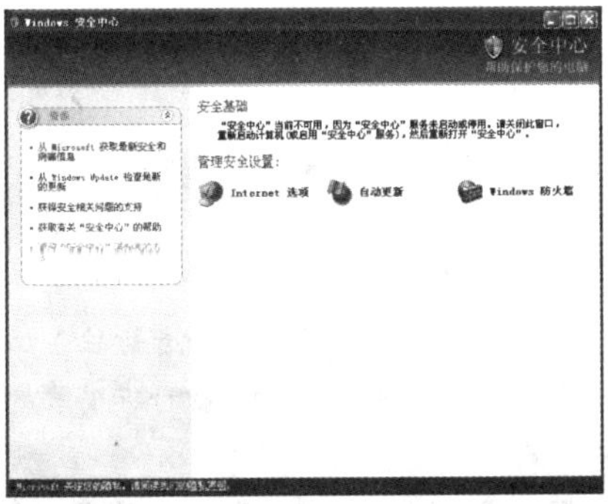

图 8.1.5　“Windows 安全中心”窗口

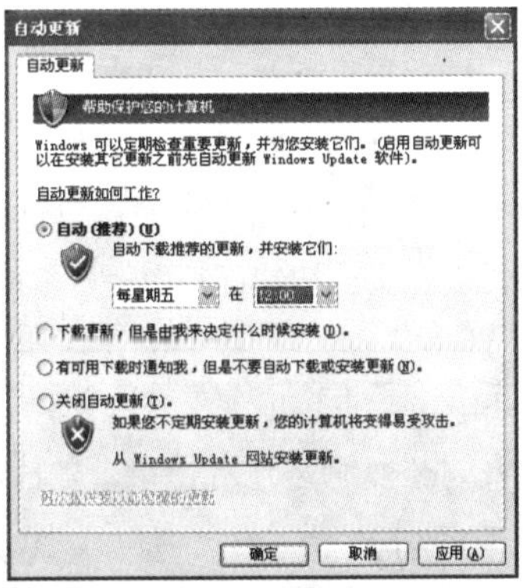

图 8.1.6　设置自动更新

8.2　计算机的日常维护

在使用计算机的过程中，对系统和磁盘进行维护，不仅可以提高磁盘和系统的工作性能，还能提高存储数据的安全性，延长计算机的使用寿命。

8.2.1　维护磁盘

用户可以通过 Windows XP 操作系统自带的磁盘维护工具来维护磁盘，如磁盘扫描程序、磁盘清理程序和磁盘碎片整理程序等。

1．检查并恢复磁盘错误

计算机中的文件以簇的方式被保存在磁盘中，经常进行读写操作会使簇变得不连续，影响文件的读写速度，甚至可能造成文件的丢失，进行磁盘扫描可以有效地恢复文件和整理磁盘空间。其具体操作如下：

（1）双击桌面上的我的电脑图标，打开“我的计算机”窗口。

（2）在需要扫描的磁盘上单击鼠标右键，在弹出的快捷菜单中选择 属性(R) 命令，在打开的对话框中单击 工具 选项卡，如图 8.2.1 所示。

（3）在“查错”栏中单击 开始检查(C)... 按钮，弹出 检查磁盘 本地磁盘 (F:) 对话框，选中 ☑自动修复文件系统错误(A) 和 ☑扫描并试图恢复坏扇区(N) 复选框，如图 8.2.2 所示。

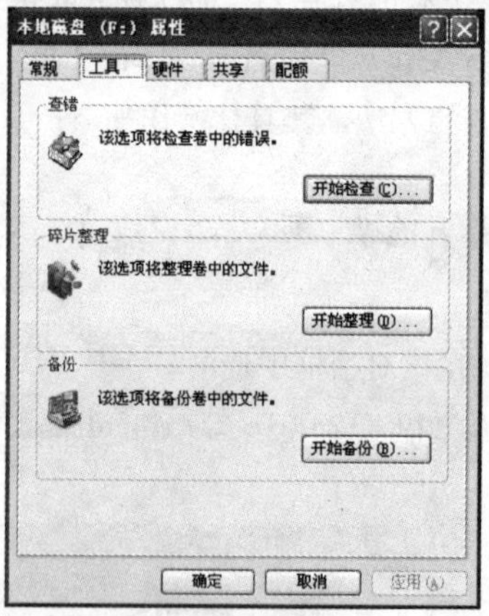

图 8.2.1 “工具”选项卡

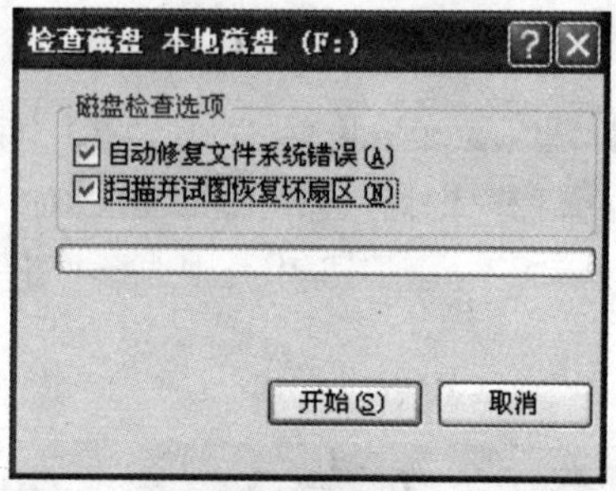

图 8.2.2 “检查磁盘 本地磁盘（F:）”对话框

（4）单击 开始(S) 按钮即可对磁盘进行扫描。扫描结束后，系统将打开一个对话框提示扫描完毕，依次单击 确定 按钮即可。

提示 选中 ☑自动修复文件系统错误(A) 复选框，磁盘程序将对磁盘进行独占访问，因此在检测时不能对该磁盘进行访问操作，例如：不能运行该盘符中安装的程序以及文件。

2．整理磁盘碎片

磁盘在使用过一段时间以后，由于经常地进行读写操作，在其中会产生一些“碎片”，这些“碎片”是程序和文件无法使用的，它们占据着磁盘的空间，影响磁盘的读写速度。Windows XP 提供的磁盘碎片整理程序可以重新安排文件在磁盘中的存储位置，将文件的存储位置整理到一起，同时合并可用空间，实现提高运行速度的目的。磁盘碎片整理的具体操作步骤如下：

（1）选择 开始 → 所有程序(P) → 附件 → 系统工具 → 磁盘碎片整理程序 命令，打开 磁盘碎片整理程序 对话框（一），如图 8.2.3 所示。

（2）在该对话框中显示了磁盘的一些状态和系统信息，选择需要整理的磁盘，单击 分析 按钮，系统弹出 磁盘碎片整理程序 对话框（二），如图 8.2.4 所示。

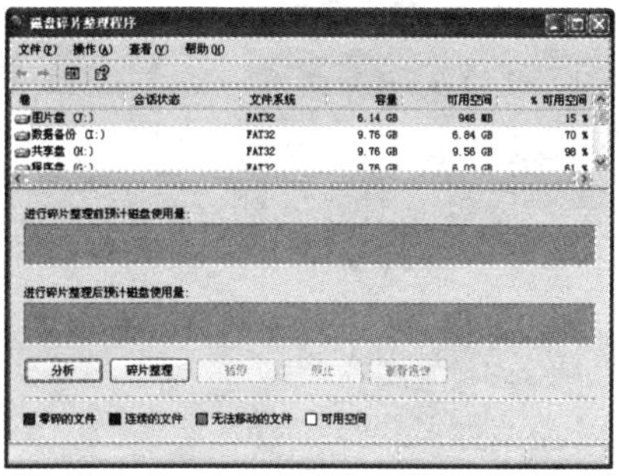

图 8.2.3　“磁盘碎片整理程序”对话框（一）

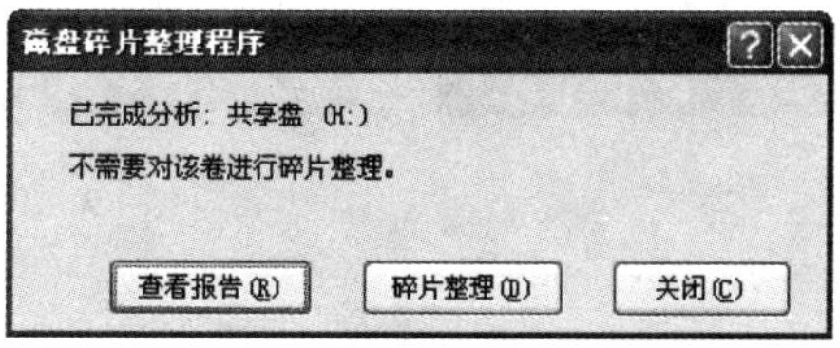

图 8.2.4　“磁盘碎片整理程序”对话框（二）

（3）在该对话框中单击 查看报告(R) 按钮，弹出如图 8.2.5 所示的 分析报告 对话框。

（4）如果在 磁盘碎片整理程序 对话框（二）中提示需要进行磁盘碎片整理，则单击 碎片整理(D) 按钮，系统开始对所选择的磁盘进行碎片整理。

（5）磁盘碎片整理完成后，弹出 磁盘碎片整理程序 对话框（三），如图 8.2.6 所示。

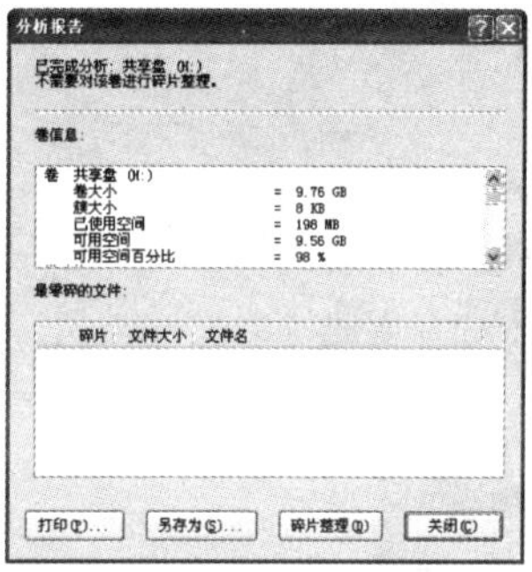

图 8.2.5　“分析报告”对话框

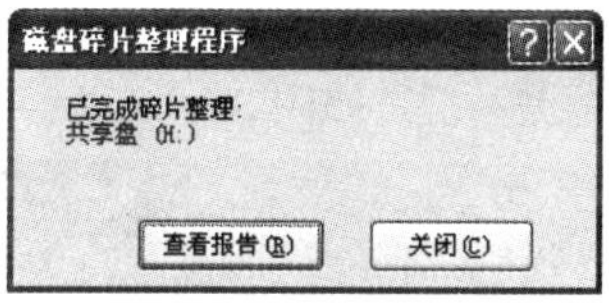

图 8.2.6　“磁盘碎片整理程序”对话框（三）

（6）在该对话框中单击 查看报告(R) 按钮，在弹出的 碎片整理报告 对话框中可查看磁盘碎片整理信息，如图 8.2.7 所示。

（7）单击 关闭(C) 按钮，返回到 磁盘碎片整理程序 对话框（一），可以看到在“会话状态”栏中显示为“已整理碎片”，如图 8.2.8 所示。

（8）单击 磁盘碎片整理程序 窗口中的“关闭”按钮 ✕，关闭该程序。

图 8.2.7　“碎片整理报告”对话框

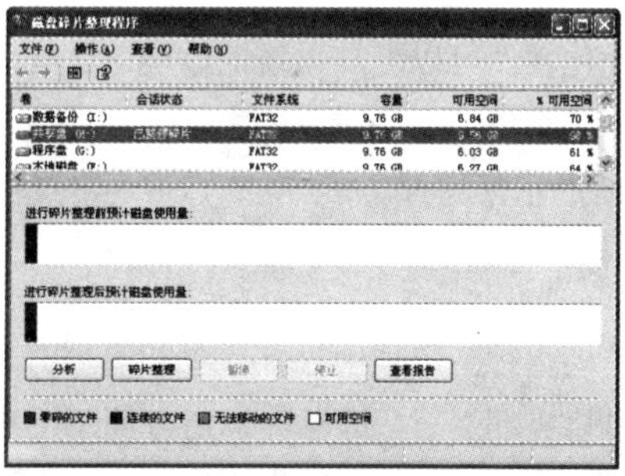

图 8.2.8　“磁盘碎片整理程序”窗口（一）

3．清理磁盘

Windows XP 为用户提供了一个新增程序工具——磁盘清理程序。该程序可用于清理用户的磁盘，删除不用的文件，以便释放更多的磁盘空间。磁盘清理的具体操作步骤如下：

（1）选择 开始 → 所有程序(P) → 附件 → 系统工具 → 磁盘清理 命令，弹出 选择驱动器 对话框，如图 8.2.9 所示。

（2）在该对话框中选择一个磁盘驱动器，例如选择“共享盘（H:）”，然后单击 确定 按钮，弹出 共享盘(H:)的磁盘清理 对话框，如图 8.2.10 所示。

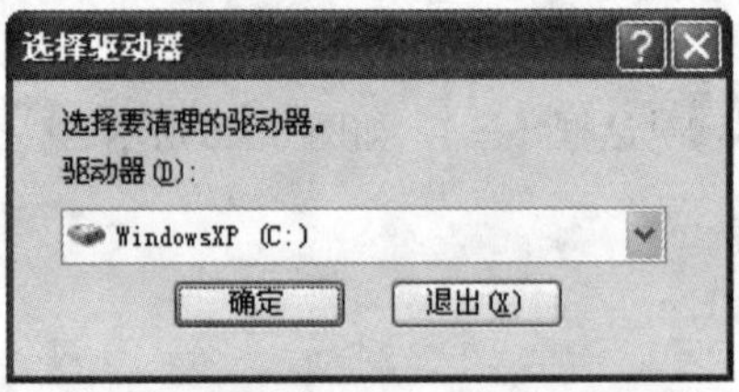

图 8.2.9 “选择驱动器”对话框

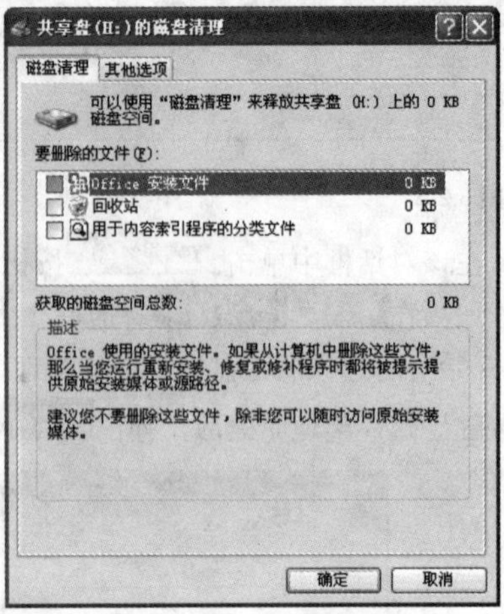

图 8.2.10 “共享盘（H:）的磁盘清理”对话框

（3）在该对话框中的“要删除的文件”下拉列表中选择要删除的文件类型，单击 确定 按钮，系统弹出一个提示框，如图 8.2.11 所示。

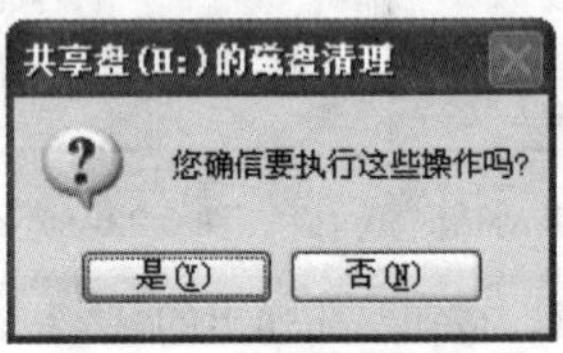

图 8.2.11 系统提示框

（4）单击 是(Y) 按钮，系统开始清理磁盘中不需要的文件。

8.2.2 使用超级兔子优化系统

通过使用优化软件可以提高系统的性能。这里介绍超级兔子魔法设置，它给用户提供了一个非常好的优化方案。超级兔子魔法设置的主要作用是方便快捷地修改 Windows 操作系统的某些设置和维护 Windows 系统的正常运行。如图 8.2.12 所示为超级兔子魔法设置的主界面，其主要选项介绍如下。

1. 自动运行

可以在“自动运行”选项中添加或禁止一些开机自动运行的项目，如图 8.2.13 所示。当开机时，所添加的项目可以自动运行，这样的设定方便了用户的使用，但也给系统增添了额外的负担。当机器内这样的程序过多时，开机显示的速度就会明显变慢。这个选项的功能是方便用户合理地调整这些自动运行的程序，把不必要的自动运行的程序禁止掉，从而达到优化系统的目的。当用户希望在开机时运行自己希望运行的程序时，也可以单击“新建”按钮进行添加。修改并保存后，设置就可以生效了。

图 8.2.12　超级兔子魔法设置主界面

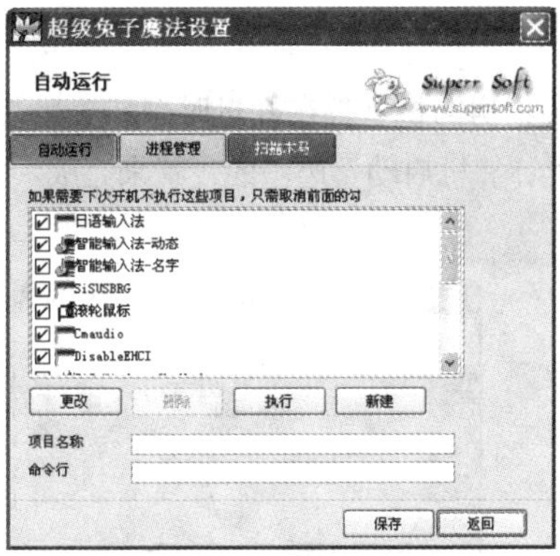

图 8.2.13　“自动运行”选项

2. 卸载软件

该功能与控制面板中的“添加/删除程序”类似，将应用软件从系统中删除。如果某些软件删除后，其名字还在“删除/添加程序”菜单中，只要单击“清理”按钮即可将这些垃圾信息清除，如图 8.2.14 所示。

3. 输入法

该功能除了能添加/删除输入法之外，还能够重新排列输入法的顺序。通常情况下当按“Ctrl+Shift”组合键时是从上往下依次选择输入法。由于在安装时可能安装了许多种输入法，当用“Ctrl+Shift”组合键切换时要切换到自己常用的输入法很麻烦，这时就可以利用“输入法”选项(见图 8.2.15)，将英文输入法固定在第一个位置，这样有利于所有软件的正常运行。用户可以把常用的输入法通过“上移”/“下移”按钮移动到所需位置，也可以通过单击“删除”按钮，把不常用的输入法删除掉，当想用的时候还可以通过单击“添加”按钮再将其恢复过来。

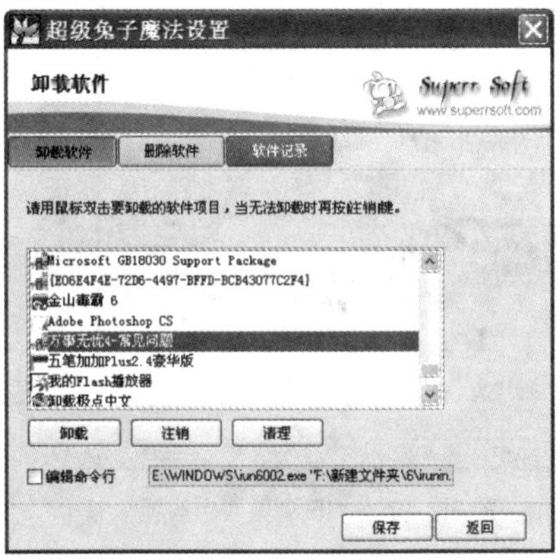

图 8.2.14　“卸载软件”选项

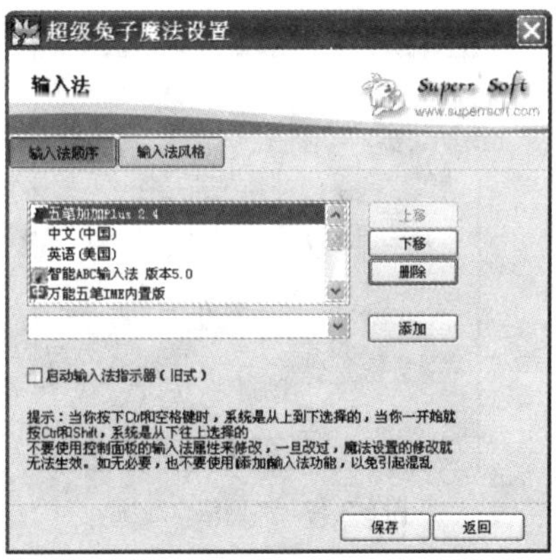

图 8.2.15　“输入法”选项

4. 开始菜单

“开始菜单”选项中的很多项目都可任意删除和增加，它们的功能就是方便调整开始菜单。开始菜单的功能分为以下几个方面：更改图标、隐藏特殊功能、右键菜单、添加开始菜单特殊选项、加入回收站等。例如利用此菜单可以屏蔽“最近使用的文档”，可以调整“最近使用的文档”显示的数量。注意，这个数值越小越好，以免增加系统负担，如图 8.2.16 所示。

5. 计算机启动

很多学校机房的机器都在开机时有一个启动列表，学生上机时就可以按照自己的某种方式启动。这可以通过“计算机启动”选项的设置来完成，如图 8.2.17 所示，只要在列表框中进行选择，保存即可。

图 8.2.16 “开始菜单”选项

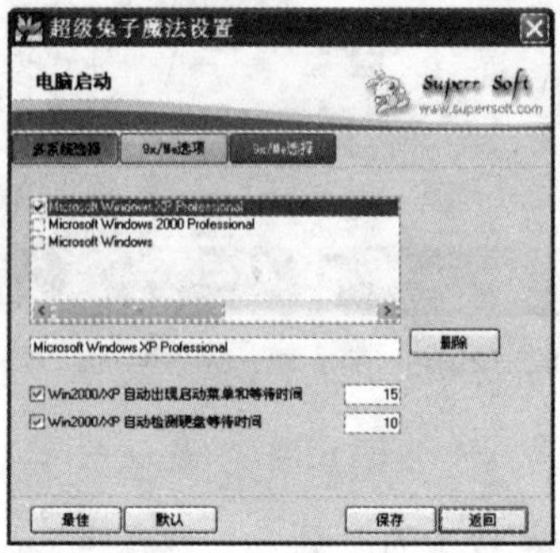

图 8.2.17 “计算机启动”选项

6. 网络

Windows 操作系统在网络方面的设置比较保守，通过该选项能够对系统的网络性能进行优化。其界面如图 8.2.18 所示。

7. IE 浏览器

如图 8.2.19 所示，在该选项界面中用户可以调整 IE 自动搜索网址的关键字，不用输入完整的网址，4.0 版本上的 IE 都会自动地查找出来。其中，“%s”表示通用字符，如果要求是教育网的站点，加上 edu.cn 就可以了。IE 及 Outlook 的标题、Outlook 的路径也都可以在这里进行修改，该界面中还提供了“默认”按钮帮助用户恢复系统默认的设置。

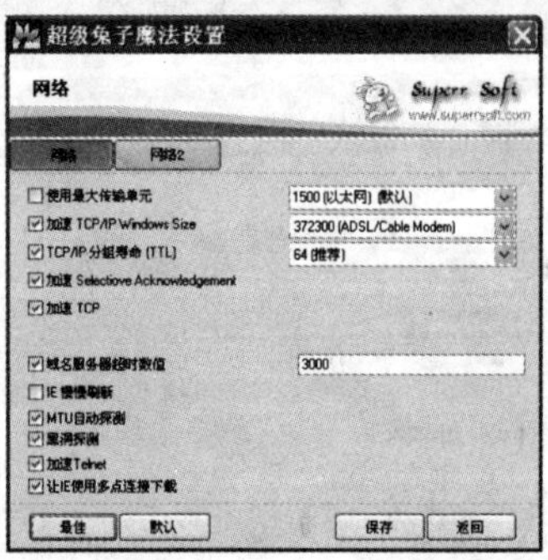

图 8.2.18 “网络”选项

图 8.2.19 “IE 浏览器”选项

8. 硬盘与光驱

通过该选项能够打开/关闭光驱的自动播放功能，也就是说当光盘放入光驱后，用户能够自由地决定是否自动播放。该选项的界面如图 8.2.20 所示，其中单击“默认”按钮能自动恢复到系统默认播放程序。

9. 安全与多用户

如果对系统安全比较在意，或者计算机有多个用户，可以通过该功能禁止显示、修改许多对系统安全可能产生影响的系统属性。如“禁止注册表编辑器”、“禁止使用 DOS 程序”、“禁止活动桌面”等。只要选中要禁止的选项，然后保存即可。该选项界面如图 8.2.21 所示。

图 8.2.20 “硬盘与光驱”选项

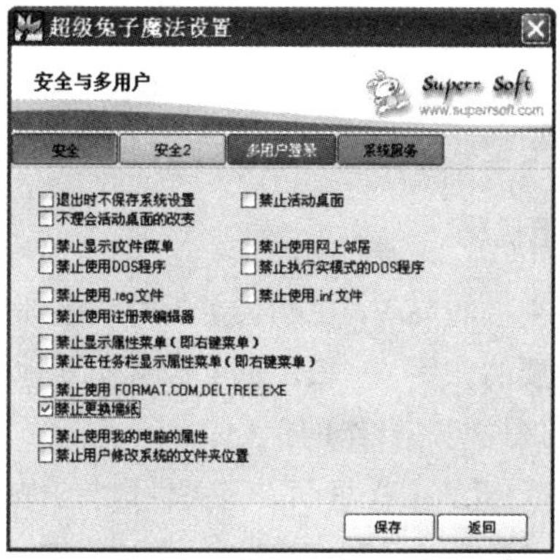

图 8.2.21 “安全与多用户”选项

10. 显示效果

“显示效果”选项界面如图 8.2.22 所示，其主要功能是可以改变快捷方式图标的样式。如果用户不喜欢快捷方式图标上的小箭头，也可在这里取消。如果想个性化自己的 IE 浏览器，则可通过该选项给 IE 添加背景图案。

11. 系统

“系统”选项界面中显示了一些系统信息，如用户名、IE 的版本号等，用户可以在此对这些信息做修改，然后进行保存，如图 8.2.23 所示。

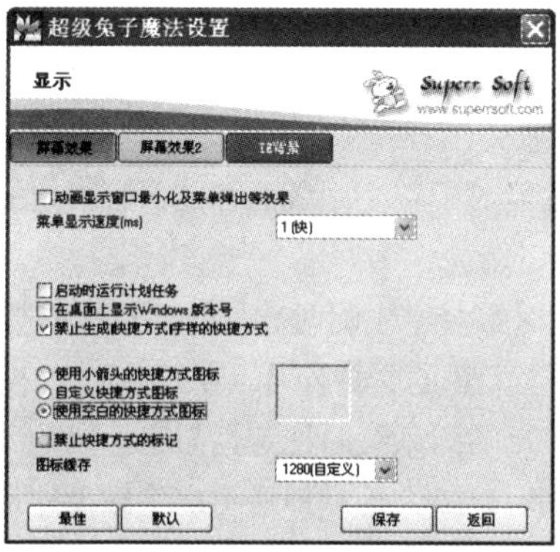

图 8.2.22 “显示效果”选项

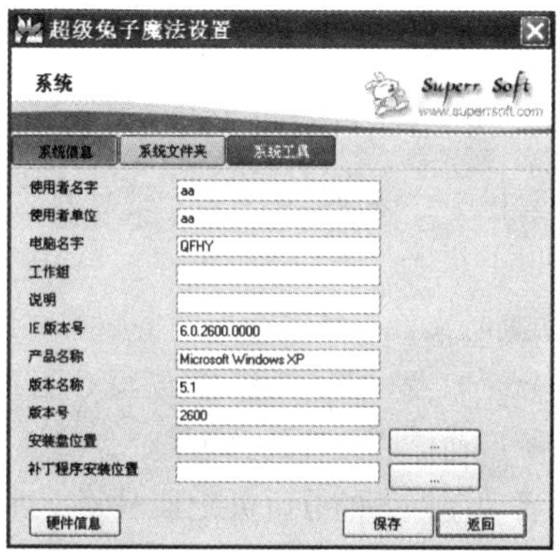

图 8.2.23 “系统”选项

8.2.3 硬件系统的优化

对计算机硬件进行优化是尽可能发挥计算机性能的途径，如超频 CPU、优化内存、调整显卡等，下面从各个角度对优化硬件的左右进行阐述。

1. CPU 的优化

CPU 是计算机的心脏，对 CPU 的优化一般主要集中在缓存和频率上。在 Windows 9x 及其以上版本中，内存、缓存和硬盘上的虚拟缓存的优先权顺序为：Windows 系统会优先读取内存，再读取

CPU 的一级缓存（L1 Cache）和二级缓存（L2 Cache）的数据指令，最后读取硬盘上的虚拟缓存，这样就极大地提高了 CPU 的读取速度。这种缓存优化顺序 Windows 系统会自动进行处理，一般不需要人为的干预，也不建议用户去这样做。CPU 的另一种优化方式就是超频，超频就是通过人为的方式将 CPU 的工作频率提高，让它在高于其额定的频率状态下稳定工作。该操作具有一定的危险性，用户必须根据主板说明书进行操作，操作不当严重时可烧毁 CPU，初级用户不建议使用。

2. 芯片组优化

芯片组是主板的灵魂，在购买主板时一般都会随机赠送主板的驱动程序光盘，这些驱动程序在系统中有十分重要的作用，主板厂商一般会不断地推出新的驱动程序，以提升主板的性能。这里以 VIA 主板芯片组为例说明芯片组的优化。

在 VIA 芯片组的主板里面，有关性能提升的参数很多，以 Award BIOS 为例，主要有以下几项：

（1）DRAM Timing By SPD。可选项有 Disabled/Enabled。如果是性能不好的杂牌内存条，建议选择 Enabled，让主板根据内存条的具体情况设置工作方式。

（2）PCI Master Pipeline Req。可选项有 Disabled/Enabled。关于是否采用 PCI 主控流水线方式的请求，应选择 Enabled。

（3）Fast R-W Turn Around。可选项有 Disabled/Enabled。设定 AGP 快速轮回读写方式，建议选择 Enabled。

（4）Primary Master/Slave UDMA。可选项有 Auto/Disabled。使主、从 IDE 设备（如硬盘）的数据传输方式为 DMA 方式。当然，前提是 IDE 设备支持 DMA 方式且在操作系统中正确安装相关的驱动程序。

（5）IDE HDD Block Modle。可选项有 Disabled/Enabled。设定硬盘是否采用快速模块式进行数据传输，选择 Enabled 可加快硬盘存取速度。

3. 硬盘的优化

硬盘是计算机中存储数据的仓库，硬盘的速度和性能对于整个系统的性能都有很大的影响，其优化设置主要有以下几项：

（1）移动临时文件存储路径。许多应用软件运行时都会产生临时文件，而且这些临时文件都默认保存于启动分区 C 盘，长时间频繁读写 C 盘极易产生大量的文件碎片，从而影响 C 盘性能，而 C 盘又是储存系统启动核心文件的分区，C 盘的性能直接影响到系统的稳定性与运行效率。应尽量将应用软件安装于启动盘以外的分区并定期对硬盘进行整理，以最大程度地避免产生磁盘碎片，将启动或读写速度保持在最佳状态。

（2）优化虚拟内存。由于物理内存有限，Windows 执行的进程越多，物理内存的消耗就越多，以至于内存会消耗殆尽。为了解决这类问题，Windows 使用了虚拟内存（即交换文件），用部分硬盘空间来充当内存使用，虚拟内存的速度很慢，因此应合理设置虚拟内存。其方法如下：

1）用鼠标右键单击“我的计算机”图标，选择 属性(R) 命令，弹出 **系统属性** 对话框，打开 高级 选项卡，如图 8.2.24 所示。

2）单击“性能”选区后的 设置(S) 按钮，然后打开 **性能选项** 对话框中的 高级 选项卡，如图 8.2.25 所示。

3）单击“虚拟内存”选区中的 更改(C) 按钮，弹出如图 8.2.26 所示的对话框。

4）在“所选驱动器的页面文件大小”选区中选中 ⊙自定义大小(C): 单选按钮，在其后的文本框中输入想要设置的虚拟内存的大小，然后单击【设置(S)】按钮即可。

（3）磁盘碎片整理。磁盘碎片是由于文件被分散保存到整个磁盘的不同地方，而不是保存在磁盘连续的簇中。这种文件碎片不会在系统中引起任何问题，但文件碎片过多会使系统在读文件的时候来回寻找，引起系统性能下降，严重的还会缩短硬盘寿命。

使用 Windows 磁盘碎片整理工具整理硬盘：

1）单击“开始→程序→附件→系统工具→磁盘碎片整理程序”命令，如图 8.2.27 所示的界面。

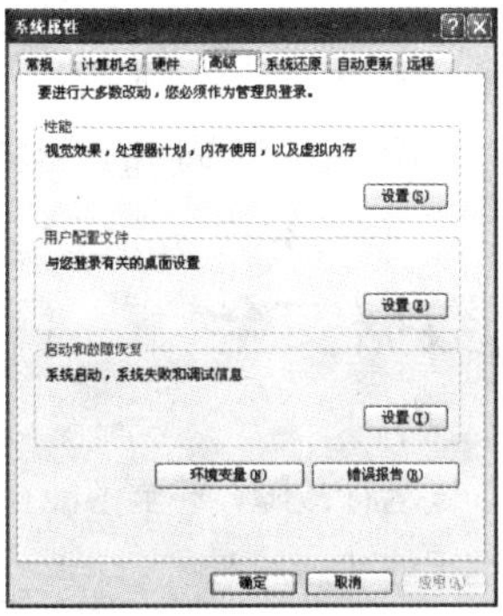

图 8.2.24　“高级”选项卡

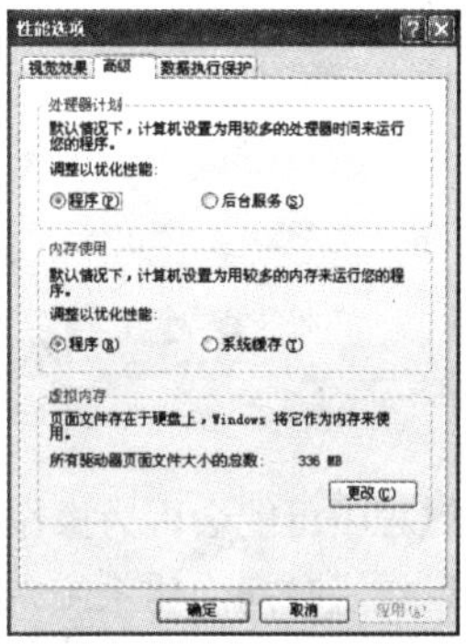

图 8.2.25　“性能选项”对话框

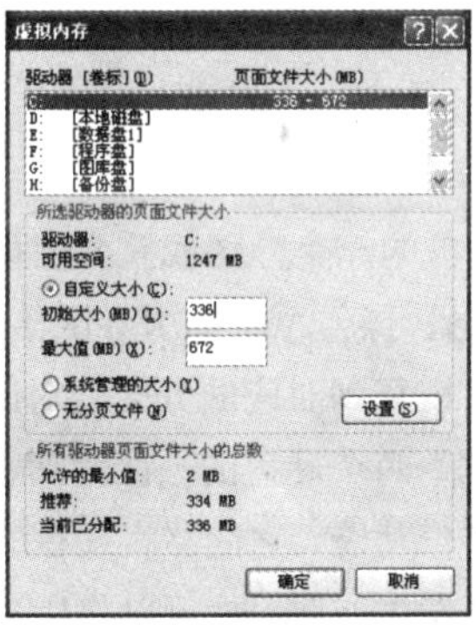

图 8.2.26　“虚拟内存”对话框

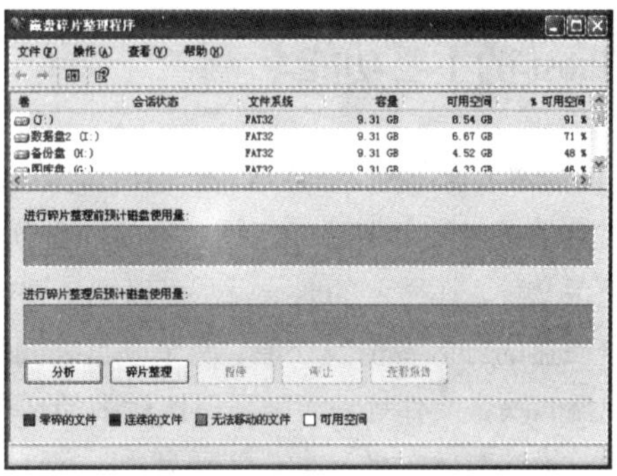

图 8.2.27　磁盘碎片整理界面

2）选择需要整理的磁盘（也可以一次整理所有磁盘），然后单击【碎片整理】按钮即可开始整理，如图 8.2.28 所示为 Windows XP 的磁盘整理界面。

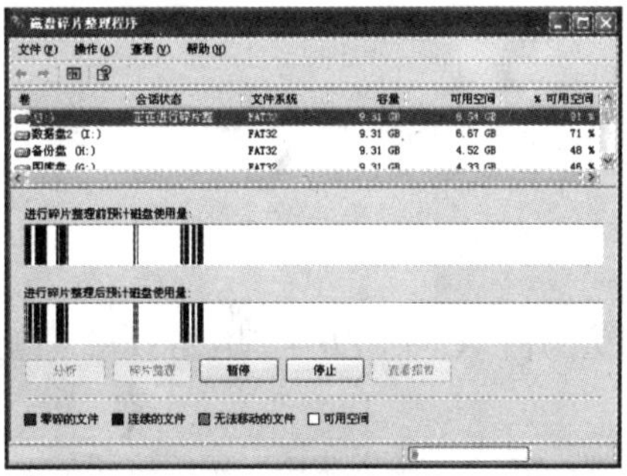

图 8.2.28　正在进行磁盘整理

（4）移动“我的文档”临时文件夹。默认情况下，“我的文档”临时文件夹保存在 C 盘，用鼠标右键单击“我的文档”，在属性设置项中可修改“我的文档”的保存路径。

（5）移动刻录时产生的临时文件。文件在刻录之前都会保存于C盘的刻录临时文件夹中，进入资源管理器，选择刻录机盘符并单击鼠标右键，选择“属性”选项，在“录制”标签下可将此临时文件夹安置于其他驱动器中。

（6）清理硬盘垃圾。随着安装的软件越来越多，硬盘中的“垃圾文件”与磁盘磁片也越积越多，使得系统整体性能下降，因此，要经常清理和整理硬盘。所谓的硬盘“垃圾文件”是指在安装、删除、运行程序中产生的各种临时的、重复的、无用的文件，比如系统默认的临时目录“Temp”中的文件、上网时产生的临时文件、后缀名为.tmp的文件，以及注册表中无用的动态链接DLL文件等。除了手工清除这些“垃圾”外，还可借助Norton CleanSweep、超级兔子等专门的工具软件进行清除。

8.3 保护重要数据安全

在使用计算机的过程中可能会因为操作不当造成系统运行故障，甚至不能正常启动。如果平时做好了备份工作，就可以在短时间内将系统恢复到正常运行的状态。

备份/恢复系统除了可以用Windows系统自带的功能外，还可以利用第三方的工具软件来实现。这里推荐使用Norton Ghost，它就是一款非常出名的备份/还原软件。

8.3.1 Ghost的主要功能

Ghost工作的基本方法不同于其他的备份软件，它是将硬盘的一个分区或整个硬盘作为一个对象来操作，可以完整地备份硬盘信息（包括对象的硬盘分区信息、操作系统的引导区信息等），并打包压缩成为一个映像文件，在需要的时候，又可以把该映像文件恢复到对应的分区或对应的硬盘中。它的功能包括单个硬盘的分区备份及还原、两个硬盘之间的对拷、两个硬盘的分区对拷、网络之间的硬盘对拷、制作硬盘的映像文件等，通常用得比较多的是分区备份功能，它能够将硬盘的一个分区压缩备份成映像文件，然后存储在另一个分区硬盘中，一旦原分区发生问题，就可以将所备份的映像文件恢复回去，使原分区恢复正常，而且Ghost执行速度比较快，一般只需5～10分钟。对于学校和网吧，使用Ghost软件可迅速方便地实现系统的快速安装和恢复，而且维护起来也比较容易。

8.3.2 系统备份及还原

使用Ghost对硬盘复制备份，主要有硬盘分区（Partition）备份和整个硬盘（Disk）备份两种备份方式。

1．分区备份

下面就以制作系统盘（C盘）为例（Ghost 7.0主程序存放在E盘），详细说明如何使用Ghost 7.0进行操作。

（1）用启动盘启动计算机到DOS下，输入“E:”然后按回车键，再输入“Ghost”，按回车键，即可进入Ghost 7.0主界面，如图8.3.1所示。

（2）单击“OK”按钮，在主菜单中选择“Local→Partition→To Image”命令，如图8.3.2所示。

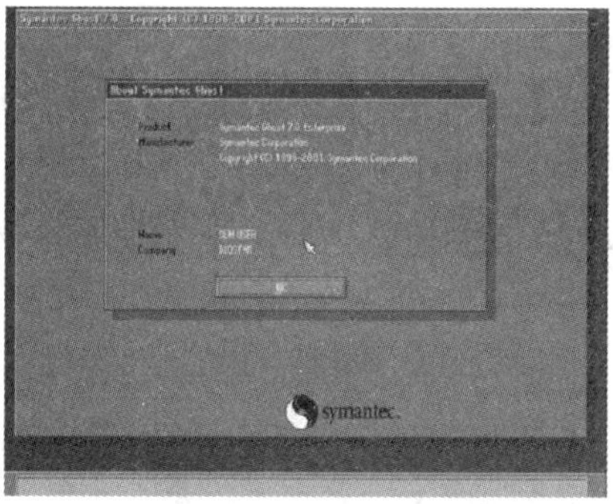

图 8.3.1 Ghost 7.0 主界面

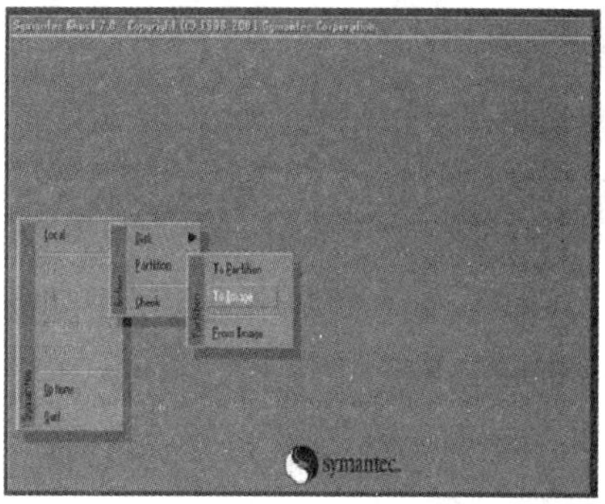

图 8.3.2 选择制作镜像选项

（3）按回车键，弹出如图 8.3.3 所示界面。

（4）单击“OK”按钮，弹出如图 8.3.4 所示的界面，选择要制作镜像文件的硬盘分区。

（5）选择系统盘（C 盘），单击“OK”按钮，出现选择存储文件路径界面，如图 8.3.5 所示。

（6）确定好存储路径后，单击“Save”按钮，弹出如图 8.3.6 所示的界面，Ghost 询问是否要压缩存放。

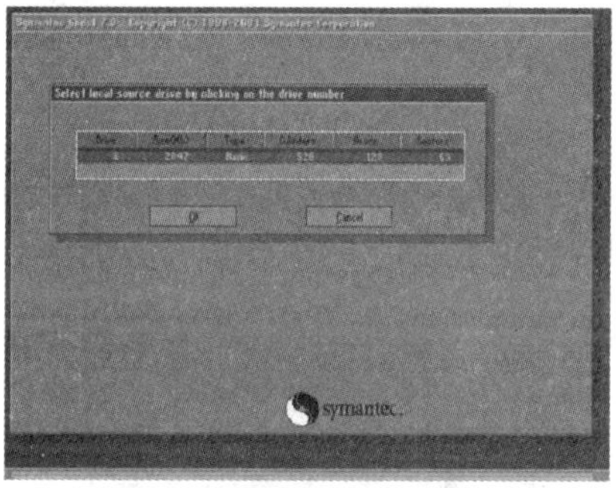

图 8.3.3 选择硬盘

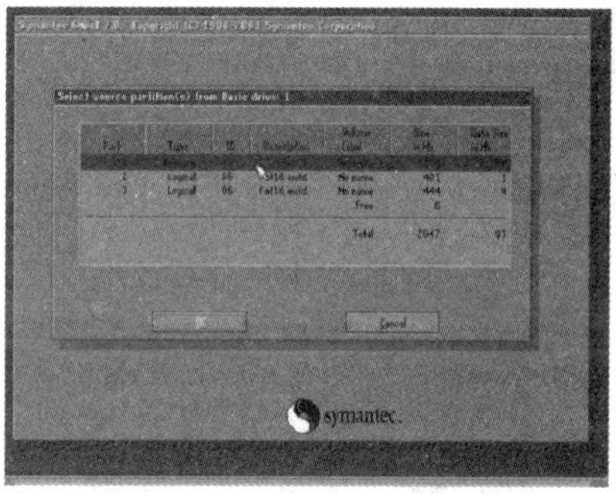

图 8.3.4 选择要制作镜像的分区

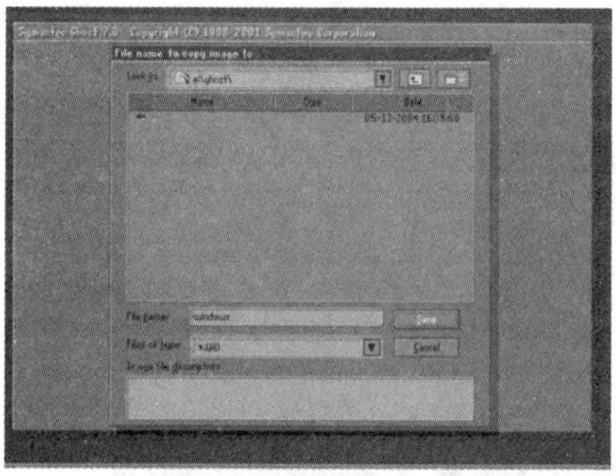

图 8.3.5 选择存储文件路径

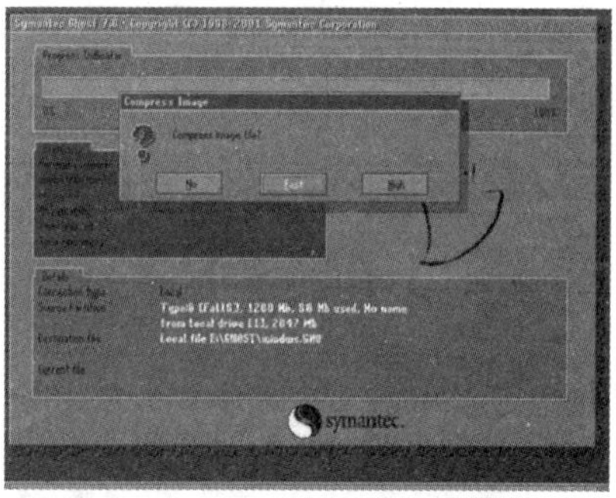

图 8.3.6 Ghost 询问是否要压缩存放

（7）这里有 3 个选项可供选择，分别是“No（不压缩）”，“Fast（快速压缩）”和“High（高度压缩）”。一般情况下，选择“Fast”选项，按回车键后弹出如图 8.3.7 所示的界面。

（8）单击“Yes”按钮，Ghost 开始制作镜像文件到指定目录，如图 8.3.8 所示。

（9）稍等几分钟，镜像文件制作完成，Ghost 7.0 提示是否继续，如图 8.3.9 所示。

（10）按回车键确认，系统盘镜像文件制作完成。制作其他盘的镜像文件和制作系统盘的镜像文件操作方法相同，这里就不再赘述。

2．还原备份的分区

当计算机系统遭到意外损坏而不能正常启动时，可以使用 Ghost 的还原备份分区的功能恢复系统，具体操作如下：

（1）用启动软盘或者 Windows 98 光盘启动计算机到 DOS 下，输入 Ghost 所在硬盘盘符，按回车键确认，再输入“Ghost”按回车键进入 Ghost 7.0 主界面，选择“Local→Partition→From Image”命令，如图 8.3.10 所示。

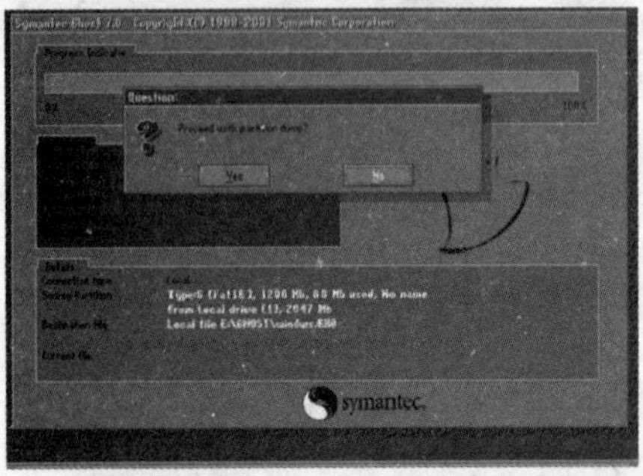

图 8.3.7　确认备份

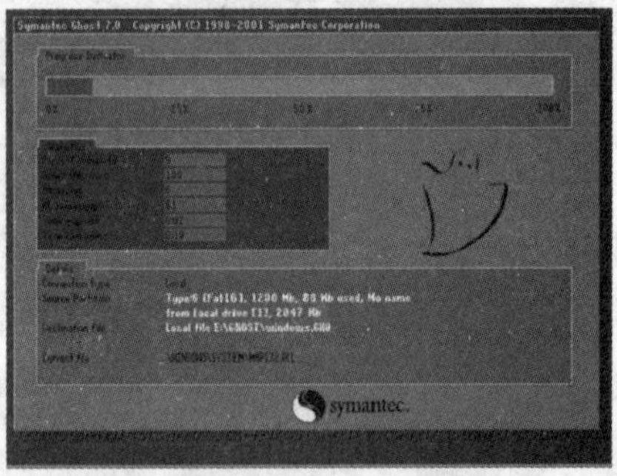

图 8.3.8　正在制作镜像文件

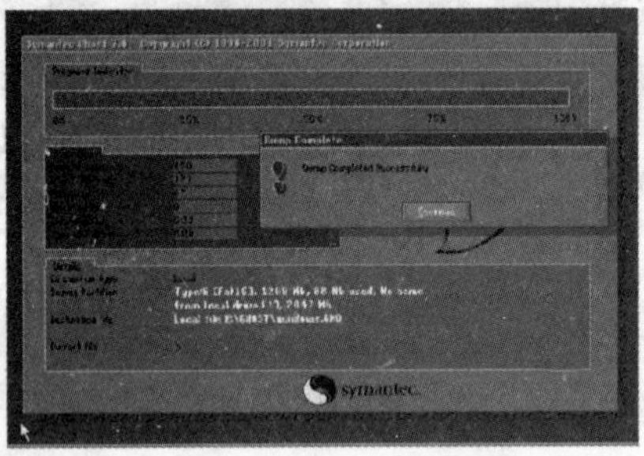

图 8.3.9　提示是否继续

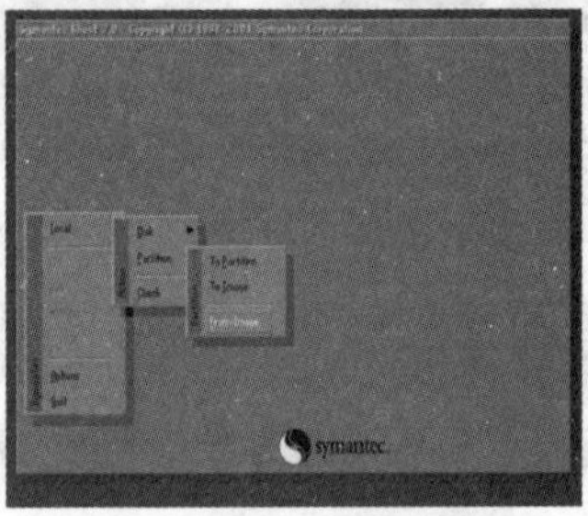

图 8.3.10　选择从镜像恢复

（2）按回车键确认，弹出如图 8.3.11 所示的界面。

（3）选择备份镜像文件存放的目录，单击“Open”按钮，出现如图 8.3.12 所示的界面。

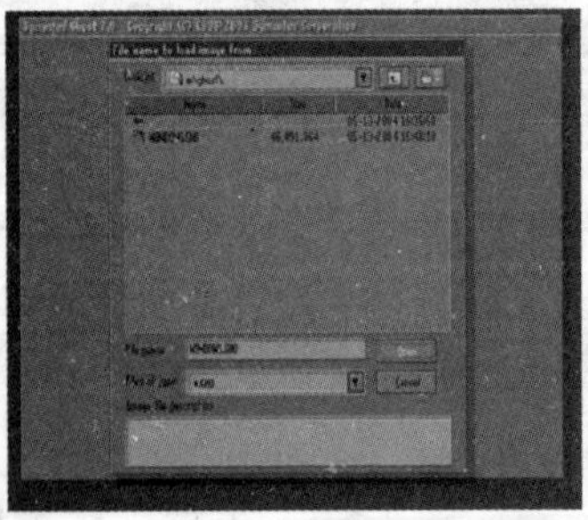

图 8.3.11　选择镜像文件

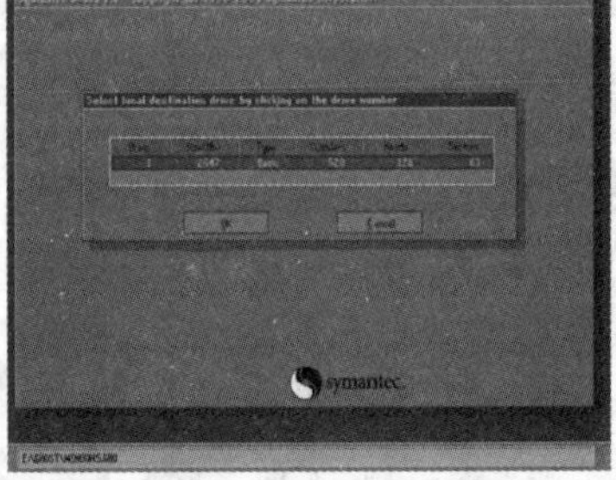

图 8.3.12　选择硬盘

（4）单击“OK”按钮，选择要恢复的分区，如图 8.3.13 所示。

（5）单击“OK”按钮，出现“是否确认恢复分区”提示框，如图 8.3.14 所示。

（6）单击“Yes”按钮，Ghost 7.0 开始恢复分区到目标分区，如图 8.3.15 所示。

（7）分区恢复完成，Ghost 7.0 提示“Reset Computer（重新启动计算机）”，如图 8.3.16 所示。重新启动计算机，分区恢复已经完成。

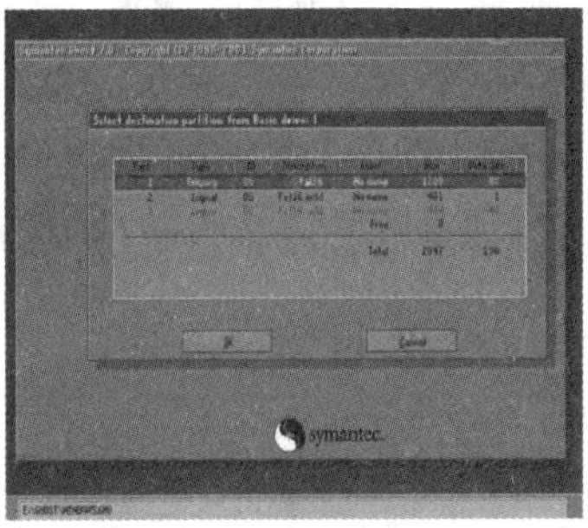

图 8.3.13　选择要恢复的分区

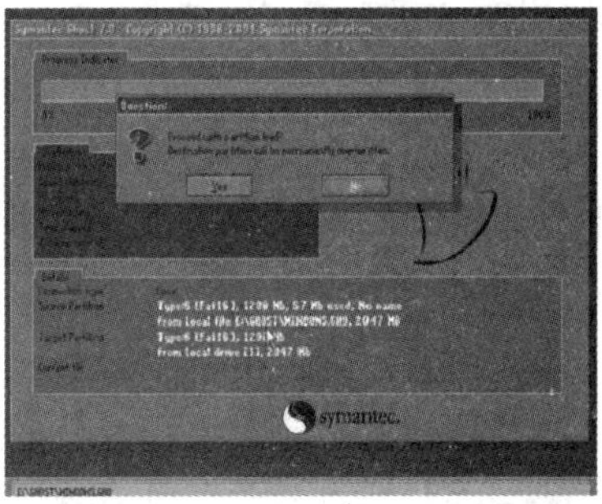

图 8.3.14　“是否确认恢复分区”提示框

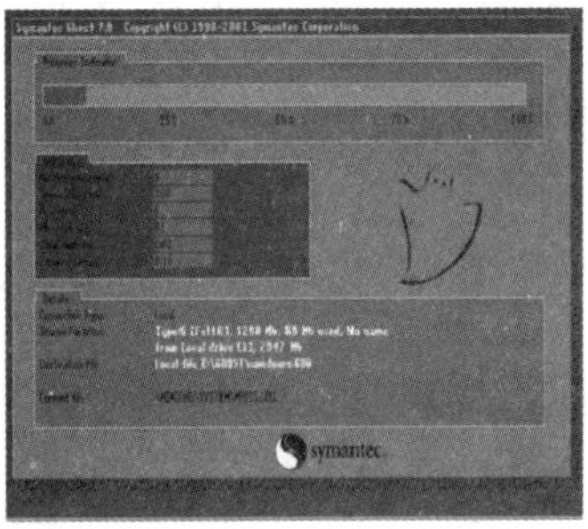

图 8.3.15　正在恢复分区

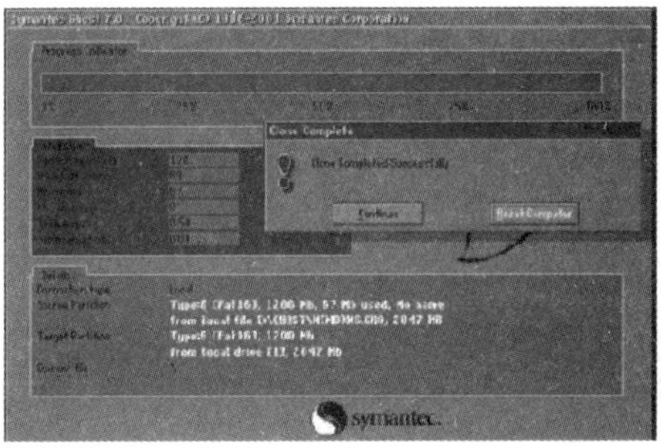

图 8.3.16　“是否重新启动计算机”对话框

恢复其他盘的操作和恢复系统盘的操作基本相同，这里不再赘述。

3. 分区备份注意事项

用 Ghost 制作 IMG 文件（以下称镜像文件）时通常应该注意以下几点：

（1）制作系统盘（一般为 C 盘）镜像文件。首先必须对系统盘进行大清理，清理所有的垃圾文件。包括清理 IE 的临时文件、网站历史记录、IE 临时文件、TEMP 文件夹、Recent 文件夹以及清理注册表中的冗余信息。对 C 盘进行磁盘扫描，修复损坏的簇，避免 Ghost 制作镜像文件失败。

（2）制作非系统盘镜像文件。同样要对此分区进行大清理，并且进行磁盘扫描，修复损坏的簇，保证 Ghost 制作镜像的完全成功。

（3）因为 Ghost 8.0 以前的版本不能对 NTFS 格式的硬盘分区进行操作，所以在制作镜像文件以前要确认硬盘分区是 FAT 32 格式。

（4）存放 Ghost 主程序的盘不能是将要被恢复的分区。

4. 硬盘克隆

硬盘的克隆就是对整个硬盘的备份和还原，Ghost 完美的硬盘对拷功能使得管理学校机房以及网吧变得更加容易了，在用 Ghost 进行硬盘对拷的时候，要特别注意以下几点：

（1）分清楚主盘和从盘。如果把主从盘弄错，使用 Ghost 进行硬盘对拷，原来的系统也将不能正常工作。通常情况下，进入 Ghost 主界面后，第一个盘为主盘，第二个盘为从盘，按照操作步骤即可完成硬盘之间的对拷。还可以通过区分它的品牌和参数辨别主从盘（前提是两个硬盘的品牌不同）。

（2）注意跳线的设置。在进行硬盘对拷时，一台主机内要安装两个硬盘，而且要使用同一根数据线，此时不对其中的从盘设置跳线，系统就检测不到此硬盘，也就无法进行硬盘对拷。硬盘从盘的设置方法要根据硬盘上的跳线使用说明进行设置。还有一种方法可以不用设置跳线，就是将光驱的数据线连接到从盘上进行硬盘对拷，不过这样做的前提条件是有软驱引导到DOS。

在做好相应的准备工作后，就可以进行硬盘的克隆。硬盘克隆的实际操作步骤也比较简单，即引导系统到Ghost主菜单下，选择菜单中的“Local→Disk→To Disk”命令，在打开的窗口中选择源硬盘（第一个硬盘），然后选择要复制到的目标硬盘（第二个硬盘）。稍等几分钟自动完成操作，关闭计算机，拆下硬盘，安装好计算机，硬盘克隆完成。

注意 可以设置目的硬盘各个分区的大小，Ghost可以自动对目的硬盘按设定的分区数值进行分区和格式化，选择“Yes”开始执行。

8.4　典型实例——使用Windows优化大师

Windows优化大师的功能包括性能测试、磁盘缓存优化、桌面菜单优化、垃圾文件清理、注册信息清理、系统安全优化等。

操作步骤

1．系统性能测试

系统性能测试的具体操作步骤如下：

（1）在优化项目导航栏中打开**系统信息检测**导航，单击 系统性能测试 优化项目，打开“系统性能测试”功能设置区，如图8.4.1所示。

（2）单击 测试 按钮，即可进行系统性能的测试，片刻之后即可完成，用户计算机的性能评分通过总体评分、处理器和内存评分、显卡和内存评分3项来显示，如图8.4.2所示。

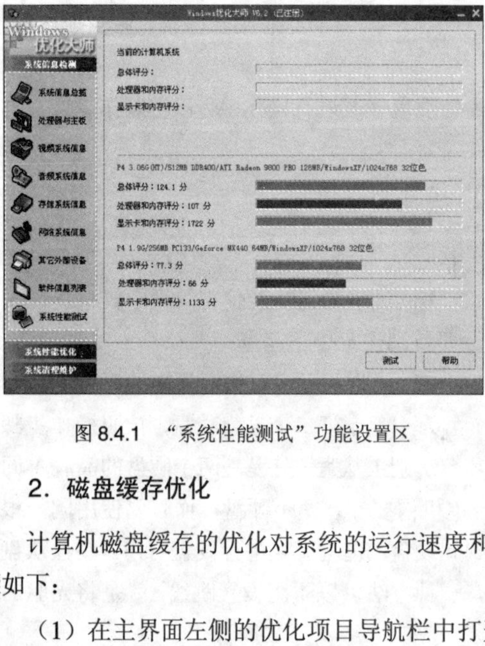

图8.4.1　“系统性能测试”功能设置区

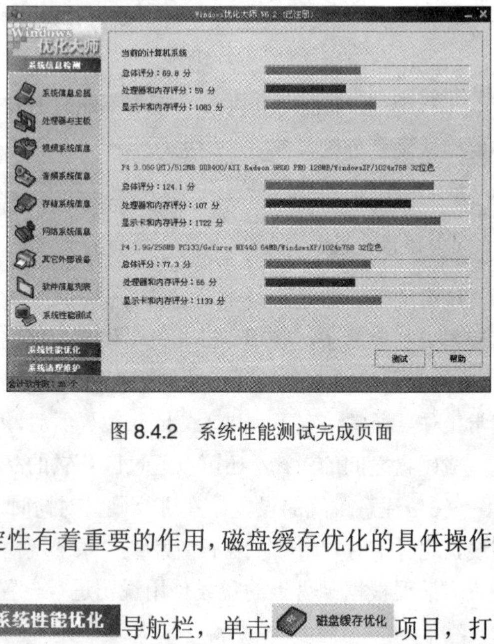

图8.4.2　系统性能测试完成页面

2．磁盘缓存优化

计算机磁盘缓存的优化对系统的运行速度和稳定性有着重要的作用，磁盘缓存优化的具体操作步骤如下：

（1）在主界面左侧的优化项目导航栏中打开**系统性能优化**导航栏，单击 磁盘缓存优化 项目，打开

“磁盘缓存优化”功能设置区，如图 8.4.3 所示。

（2）单击 优化 按钮，即可完成磁盘缓存的优化。

（3）单击 内存整理 按钮，打开 Windows内存整理 窗口，如图 8.4.4 所示。

（4）单击 整理 按钮，片刻之后完成内存的整理。

（5）用户对所整理的结果不满意，还可以单击 整理 按钮，进行第二次整理。

（6）整理完成后单击“关闭”按钮 ✕，关闭 Windows内存整理 窗口。

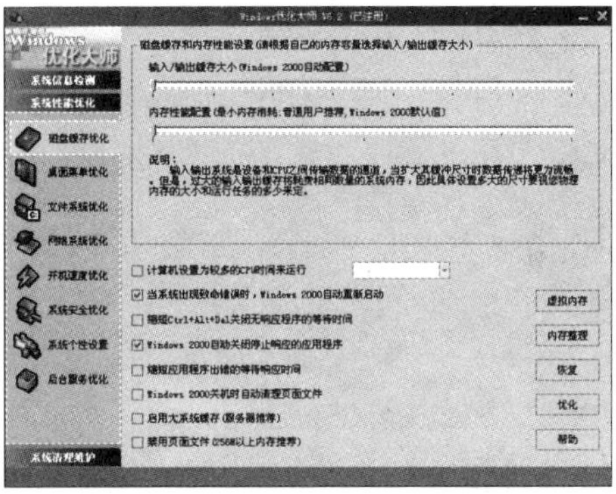

图 8.4.3　“磁盘缓存优化”功能设置区

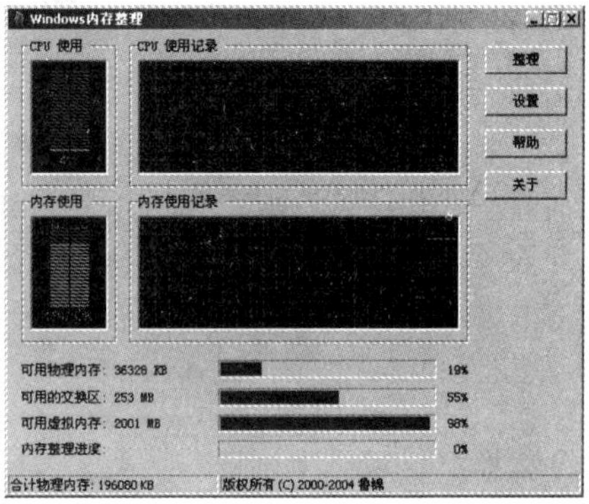

图 8.4.4　“Windows 内存整理”窗口

3. 桌面菜单优化

优化桌面菜单的具体操作步骤如下：

（1）在主界面左侧的优化项目导航栏中打开 系统性能优化 导航栏，单击 桌面菜单优化 项目，打开“桌面菜单优化”功能设置区，如图 8.4.5 所示。

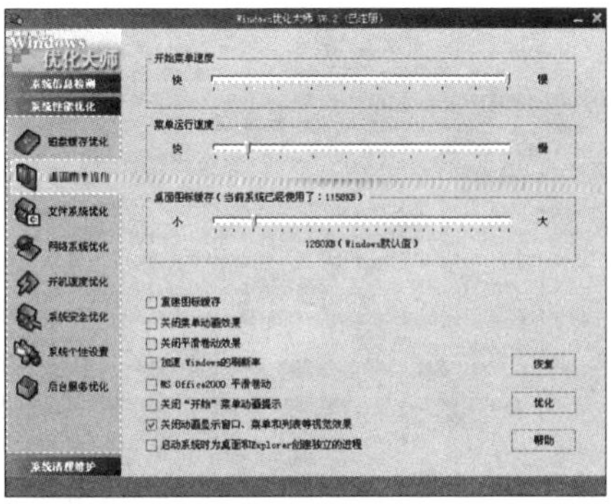

图 8.4.5　“桌面菜单优化”功能设置区

（2）选中 ☑ 加速 Windows的刷新率 复选框。用户还可根据不同的要求，选中其他的复选框。

（3）在“桌面菜单优化”功能设置区中对相应的选项进行设置，“开始菜单速度”的优化可以加快开始菜单的运行速度，将其调整到最快；“菜单运行速度”的优化可以加快所有菜单的运行速度，将其调整到最快。

4. 垃圾文件清理

在计算机运行时，经常会自动生成一些垃圾文件，这些垃圾文件不但占用计算机的磁盘空间，而且影响计算机的运行速度，对计算机运行速度和稳定造成很大的影响。使用 Windows 优化大师可以清理这些垃圾文件，其具体操作步骤如下：

（1）在优化项目导航栏中打开**系统清理维护**导航栏，单击**垃圾文件清理**优化项目，打开“垃圾文件清理”功能设置区，如图 8.4.6 所示。

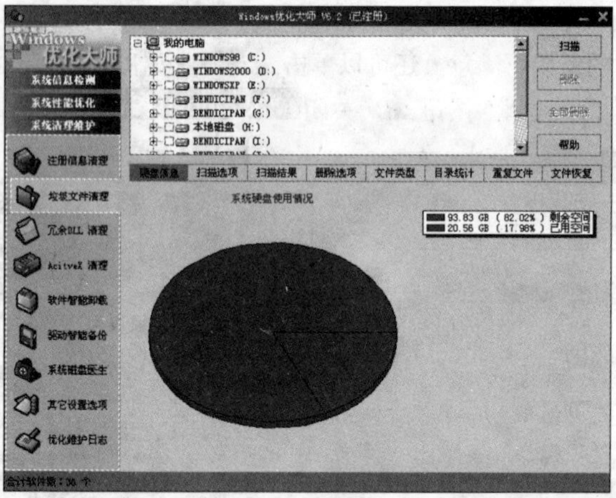

图 8.4.6　“垃圾文件清理”功能设置区

（2）在磁盘列表中选中要进行扫描的磁盘，单击**扫描**按钮，开始对选中磁盘进行“垃圾文件”的扫描。扫描完成后在**扫描结果**选项卡中显示扫描结果，如图 8.4.7 所示。

（3）在**扫描结果**选项卡中选中要删除的垃圾文件，单击**删除**按钮即可将垃圾文件删除。

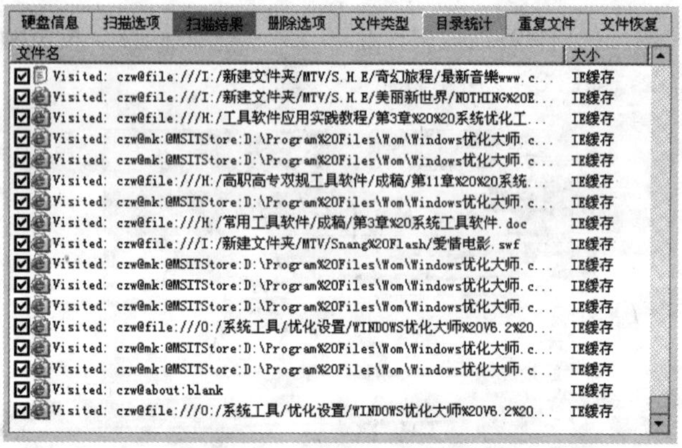

图 8.4.7　“扫描结果”选项卡

5. 注册信息清理

注册表中常常会出现因为删除某些应用程序或文件而留下一些无用的注册表信息，下面介绍通过 Windows 优化大师进行注册表信息清理的操作，具体操作步骤如下：

（1）在主界面左侧的优化项目导航栏中打开**系统清理维护**导航栏，单击**注册信息清理**项目，打开“注册信息清理”功能设置区，如图 8.4.8 所示。

（2）在清理列表中选中要清理的选项，单击**扫描**按钮，对用户计算机进行注册信息扫描，片刻之后即可完成扫描，所有无用信息将显示在扫描结果选项卡中。

（3）选中要删除的注册信息，单击**删除**按钮，即可删除选中的无用注册信息。

（4）单击**全部删除**按钮，即可将扫描出来的所有无用信息删除，完成注册信息的清理。

6. 系统安全优化

通过 Windows 优化大师可以对用户计算机的系统安全进行优化，以增强系统运行的安全性，具体操作步骤如下：

（1）在主界面左侧的优化项目导航栏中打开系统性能优化导航栏，单击系统安全优化项目，打开“系统安全优化”功能设置区，如图 8.4.9 所示。

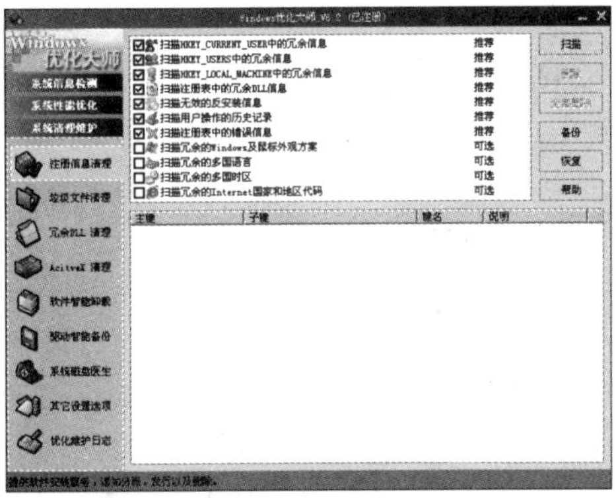

图 8.4.8　“注册信息清理”功能设置区

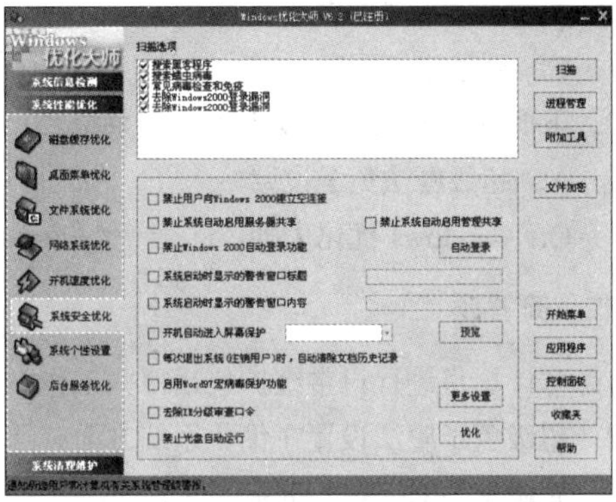

图 8.4.9　“系统安全优化”功能设置区

（2）选中☑禁止光盘自动运行和☑禁止系统自动启用服务器共享复选框。单击扫描按钮，对用户计算机的蠕虫病毒、系统漏洞等进行扫描，扫描完成后，弹出如图 8.4.10 所示的安全检查对话框，在该对话框中显示用户计算机的安全状态。

（3）扫描完成后单击退出按钮，退出安全检查。

（4）单击更多设置按钮，弹出更多的系统安全设置对话框，如图 8.4.11 所示。

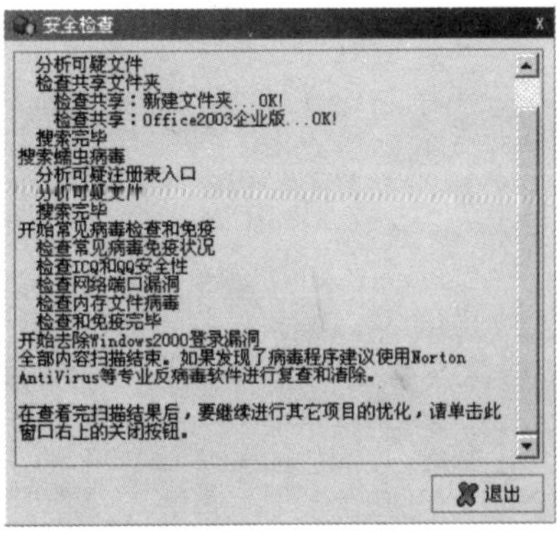

图 8.4.10　“安全检查”对话框

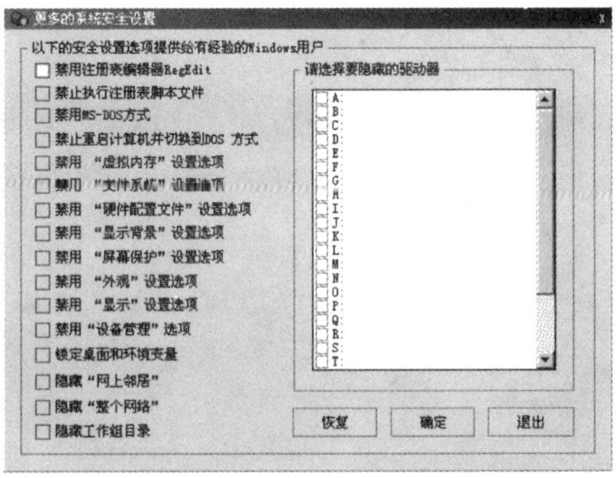

图 8.4.11　“更多的系统安全设置”对话框

（5）根据用户需要，选中其中相应的复选框，单击确定按钮，完成系统安全设置。

小　　结

在网络时代的今天，学好计算机的安全与维护知识可以更好地保护计算机资源，使自己的利益不受侵害，并使计算机工作在快速稳定的最佳状态。本章应该掌握防治和查杀病毒的方法、各种磁盘维护工具的使用方法、Windows 的更新方法以及使用优化软件优化系统的方法。

过关练习八

一、选择题

1．若想检查并恢复磁盘丢失的文件和空间，应使用下面（　）工具。

A．磁盘清理程序　　B．磁盘碎片整理程序

C．磁盘扫描程序　　D．系统还原程序

2．下面（　）软件可以用于优化系统。

A．超级魔法兔子设置　　B．防火墙

C．Windows 优化大师　　D．磁盘碎片整理程序

二、简答题

1．对计算机进行日常维护包括哪些工作？具体怎么操作？

2．超级兔子魔法设置在优化系统方面有哪些功能？

3．简述使用 Ghost 备份系统的方法。

三、上机操作题

1．对自己计算机上的所有磁盘进行碎片整理。

2．用超级兔子魔法设置对开机速度进行优化。

第 9 章　行业应用实例

为了更好地了解并掌握 Office 2007 组件的使用，本章准备了一些具有代表性的实例。所举实例由浅入深地贯穿本书的知识点，相信通过本章实例的学习，读者能够掌握该软件的强大功能。

本章重点

（1）制作宣传页。
（2）制作年度收支预算表。
（3）制作“保护环境”幻灯片。
（4）制作教学课件。

实例 1　制作宣传页

创作目的

本例将制作一个宣传页，制作过程大致可分为页面设置、设置背景、插入图片、插入艺术字等。通过本实例的学习，应初步掌握宣传页的制作方法和技巧，并从中领悟宣传页设计的基本原理，最终效果如图 9.1.1 所示。

图 9.1.1　宣传页效果图

创作步骤

（1）启动 Word 2007，单击“Office”按钮，在弹出的菜单中选择新建(N)命令，弹出新建文档对话框，在该对话框左侧的“模板”列表框中选择“空白文档和最近使用的文档”选项，然后在对话框右侧的列表框中选择“空白文档”选项，单击创建按钮，即可创建一个空白文档。

（2）单击“页面布局”选项卡中的“页面设置”组中的“对话框启动器”按钮，弹出页面设置对话框，默认打开“页边距”选项卡，如图 9.1.2 所示。在该选项卡中的“页边距”选区中设置“上”“下”“左”“右”均为“1 厘米”；在“方向”选区中设置页面方向为“纵向”。

（3）在页面设置对话框中打开纸张选项卡，如图 9.1.3 所示。在该选项卡中的“纸张大小”选区中设置“宽度”和“高度”分别为“11 厘米”和“13 厘米”。

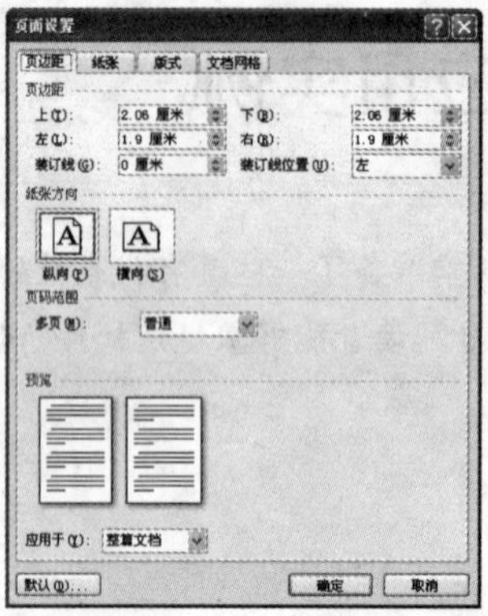

图 9.1.2 “页边距”选项卡

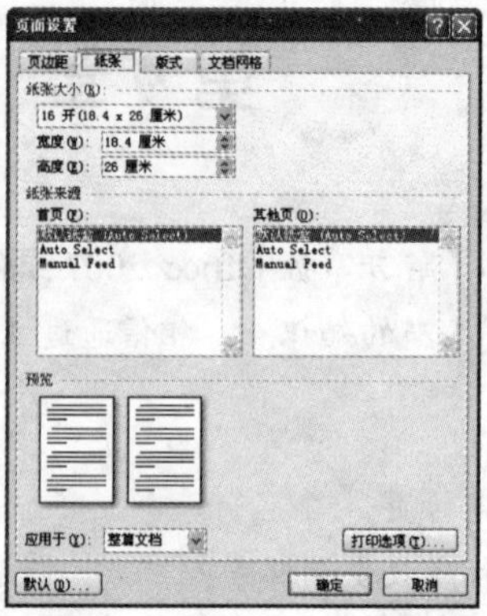

图 9.1.3 “纸张”选项卡

（4）设置完成后，单击确定按钮，完成文档的页面设置。

（5）在“页面布局”选项卡中的“页面背景”组中单击页面颜色按钮，在弹出的下拉列表中选择填充效果(F)...选项，弹出填充效果对话框，打开图片选项卡，如图 9.1.4 所示。

（6）在该选项卡中单击选择图片(L)...按钮，弹出选择图片对话框，如图 9.1.5 所示。

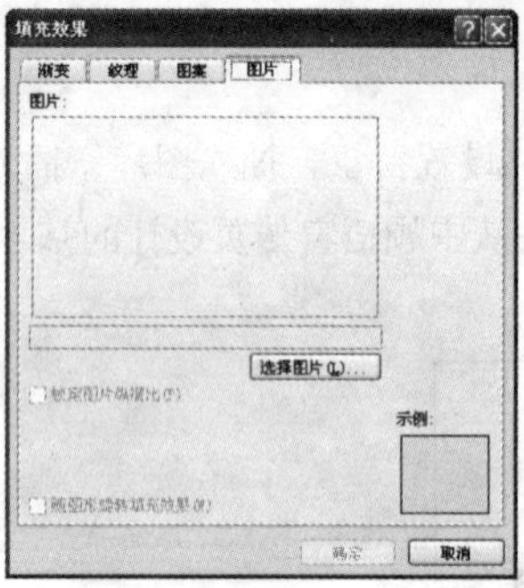

图 9.1.4 “图片”选项卡

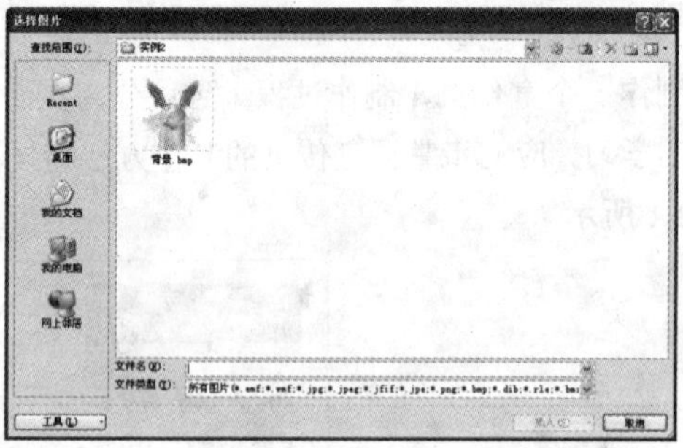

图 9.1.5 “选择图片”对话框

（7）在该对话框中的“查找范围”下拉列表中选择图片的位置，在其列表框中选中需要的图片，单击插入(S)按钮，返回到填充效果对话框中，单击确定按钮为 Word 文档设置背景，效果如图 9.1.6 所示。

（8）在“插入”选项卡中的“插图”组中选择“图片”选项，弹出插入图片对话框，如图 9.1.7 所示。

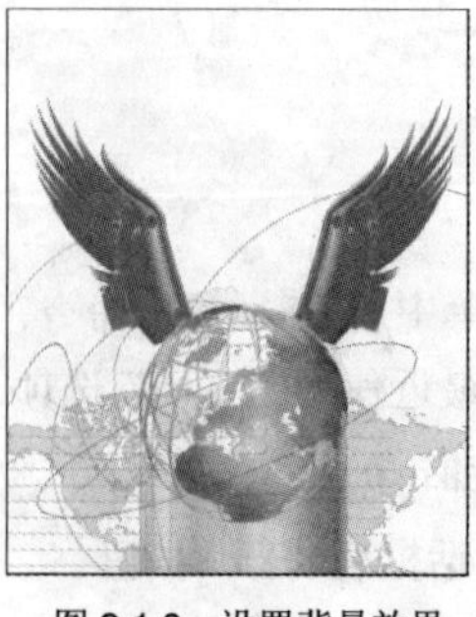

图 9.1.6 设置背景效果

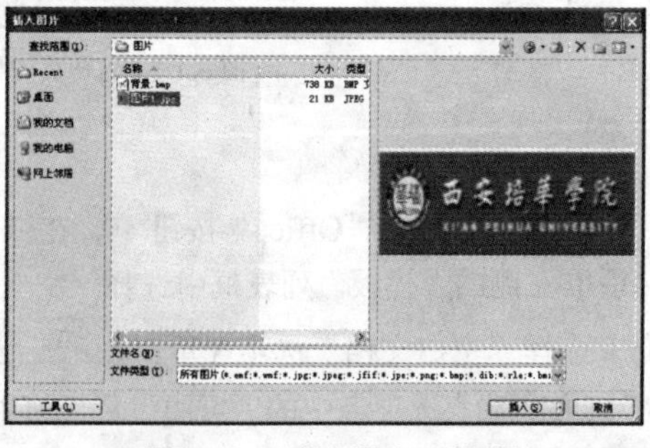

图 9.1.7 “插入图片”对话框

（9）在该对话框中选择所需的图片，单击 插入(S) 按钮，即可将所选的图片插入到 Word 文档中。

（10）选中插入的图片，在“格式”选项卡中的“大小”组中选择“裁剪”选项，对插入的图片进行裁剪。

（11）选中插入的图片，在“格式”选项卡中的“排列”组中单击 文字环绕 按钮，弹出其下拉列表，如图 9.1.8 所示。

（12）在该选项卡中的“环绕方式”选区中选择“浮于文字上方”选项，并调整图片的大小和位置，效果如图 9.1.9 所示。

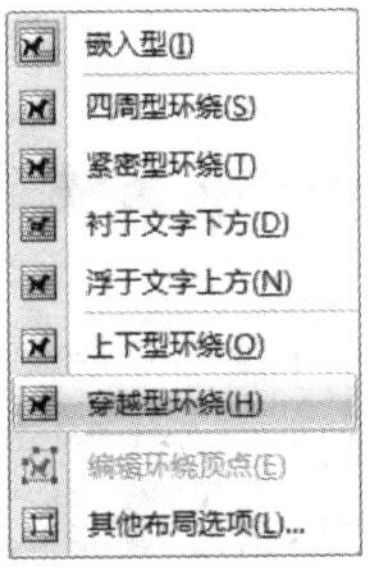

图 9.1.8 “文字环绕”下拉列表

图 9.1.9 插入图片效果

（13）在“插入”选项卡中的“文本”组中选择“文本框”选项，在弹出的下拉列表中选择 绘制文本框(D) 命令，在文档中绘制一个文本框。在文本框中输入文本“第 6 届 MBA”，并设置其“字体”为“黑体”；“字号”为“二号”；“字体颜色”为“红色”；并单击“加粗”按钮 B 和“倾斜”按钮 I。

（14）在绘制的文本框上单击鼠标右键，从弹出的快捷菜单中选择 设置文本框格式(O)... 选项，弹出 设置文本框格式 对话框，打开 颜色与线条 选项卡，如图 9.1.10 所示。

（15）在该选项卡中设置文本框的填充颜色为“无颜色”，线条颜色为“无颜色”。

（16）设置完成后，单击 确定 按钮，效果如图 9.1.11 所示。

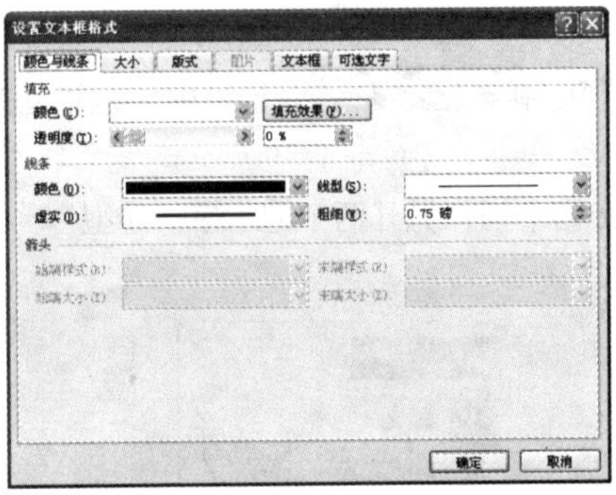

图 9.1.10 “颜色与线条”选项卡

图 9.1.11 插入文本框效果

（17）在“插入”选项卡中的“文本”组中选择“艺术字”选项，弹出其下拉列表，如图 9.1.12 所示。

（18）在该下拉列表中选择第 1 行第 1 列的艺术字样式，弹出 编辑艺术字文字 对话框，如图 9.1.13 所示。

图 9.1.12 “艺术字”下拉列表

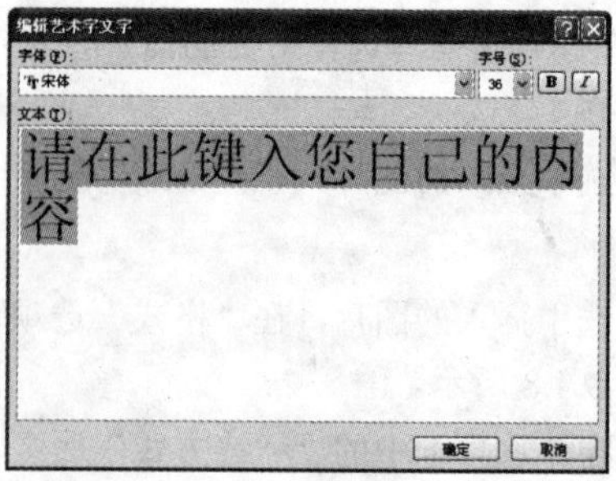

图 9.1.13 “编辑艺术字文字”对话框

（19）在“文本”文本框中输入文本“新年论坛”；在“字体”下拉列表中选择“隶书”选项；在“字号”下拉列表中选择“40 磅”；单击“加粗”按钮 B 。

（20）设置完成后，单击 确定 按钮，在文档中插入艺术字。

（21）选中插入的图片，在“格式”选项卡中的“排列”组中单击 文字环绕 按钮，在弹出的下拉列表中选择 浮于文字上方(N) 选项，并调整艺术字的位置。

（22）在插入的艺术字上单击鼠标右键，从弹出的快捷菜单中选择 设置艺术字格式(O)... 命令，弹出 设置艺术字格式 对话框，打开 颜色与线条 选项卡，如图 9.1.14 所示。

（23）在该选项卡中的“填充”选区中单击 填充效果(F)... 按钮，弹出 填充效果 对话框，打开 渐变 选项卡，设置该选项卡的参数如图 9.1.15 所示。

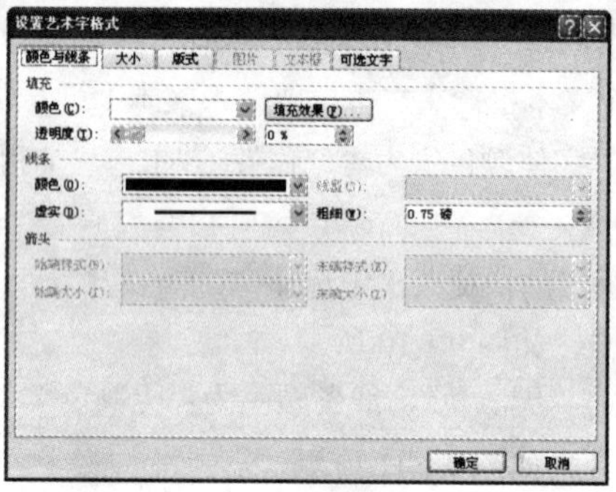

图 9.1.14 “颜色与线条”选项卡

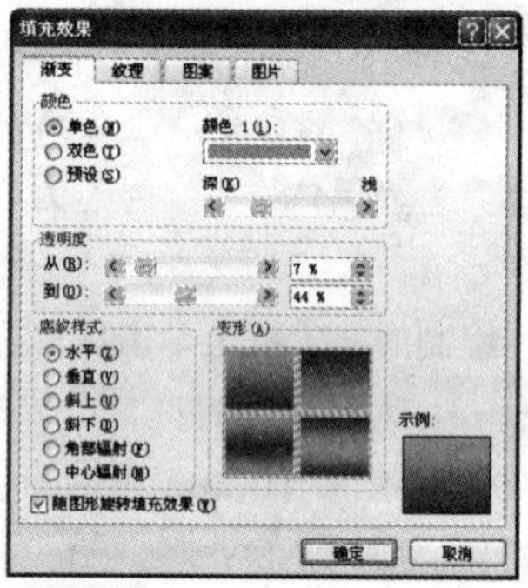

图 9.1.15 “渐变”选项卡

（24）设置完成后，单击 确定 按钮，返回到 设置艺术字格式 对话框中，单击 确定 按钮，完成艺术字格式的设置，效果如图 9.1.16 所示。

（25）重复步骤（17）～（24）的操作，在文档中插入另外两个艺术字“转型”，并调整其位置，效果如图 9.1.17 所示。

图 9.1.16 插入艺术字效果

图 9.1.17 插入艺术字

（26）重复步骤（13）～（16）的操作，在文档中插入另外两个文本框，并对其内容和格式进行相应的设置。

至此，宣传页制作完成，对文档进行保存，最终效果如图 9.1.1 所示。

实例 2　制作年度收支预算表

创作目的

本例中的“年度收支预算表”为企业在进行一年收支预算统计时带来方便，通过该预算表可以非常方便地了解一年中企业各产品在每月中的销售收入与成本预算，各数据在总收入或总成本中所占的比例，并且对每月的日常开支和耗损情况进行预估，使企业和相关部门能及时了解企业的运营状况。本例的最终效果如图 9.2.1 所示。

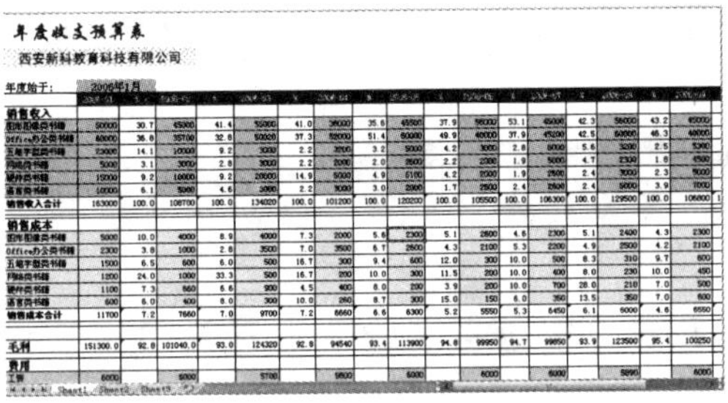

图 9.2.1　效果图

创作步骤

（1）新建一个 Excel 工作簿，将其保存为“年度收支预算表”。

（2）在 A1 单元格中输入“年度收支预算表”，将字体设为“华文行楷”，字号为“20”磅，并用鼠标拖动调整第 1 行的行高。

（3）选定 A1:C3 单元格，在“开始”选项卡中的“对齐方式”选项区中单击按钮，将这几个单元格合并后居中。

（4）在 A2 单元格中输入“西安新科教育科技有限公司”，将字体设为“黑体”，字号为“14”磅，合并并居中 A2:D2 单元格。

（5）选中 A2 单元格，单击鼠标右键，在弹出的快捷菜单中选择 设置单元格格式(F)... 命令，弹出**设置单元格格式**对话框。打开 填充 选项卡，在“图案样式”下拉列表中选择一种图案样式，在“图案颜色”下拉列表中选择一种颜色，如图 9.2.2 所示。

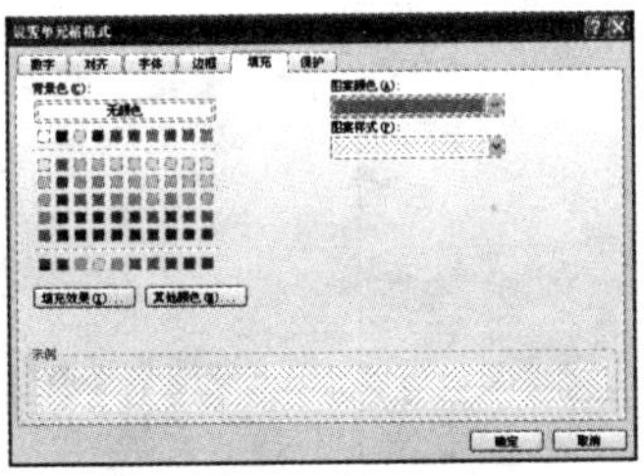

图 9.2.2　设置单元格图案及颜色

（6）单击 确定 按钮，返回工作表，如图 9.2.3 所示。

（7）选中 A4 单元格，输入文字“年度始于:”，并将字体设置为“宋体”，字号为“11”磅。

（8）合并并居中单元格 B4:C4，在“开始”选项卡中的“字体”选项区中单击按钮，弹出“填充颜色”下拉列表。从中选择一种颜色，并输入日期“2006-1-1”，效果如图 9.2.4 所示。

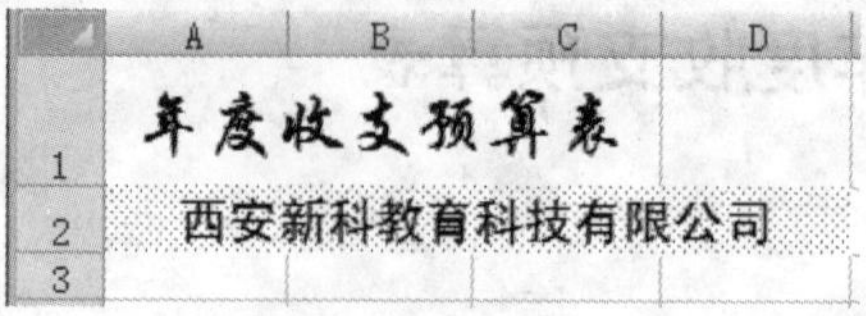

图 9.2.3　设计标题

图 9.2.4　输入日期

（9）单击 B4 单元格，重复步骤（5），打开 数字 选项卡，在“分类”列表中选择“日期”，在“类型”列表框中选择“2001 年 3 月”这种日期显示格式，如图 9.2.5 所示。

（10）单击 确定 按钮，返回工作表，此时单元格中的日期格式已被更改。

（11）选中 B5 单元格，在公式栏中输入公式“=B4”，使 B5 单元格中的数值与 B4 单元格相同，如图 9.2.6 所示。

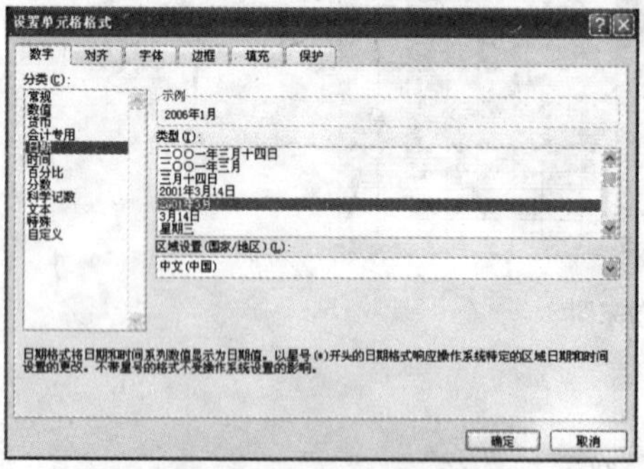

图 9.2.5　设置日期显示格式

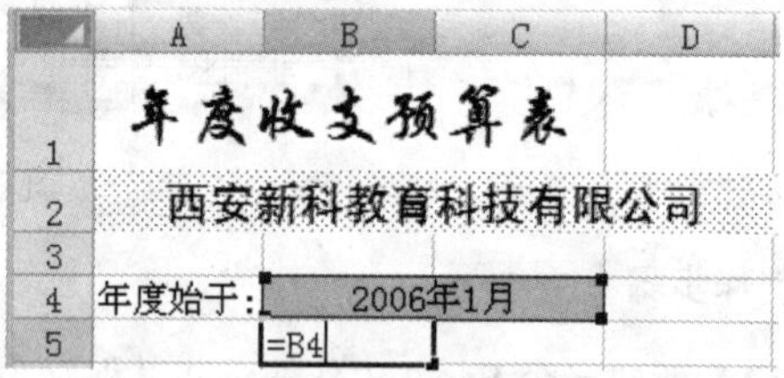

图 9.2.6　单元格引用

（12）按回车键完成公式的输入。为了充分利用报表空间，将 B5 单元格中的日期格式设置为较短的显示格式。重复步骤（9），在“分类”列表中选择“自定义”，在“类型”列表框中选择“mmm-yy”格式，并将此格式改为“yyyy-mm”显示格式，如图 9.2.7 所示。

（13）单击 确定 按钮返回工作表，设置此单元格中的字体为“宋体”、字号为“9”磅、对齐方式为“居中”，并同时适当减少列宽。

（14）在 C5 单元格中输入百分号“%”，并设置与 B5 单元格相同的格式，如图 9.2.8 所示。

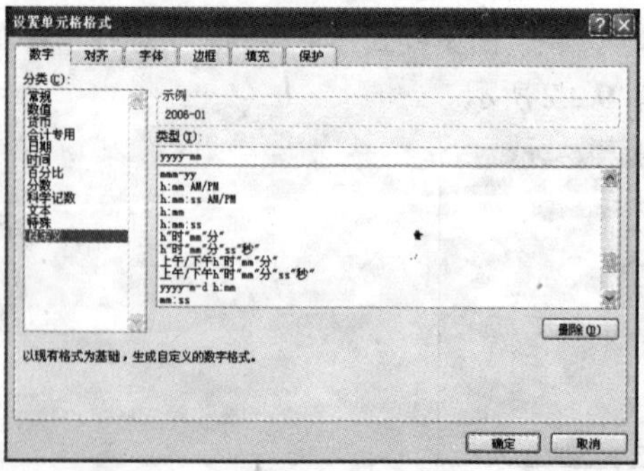

图 9.2.7　设置“自定义”类型

图 9.2.8　设置 C5 单元格格式

（15）同时选中 B5 和 C5 单元格，按“Ctrl+C”键，然后选中 D5 单元格，按“Ctrl+V”键，就将 B5 和 C5 单元格的数据复制到了 D5 和 E5 单元格中。

（16）单击“智能标记”，在弹出的下拉列表中选择

选项，此时 D5 和 E5 单元格的格式就设置好了，如图 9.2.9 所示。

（17）从图 9.2.9 中可以看出，D5 单元格的日期不对，所以要更改单元格中的公式。在 D5 单元格中输入公式“=DATE(YEAR(B4),MONTH(B4)+1,1)”，按回车键，正确的结果就会显示在 D5 单元格中，如图 9.2.10 所示。

图 9.2.9　智能标记的使用

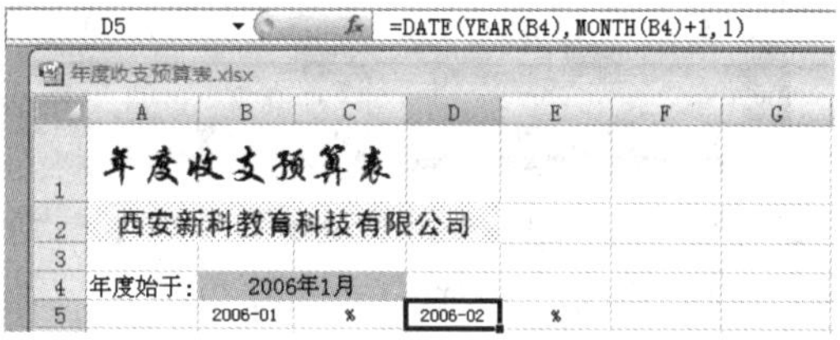

图 9.2.10　在 D5 单元格输入公式

提示　公式中的“YEAR(B4)”部分返回目标单元格 B4 的年份值，“MONTH(B4)+1”部分返回目标单元格 B4 的月份值，并且把数值加“1”，这样后续月份就可以通过公式计算求出了。

（18）使用此方法，制作出所有的月份，在制作过程中需要改变的是年份和月份的参数。如果“年度始于：”日期有所改变，列标题的日期也会自动更改。

（19）选中所有列标题，将单元格底纹设置为“深蓝”色，字体颜色设置为“白色”，如图 9.2.11 所示。

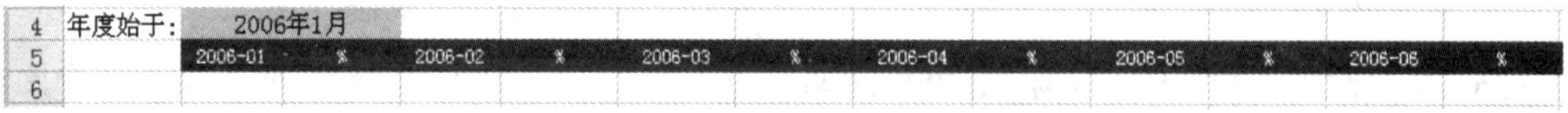

图 9.2.11　设置底纹和字体的颜色

（20）从 A7 单元格开始，依次输入各产品的预计销售收入，并设置字体为“宋体”，字号为“9”磅，如图 9.2.12 所示。

（21）选中 B7:B13 单元格，在“开始”选项卡中的“编辑”选项区中单击按钮，按回车键，此时在 B13 单元格中会显示计算结果，如图 9.2.13 所示。

图 9.2.12　输入销售收入

图 9.2.13　显示计算结果

提示 如果在 B13 单元格中显示的结果是######，则说明此单元格的列宽不够，可以适当增加列宽或者缩小字号。

（22）在 C7 单元格中输入公式“=IF($B$13=0,"-",(B7*100)/$B$13)”，输入完成后按回车键，计算结果显示在 C7 单元格中，如图 9.2.14 所示。

提示 如果“$B$13=0”条件成立，那么 C7 单元格中显示“-”，表示产品销售计划总计为 0，无法计算同类书籍的销售比例；否则 C7 单元格显示公式“(B7*100)/$B$13)”的计算结果，即用同类书籍的销售收入乘以 100，然后除以销售收入的合计，这样就计算出了产品的预计销售比例。

（23）选中 C7 单元格，重复步骤（9），在“分类”列表中选择“自定义”，在“类型”列表框中选择“0.00”格式，并将此格式改为“0.0”显示格式。

（24）单击 C7 单元格，拖动单元格右下角的拖动句柄，从而自动获得其他类书籍的百分比，如图 9.2.15 所示。

图 9.2.14 计算销售收入百分比

图 9.2.15 为选中的单元格添加公式

（25）重复步骤（20）～（24），计算出 2006 年 2 月至 2006 年 12 月的销售收入所占百分比，如图 9.2.16 所示。

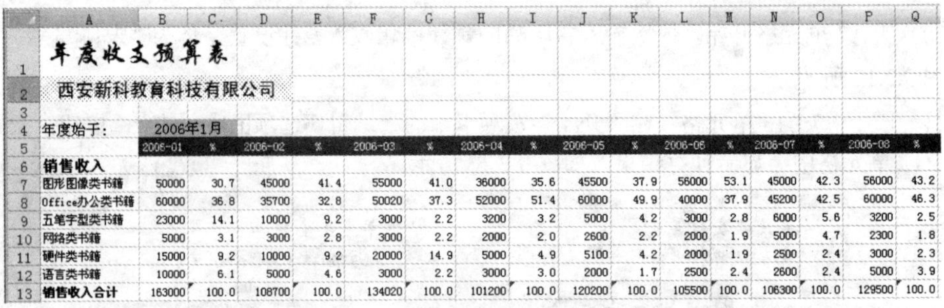

图 9.2.16 其他月份销售收入所占百分比

（26）在 Z6 单元格中输入“汇总”，在 Z7 单元格中输入公式“=B7+D7+F7+H7+J7+L7+N7+P7+R7+T7+V7+X7”，即把每类书籍的各月销售量和年终总的销售量进行累计。

（27）重复步骤（8），把所有需要人工输入的数据添加上底纹效果，如图 9.2.17 所示。

Z7　　=B7+D7+F7+H7+J7+L7+N7+ P7+R7+T7+V7+X7

	M	N	O	P	Q	R	S	T	U	V	W	X	Y	Z
5	%	2006-07	%	2006-08	%	2006-09	%	2006-10	%	2006-11	%	2006-12	%	
6														汇总
7	53.1	45000	42.3	56000	43.2	45000	42.1	5000	23.3	5000	16.9	7800	27.3	451300
8	37.9	45200	42.5	60000	46.3	40000	37.5	2000	9.3	6000	20.3	6800	23.8	457720
9	2.8	6000	5.6	3200	2.5	5300	5.0	6000	27.9	7000	23.7	5000	17.5	79700
10	1.9	5000	4.7	2300	1.8	4500	4.2	4000	18.6	6500	22.0	3000	10.5	42900
11	1.9	2500	2.4	3000	2.3	5000	4.7	3000	14.0	2000	6.8	4000	14.0	76600
12	2.4	2600	2.4	5000	3.9	7000	6.6	1500	7.0	3000	10.2	2000	7.0	46600
13	100.0	106300	100.0	129500	100.0	106800	100.0	21500	100.0	29500	100.0	28600	100.0	1154820

图 9.2.17　添加单元格底纹效果

（28）选中 A16 单元格，并输入标题“销售成本”。在 A17 单元格中输入各类书籍的销售成本，顺序要与“销售收入”部分中的顺序相同。

（29）选中 C17 单元格，在其中输入公式“=IF(B7=0,"-",(B17*100)/B7)”，计算出销售成本占销售收入的百分比，如图 9.2.18 所示。

C17　　=IF(B7=0,"-",(B17*100)/B7)

	A	B	C	D	E	F	G	H
1	年度收支预算表							
2	西安新科教育科技有限公司							
3								
4	年度始于：	2006年1月						
5		2006-01	%	2006-02	%	2006-03	%	2006-04
6	销售收入							
7	图形图像类书籍	50000	30.7	45000	41.4	55000	41.0	36000
8	Office办公类书籍	60000	36.8	35700	32.8	50020	37.3	52000
9	五笔字型类书籍	23000	14.1	10000	9.2	3000	2.2	3200
10	网络类书籍	5000	3.1	3000	2.8	3000	2.2	2000
11	硬件类书籍	15000	9.2	10000	9.2	20000	14.9	5000
12	语言类书籍	10000	6.1	5000	4.6	3000	2.2	3000
13	销售收入合计	163000	100.0	108700	100.0	134020	100.0	101200
14								
15								
16	销售成本							
17	图形图像类书籍	5000	10.0					
18	Office办公类书籍	2300	3.8					
19	五笔字型类书籍	1500	6.5					
20	网络类书籍	1200	24.0					
21	硬件类书籍	1100	7.3					
22	语言类书籍	600	6.0					
23	销售成本合计	11700	7.2					
24								
25								

图 9.2.18　销售成本占销售收入的百分比

（30）使用单元格句柄拖拽的方法，完成其他类书籍的销售成本占销售收入的百分比公式计算，如图 9.2.19 所示。

16	销售成本										
17	图形图像类书籍	5000	10.0	4000	8.9	4000	7.3	2000	5.6	2300	5.1
18	Office办公类书籍	2300	3.8	1000	2.8	3500	7.0	3500	6.7	2600	4.3
19	五笔字型类书籍	1500	6.5	600	6.0	500	16.7	300	9.4	600	12.0
20	网络类书籍	1200	24.0	1000	33.3	500	16.7	200	10.0	300	11.5
21	硬件类书籍	1100	7.3	660	6.6	900	4.5	400	8.0	200	3.9
22	语言类书籍	600	6.0	400	8.0	300	10.0	260	8.7	300	15.0
23	销售成本合计	11700	7.2	7660	7.0	9700	7.2	6660	6.6	6300	5.2

图 9.2.19　计算销售成本合计

（31）进行各类书籍的年度“销售成本”汇总计算。在 Z17 单元格中输入公式“=B17+D17+F17+H17+J17+L17+N17+ P17+R17+T17+V17+X17”，计算同类书籍的年度销售成本。再计算出年度所有书籍总的销售成本。

（32）把需要人工输入的数据单元格设置底纹效果，如图 9.2.20 所示。

（33）在 A26 单元格中输入“毛利”，并在 B26 单元格输入公式“=B13-B23”，计算一月份的毛利额。采用同样的方法，再计算出其他月份的毛利额和年度汇总毛利额，如图 9.2.21 所示。

	N	O	P	Q	R	S	T	U	V	W	X	Y	Z
5	2006-07	%	2006-08	%	2006-09	%	2006-10	%	2006-11	%	2006-12	%	
6													汇总
7	45000	42.3	56000	43.2	45000	42.1	5000	23.3	5000	16.9	7800	27.3	451300
8	45200	42.5	60000	46.3	40000	37.5	2000	9.3	6000	20.3	6800	23.8	457720
9	6000	5.6	3200	2.5	5300	5.0	6000	27.9	7000	23.7	5000	17.5	79700
10	5000	4.7	2300	1.8	4500	4.2	4000	18.6	6500	22.0	3000	10.5	42900
11	2500	2.4	3000	2.3	5000	4.7	3000	14.0	2000	6.8	4000	14.0	76600
12	2600	2.4	5000	3.9	7000	6.6	1500	7.0	3000	10.2	2000	7.0	46600
13	106300	100.0	129500	100.0	106800	100.0	21500	100.0	29500	100.0	28600	100.0	1154820
14													
15													
16													汇总
17	2300	5.1	2400	4.3	2300	5.1	500	10.0	500	10.0	1100	14.1	29000
18	2200	4.9	2500	4.2	2100	5.3	200	10.0	510	8.5	1000	14.7	23510
19	500	8.3	310	9.7	600	11.3	510	8.5	540	7.7	550	11.0	6810
20	400	8.0	230	10.0	450	10.0	300	7.5	510	7.8	300	10.0	5590
21	700	28.0	210	7.0	500	10.0	230	7.7	300	15.0	320	8.0	5720
22	350	13.5	350	7.0	600	8.6	150	10.0	200	6.7	170	8.5	3830
23	6450	6.1	6000	4.6	6550	6.1	1890	8.8	2560	8.7	3440	12.0	74460

图 9.2.20 设置单元格底纹

B26 =B13-B23

	A	B	C	D	E	F	G	H	I	J	K	L	M	N
13	销售收入合计	163000	100.0	108700	100.0	134020	100.0	101200	100.0	120200	100.0	105500	100.0	106300
14														
15														
16	销售成本													
17	图形图像类书籍	5000	10.0	4000	8.9	4000	7.3	2000	5.6	2300	5.1	2600	4.6	2300
18	Office办公类书籍	2300	3.8	1000	2.8	3500	7.0	3500	6.7	2600	4.3	2100	5.3	2200
19	五笔字型类书籍	1500	6.5	600	6.0	500	16.7	300	9.4	600	12.0	300	10.0	500
20	网络类书籍	1200	24.0	1000	33.3	500	16.7	200	10.0	300	11.5	200	10.0	400
21	硬件类书籍	1100	7.3	660	6.6	900	4.5	400	8.0	200	3.9	200	10.0	700
22	语言类书籍	600	6.0	400	8.0	300	10.0	260	8.7	300	15.0	150	6.0	350
23	销售成本合计	11700	7.2	7660	7.0	9700	7.2	6660	6.6	6300	5.2	5550	5.3	6450
24														
25														
26	毛利	151300		101040		124320		94540		113900		99950		99850

图 9.2.21 计算毛利

（34）在 C26 单元格中输入公式“=IF(B13=0,"-",(B26*100)/B13)”，计算出一月份毛利占销售收入合计的百分比。采用同样的方法，再计算出其他月份毛利占销售收入合计的百分比，如图 9.2.22 所示。

	A	B	C	D	E	F	G	H	I	J	K	L	M	N
13	销售收入合计	163000	100.0	108700	100.0	134020	100.0	101200	100.0	120200	100.0	105500	100.0	106300
14														
15														
16	销售成本													
17	图形图像类书籍	5000	10.0	4000	8.9	4000	7.3	2000	5.6	2300	5.1	2600	4.6	2300
18	Office办公类书籍	2300	3.8	1000	2.8	3500	7.0	3500	6.7	2600	4.3	2100	5.3	2200
19	五笔字型类书籍	1500	6.5	600	6.0	500	16.7	300	9.4	600	12.0	300	10.0	500
20	网络类书籍	1200	24.0	1000	33.3	500	16.7	200	10.0	300	11.5	200	10.0	400
21	硬件类书籍	1100	7.3	660	6.6	900	4.5	400	8.0	200	3.9	200	10.0	700
22	语言类书籍	600	6.0	400	8.0	300	10.0	260	8.7	300	15.0	150	6.0	350
23	销售成本合计	11700	7.2	7660	7.0	9700	7.2	6660	6.6	6300	5.2	5550	5.3	6450
24														
25														
26	毛利	151[illegible].0	92.8	101040.0	93.0	124320	92.8	94540	93.4	113900	94.8	99950	94.7	99850

图 9.2.22 计算“毛利”占“销售收入合计”的百分比

提示 公式“=IF(B13=0,"-",(B26*100)/B13)”的含义是如果单元格“B13=0”条件成立，那么 C26 单元格中显示“-”，否则 C26 单元格中显示公式“(B26*100)/B13)”的计算结果。

（35）在 A28 单元格中输入“费用”，并在 A29:A35 单元格依次输入“工资”、“补助”、“岗位津贴”、“运输费”、“电话费”、“房租”、“使用合计”项目，在 B29:B34 中输入费用金额。

（36）在“开始”选项卡中的“编辑”选项区中单击 Σ 按钮，计算出一月份的费用合计。采用同样的方法，计算出其他月份的费用，最后再计算出年度内同类书籍的销售费用和年度汇总费用，如图 9.2.23 所示。

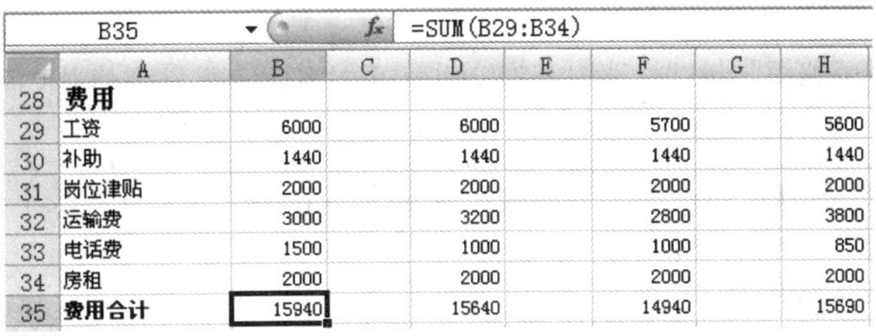

B35　=SUM(B29:B34)

	A	B	C	D	E	F	G	H
28	费用							
29	工资	6000		6000		5700		5600
30	补助	1440		1440		1440		1440
31	岗位津贴	2000		2000		2000		2000
32	运输费	3000		3200		2800		3800
33	电话费	1500		1000		1000		850
34	房租	2000		2000		2000		2000
35	费用合计	15940		15640		14940		15690

图 9.2.23　计算销售费用

（37）在 C29 单元格中输入公式“=IF(B13=0,"-",(B35*100)/B13)”，计算出一月份费用占销售收入合计的百分比。采用同样的方法，再计算出其他月份费用占销售收入合计的百分比，如图 9.2.24 所示。

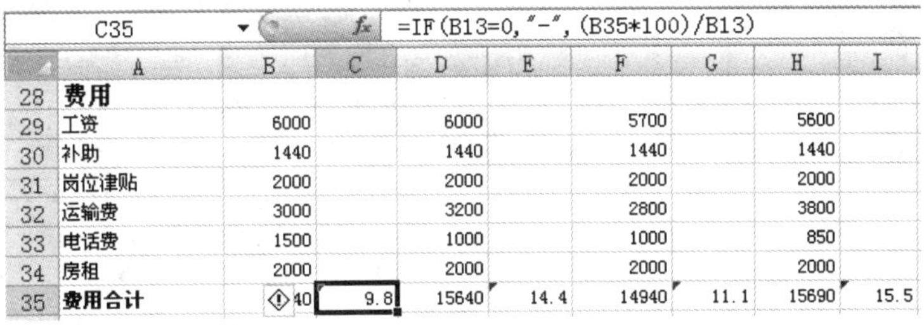

C35　=IF(B13=0,"-",(B35*100)/B13)

	A	B	C	D	E	F	G	H	I
28	费用								
29	工资	6000		6000		5700		5600	
30	补助	1440		1440		1440		1440	
31	岗位津贴	2000		2000		2000		2000	
32	运输费	3000		3200		2800		3800	
33	电话费	1500		1000		1000		850	
34	房租	2000		2000		2000		2000	
35	费用合计	40	9.8	15640	14.4	14940	11.1	15690	15.5

图 9.2.24　计算销售费用占销售收入合计的百分比

（38）把需要人工输入的数据单元格设置底纹效果，如图 9.2.25 所示。

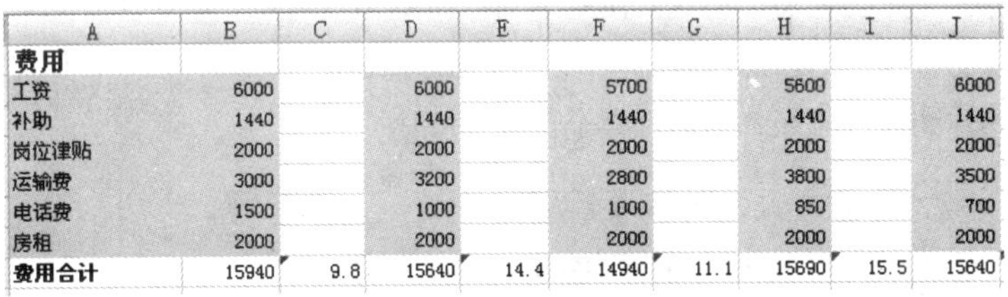

A	B	C	D	E	F	G	H	I	J
费用									
工资	6000		6000		5700		5600		6000
补助	1440		1440		1440		1440		1440
岗位津贴	2000		2000		2000		2000		2000
运输费	3000		3200		2800		3800		3500
电话费	1500		1000		1000		850		700
房租	2000		2000		2000		2000		2000
费用合计	15940	9.8	15640	14.4	14940	11.1	15690	15.5	15640

图 9.2.25　设置单元格底纹效果

（39）在 A38 单元格中输入“纯利”，并在 B38 单元格中输入公式“=B26-B35”，计算出一月份的纯利。将计算公式复制到其他单元格中，计算出其他月份的纯利和年度总纯利。

（40）在 C38 单元格中输入公式“=IF(B13=0,"-",(B38*100)/B13)”，计算一月份“纯利”占“销售收入合计”的百分比。将计算公式复制到其他单元格中，计算出其他月份“纯利”占“销售收入合计”的百分比，如图 9.2.26 所示。

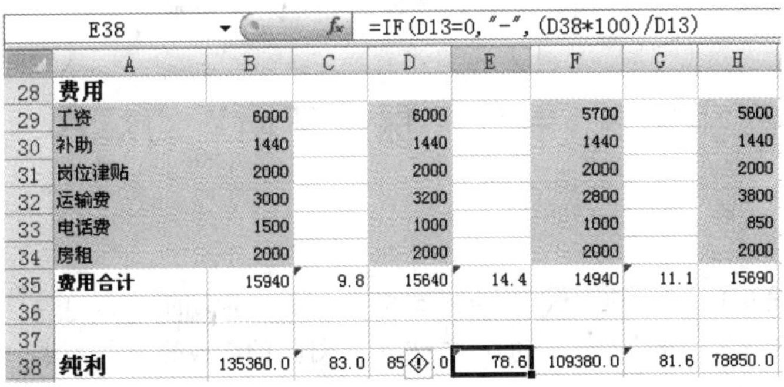

E38　=IF(D13=0,"-",(D38*100)/D13)

	A	B	C	D	E	F	G	H
28	费用							
29	工资	6000		6000		5700		5600
30	补助	1440		1440		1440		1440
31	岗位津贴	2000		2000		2000		2000
32	运输费	3000		3200		2800		3800
33	电话费	1500		1000		1000		850
34	房租	2000		2000		2000		2000
35	费用合计	15940	9.8	15640	14.4	14940	11.1	15690
36								
37								
38	纯利	135360.0	83.0	85[illegible].0	78.6	109380.0	81.6	78850.0

图 9.2.26　计算“纯利”占“销售收入合计”的百分比

（41）为 A6 单元格添加批注。选中 A6 单元格，在“审阅”选项卡的“批注”选项区中单击按钮，在弹出的文本框中输入提示性文字，如图 9.2.27 所示。

（42）批注添加完毕后，用鼠标在表格的任意位置单击，即可返回工作表中。以后每当选中此单元格或鼠标经过此单元时就会显示批注的内容。

（43）为了便于打印工作表，可为表格添加边框效果。选中 A5:Z38 单元格，为表格添加边框，如图 9.2.28 所示。

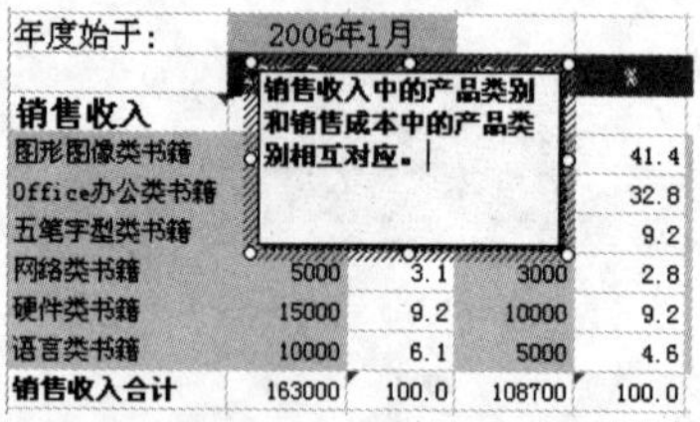

年度始于：	2006年1月			
				%
销售收入				
图形图像类书籍				41.4
Office办公类书籍				32.8
五笔字型类书籍				9.2
网络类书籍	5000	3.1	3000	2.8
硬件类书籍	15000	9.2	10000	9.2
语言类书籍	10000	6.1	5000	4.6
销售收入合计	163000	100.0	108700	100.0

图 9.2.27　添加批注

	A	B	C	D	E	F	G	H	I	J
1	年度收支预算表									
2	西安新科教育科技有限公司									
3										
4	年度始于：	2006年1月								
5		2006-01	%	2006-02	%	2006-03	%	2006-04	%	2006-05
6	销售收入									
7	图形图像类书籍	50000	30.7	45000	41.4	55000	41.0	36000	35.6	45500
8	Office办公类书籍	60000	36.8	35700	32.8	50020	37.3	52000	51.4	60000
9	五笔字型类书籍	23000	14.1	10000	9.2	3000	2.2	3200	3.2	5000
10	网络类书籍	5000	3.1	3000	2.8	3000	2.2	2000	2.0	2600
11	硬件类书籍	15000	9.2	10000	9.2	20000	14.9	5000	4.9	5100
12	语言类书籍	10000	6.1	5000	4.6	3000	2.2	3000	3.0	2000
13	销售收入合计	163000	100.0	108700	100.0	134020	100.0	101200	100.0	120200

图 9.2.28　添加边框

（44）选中 B6 单元格，在“视图”选项卡中的“窗口”选项区中单击按钮，在弹出的下拉菜单中选择命令，这样在滚动浏览表格数据时可以在屏幕上保留固定的内容。

（45）在“视图”选项卡中的“显示/隐藏”选项区中取消 □ 网格线 和 □ 标题 复选框的选中，这样就隐藏了不必要的网格线和行号列标，如图 9.2.29 所示。

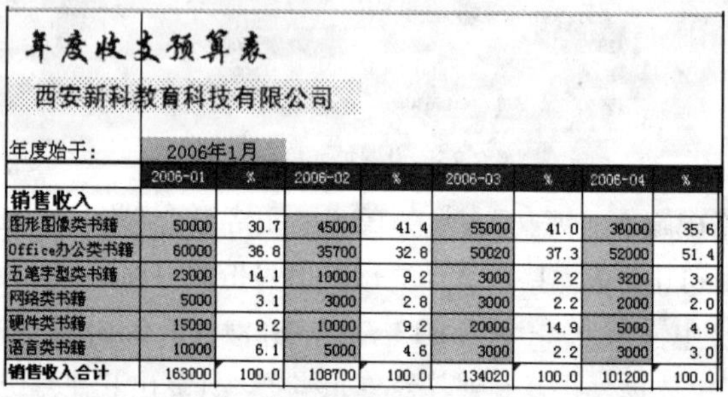

年度收支预算表								
西安新科教育科技有限公司								
年度始于：	2006年1月							
	2006-01	%	2006-02	%	2006-03	%	2006-04	%
销售收入								
图形图像类书籍	50000	30.7	45000	41.4	55000	41.0	36000	35.6
Office办公类书籍	60000	36.8	35700	32.8	50020	37.3	52000	51.4
五笔字型类书籍	23000	14.1	10000	9.2	3000	2.2	3200	3.2
网络类书籍	5000	3.1	3000	2.8	3000	2.2	2000	2.0
硬件类书籍	15000	9.2	10000	9.2	20000	14.9	5000	4.9
语言类书籍	10000	6.1	5000	4.6	3000	2.2	3000	3.0
销售收入合计	163000	100.0	108700	100.0	134020	100.0	101200	100.0

图 9.2.29　隐藏网格线和行号列标

（46）调整行标题单元格之间的行高，最终效果如图 9.2.1 所示。

实例 3　制作“保护环境”幻灯片

创作目的

本例将制作如图 9.3.1 所示的“保护环境”幻灯片，通过本例的练习，可以让读者掌握图片和文本框的插入、自选图形的绘制、幻灯片动画设置以及幻灯片的切换等操作，读者可反复练习，达到举一反三的目的。

图 9.3.1　最终效果图

创作步骤

（1）打开 PowerPoint 2007，新建一个空白演示文稿，将其中的占位符选中后删除。

（2）在“插入”选项卡中的“插图”选项区中单击图片按钮，在弹出的“插入图片”对话框中选择一幅图片插入到幻灯片中。

（3）调整该图片至合适大小，并将其置于如图 9.3.2 所示的位置。

（4）在“插入”选项卡中的“插图”选项区中单击形状按钮，在弹出的下拉列表中选择矩形工具。使用该工具在幻灯片中绘制一个矩形，如图 9.3.3 所示。

图 9.3.2　插入图片

图 9.3.3　绘制矩形

（5）选中绘制的矩形，在“绘图工具”上下文工具中“格式”选项卡的“形状样式”选项区中单击形状填充按钮，在弹出的下拉列表中选择“深蓝”；单击形状轮廓按钮，在弹出的下拉列表中选择“无轮廓”选项。

（6）在“格式”选项卡中的“文本”选项区中单击文本框按钮，从弹出的下拉列表中选择“横排文本框”。在幻灯片中的矩形上单击并输入文本“只有一个地球”。

（7）将文本的字体设置为“华文行楷”，颜色设为“黄色”，大小设为“66”，效果如图 9.3.4 所示。

（8）按“Ctrl+M”键，插入一张新的幻灯片。

（9）在“插入”选项卡中的“插图”选项区中单击图片按钮，在弹出的“插入图片”对话框中选择一幅图片插入到幻灯片中，如图 9.3.5 所示。

图 9.3.4 输入文本

图 9.3.5 插入图片

（10）选中该图片，在“格式”选项卡中的“调整”选项区中单击 重新着色 按钮，从弹出的下拉列表中的“浅色变体”区域中选择“强调文字颜色 3 浅色”选项。

（11）在“插入”选项卡中的“插图”选项区中单击 图片 按钮，在弹出的“插入图片”对话框中选择 8 幅图片插入到幻灯片中，并使其对齐，效果如图 9.3.6 所示。

（12）按“Ctrl+M”键，插入一张新的幻灯片。将第 2 张幻灯片中的背景图片复制并粘贴到该幻灯片中。

（13）在幻灯片中插入一个横排文本框，在其中输入如图 9.3.7 所示的文本。

图 9.3.6 插入图片

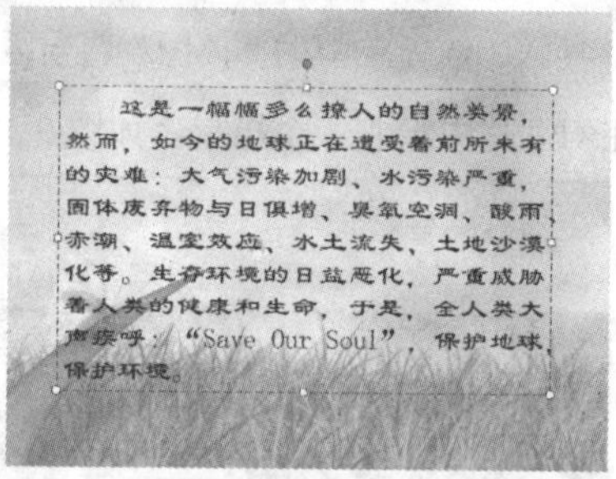

图 9.3.7 输入文本

（14）按“Ctrl+M”键，插入一张新的幻灯片，将其中的占位符选中后删除。将第 2 张幻灯片中的背景图片复制并粘贴到该幻灯片中。

（15）在“插入”选项卡中的“插图”选项区中单击 图片 按钮，在弹出的“插入图片”对话框中选择 3 幅图片插入到幻灯片中，并使它们按照如图 9.3.8 所示的位置排列。

（16）在该幻灯片中插入一个文本框，在其中输入文字，并为其设置合适的字体、颜色及大小，如图 9.3.9 所示。

（17）按“Ctrl+M”键，插入一张新的幻灯片，将其中的占位符选中后删除。将第 2 张幻灯片中的背景图片复制并粘贴到该幻灯片中。

（18）在“插入”选项卡中的“插图”选项区中单击 图片 按钮，在弹出的“插入图片”对话框中选择 6 张图片插入到幻灯片中，并使它们按照如图 9.3.10 所示的位置排列。

（19）在该幻灯片中插入一个文本框，在其中输入文字，并为其设置合适的字体、颜色及大小，如图 9.3.11 所示。

图 9.3.8　插入并排列图片

图 9.3.9　输入文本

图 9.3.10　插入图片

图 9.3.11　输入文本

（20）按“Ctrl+M”键，插入一张新的幻灯片，将其中的占位符选中后删除。将第 2 张幻灯片中的背景图片复制并粘贴到该幻灯片中。

（21）重复步骤（18）～（19）的操作，在该张幻灯片中插入图片并输入文本，如图 9.3.12 所示。

（22）按“Ctrl+M”键，插入一张新的幻灯片，将其中的占位符选中后删除。将第 2 张幻灯片中的背景图片复制并粘贴到该幻灯片中。

（23）在该幻灯片中插入一个横排文本框，在其中输入如图 9.3.13 所示的文本。

图 9.3.12　插入图片和文本

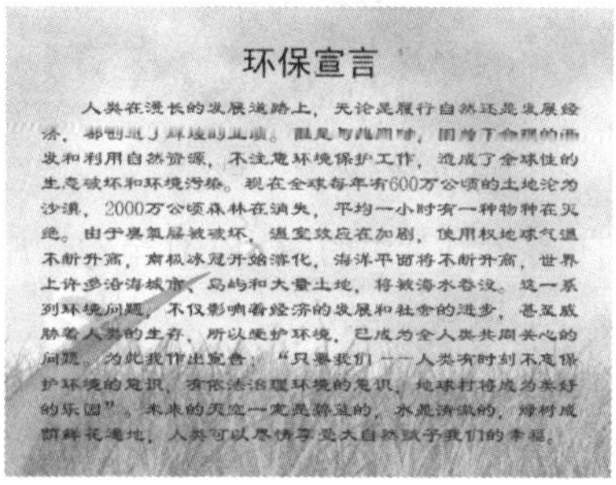

图 9.3.13　输入文本

（24）切换到第一张幻灯片。选中第一张幻灯片中的文本，在“动画”选项卡中的“动画”选项区中单击 自定义动画 按钮，打开“自定义动画”任务窗格，如图 9.3.14 所示。

（25）选择 添加效果 → 进入(E) → 其他效果(M)... 命令，弹出“添加进入效果”对话框，如图 9.3.15 所示。

（26）在该对话框中选择“淡出式回旋”选项，为其添加动画效果。

（27）选中该幻灯片中的图片，选择 添加效果 → 进入(E) → 其他效果(M)... 命令，在弹出的“添加进入效果”对话框中为其添加“投掷”动画效果。

（28）在“自定义动画”任务窗格中选择第一个动画选项，单击按钮，将其下移，设为第 2

个动画效果。

（29）选中第一个动画，将其开始方式设置为“之前”，速度设为“中速”；选中第二个动画，将其开始方式设置为“之后”，速度设为“中速”，如图 9.3.16 所示。

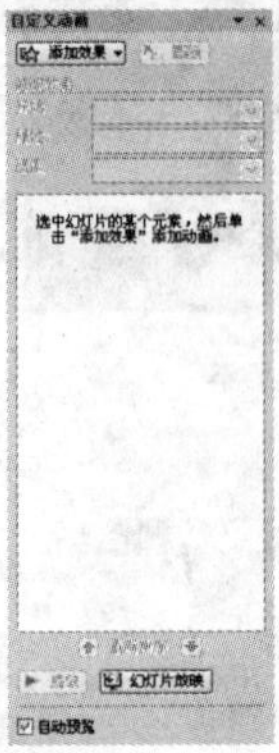

图 9.3.14 “自定义动画”任务窗格

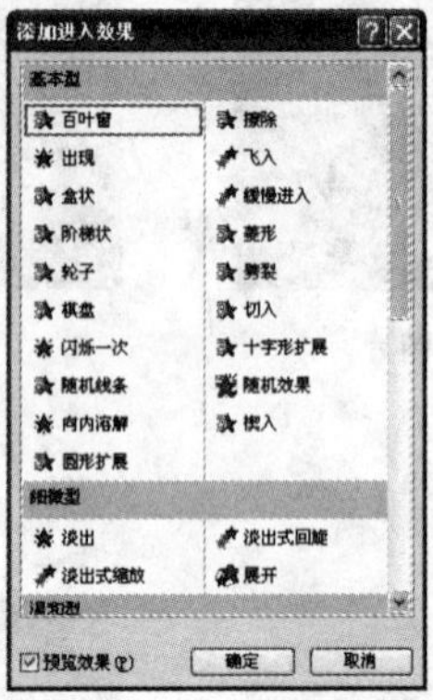

图 9.3.15 “添加进入效果”对话框

图 9.3.16 设置动画选项

（30）切换到第二张幻灯片。选择 添加效果 → 动作路径(P) → 绘制自定义路径(D) → 自由曲线(S) 命令，在幻灯片中绘制动作路径，如图 9.3.17 所示。

（31）重复步骤（30）的操作，为幻灯片中的其他图片绘制动作路径，如图 9.3.18 所示。

图 9.3.17 绘制动作路径

图 9.3.18 绘制动作路径

（32）将该张幻灯片中的图片先移至幻灯片外部，再根据需要调整路径，以创建幻灯片从外部飞入的动画效果，如图 9.3.19 所示。

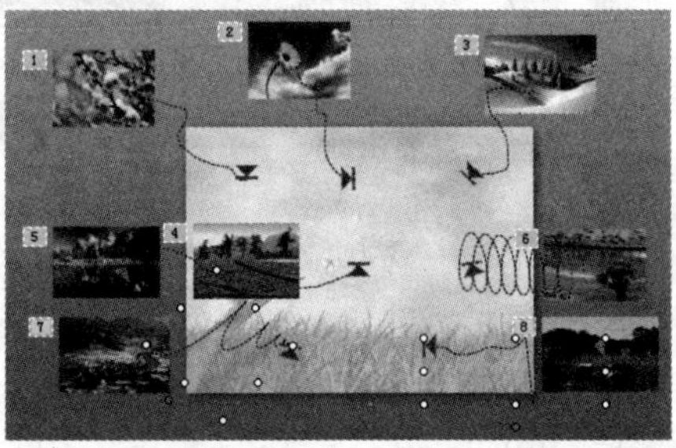

图 9.3.19 调整动作路径

（33）切换到第 3 张幻灯片。选中幻灯片中的文本，选择 添加效果 → 进入(E) → 其他效果(M)... 命令，在弹出的“添加进入效果”对话框中为其添加“百叶窗”动画效果，并将其开始方式设置为“之前”，速度设为“中速”。

（34）重复步骤（33）的操作，分别为其他几张幻灯片中的文本和图片添加动画效果。

（35）在“动画”选项卡中的“切换到此幻灯片”选项区中单击按钮，在弹出的下拉列表中选择“圆形”选项。

（36）在“切换声音”下拉列表中选择“风铃”选项，在“切换速度”下拉列表中选择“中速”选项，单击 全部应用 按钮，将设置的切换效果应用于所有幻灯片。

至此，该幻灯片制作完成，效果如图 9.3.1 所示。

实例 4　制作教学课件

创作目的

本例制作教学课件，效果如图 9.4.1 所示。教学课件的制作过程大致可以分为封面的制作、课件背景的制作、文字的录入、图片的插入、切换方式的设计以及动画效果的制作。通过本实例的学习，使用户了解应用 PowerPoint 制作课件的方法和技巧，以及 Word 2007 与 PowerPoint 2007 的联合应用。

图 9.4.1　效果图

创作步骤

（1）启动 PowerPoint 2007 软件，新建一个演示文稿。

（2）将第 1 张幻灯片中的两个占位符选中后删除。在“插入”选项卡中的“插图”选项区中单击 图片 按钮，弹出 插入图片 对话框，如图 9.4.2 所示。

（3）在该对话框中选择一幅图片，单击 插入(S) 按钮，将其插入到幻灯片中。调整图片的大小和位置，效果如图 9.4.3 所示。

图 9.4.2　“插入图片”对话框

图 9.4.3　插入的图片

（4）启动 Word 2007 软件，在其中输入《卖火柴的小女孩》课文原文，如图 9.4.4 所示。

（5）将文档中的文字选中，按“Ctrl+C”键复制。在 PowerPoint 2007 中，切换到大纲窗格中，将幻灯片中的占位符选中后删除，按“Ctrl+V”键粘贴文本，如图 9.4.5 所示。

（6）分别在第 2 张幻灯片中文本的第 2，4，5，6，7，11 段按“Enter”键，新建 7 张幻灯片。将第 2 张幻灯片选中，在按住“Shift”键的同时单击最后一张幻灯片，将第 2～8 张幻灯片选中。

（7）在“开始”选项卡中的“幻灯片”选项区中单击 版式 按钮，在弹出的下拉列表框中选择“空白”选项，将所有幻灯片的版式设置为空白。

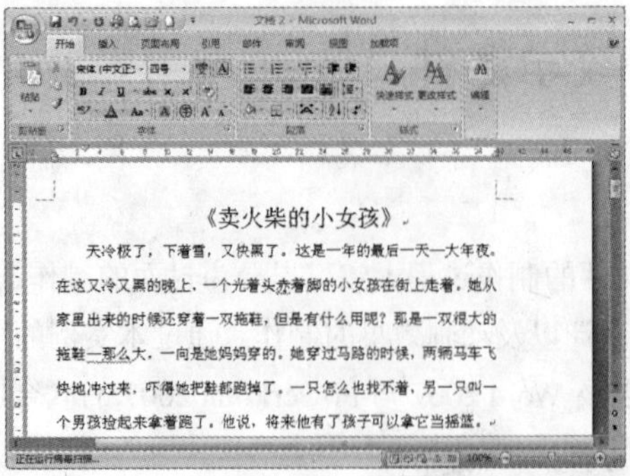

图 9.4.4　输入课文原文

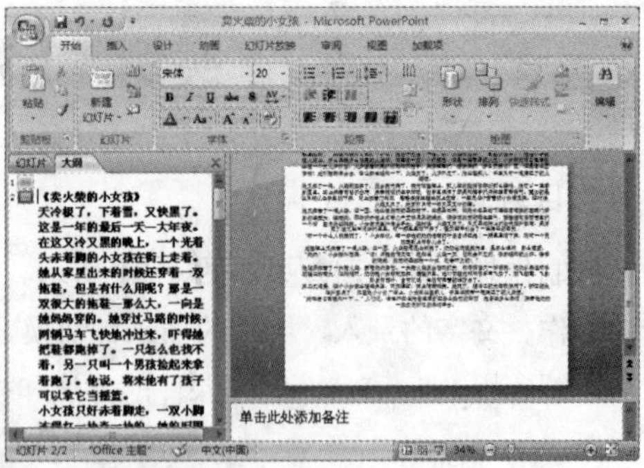

图 9.4.5　在幻灯片中粘贴文本

（8）将幻灯片 2～8 中的所有文本选中，在“开始”选项卡中的“字体”选项区中将其“字体”设置为“黑体”，“大小”设置为“20”，“对齐方式”设置为“左对齐”。

（9）在“开始”选项卡中的“段落”选项区中单击“对话框启动器”按钮，在弹出的“段落”对话框中设置参数，如图 9.4.6 所示。

（10）单击 确定 按钮，效果如图 9.4.7 所示。

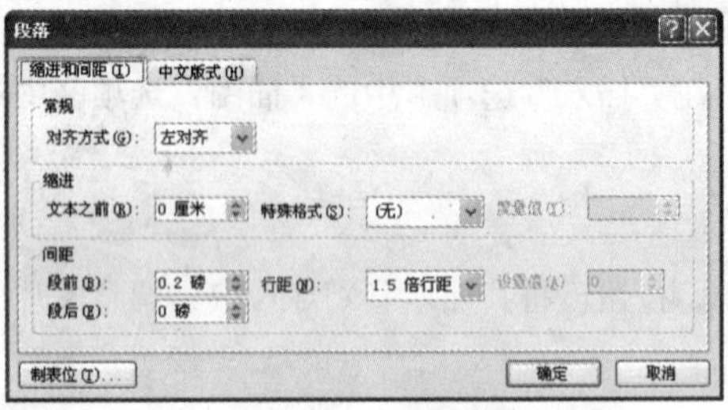

图 9.4.6　设置参数

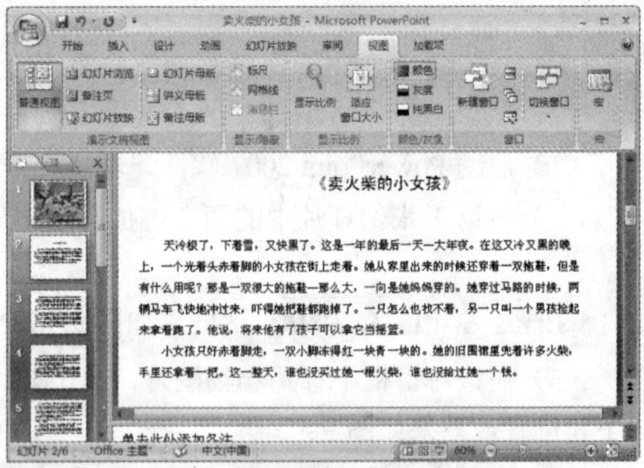

图 9.4.7　设置文本

（11）在“视图”选项卡中的“演示文稿视图”选项区中单击按钮，切换到“幻灯片母版”视图。

（12）在“幻灯片母版”选项卡中的“背景”选项区中单击 背景样式 按钮，在弹出的下拉列表中选择 设置背景格式(B)... 选项，弹出“设置背景格式”对话框。

（13）选中 ◉ 图片或纹理填充(P) 单选按钮，单击 文件(F)... 按钮，在弹出的“插入图片”对话框中选择一张图片插入到幻灯片中，如图 9.4.8 所示。

（14）单击按钮，返回至普通视图。将所有文本选中，并将其颜色设置为“深紫色”，效果如图 9.4.9 所示。

（15）选中第 3 张幻灯片，按回车键插入一张新的幻灯片。在“插入”选项卡中的“插图”选项区中单击按钮，在弹出的“插入图片”对话框中选择一张图片，将其插入到幻灯片中，调整其至合适大小，如图 9.4.10 所示。

（16）在“插入”选项卡中的“文本”选项区中单击艺术字按钮，在弹出的下拉列表中选择合适的文本样式，如图 9.4.11 所示。

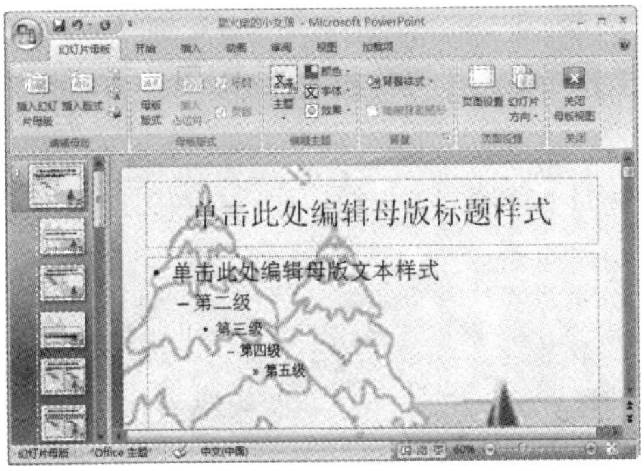

图 9.4.8 设置背景

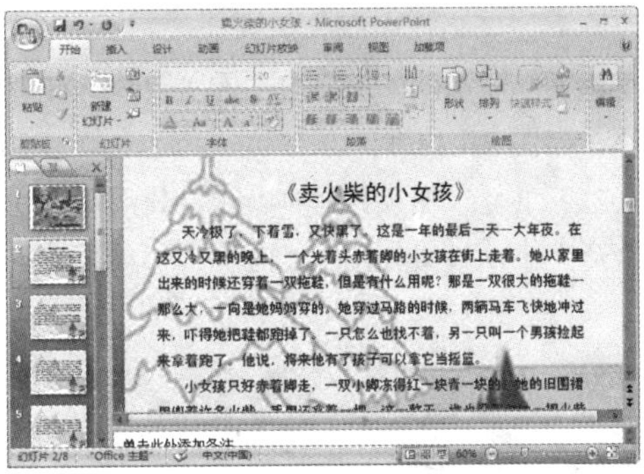

图 9.4.9 设置文本颜色

图 9.4.10 插入图片

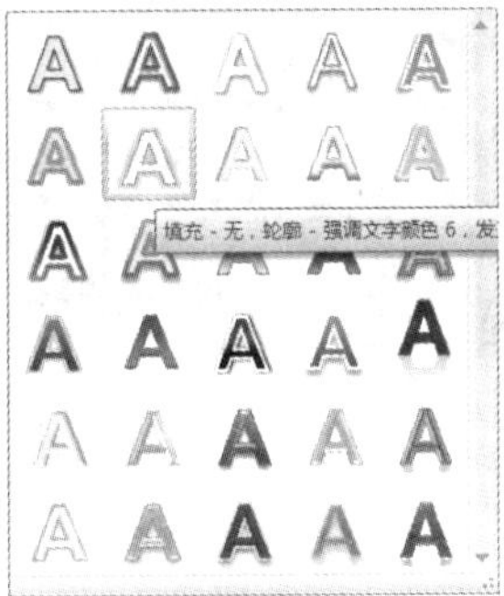

图 9.4.11 选择艺术字样式

（17）单击选中的样式，在幻灯片中插入一个艺术字文本框，用户可在该文本框中输入艺术字文字。

（18）输入完成后，拖动其中心的旋转手柄对其进行旋转，并将其置于合适位置，如图 9.4.12 所示。

（19）选中第 5 张幻灯片，按回车键插入一张新的幻灯片。在“插入”选项卡中的“插图”选项区中单击图片按钮，在弹出的“插入图片”对话框中选择一张图片将其插入到幻灯片中，调整其至合适大小，如图 9.4.13 所示。

图 9.4.12 插入艺术字

图 9.4.13 插入图片

（20）重复步骤（16）的操作，在该幻灯片中插入文字“好暖和啊！”，并将其置于幻灯片中的合适位置。

（21）选中第 7 张幻灯片，按回车键插入一张新的幻灯片。在“插入”选项卡中的“插图”选项区中单击图片按钮，在弹出的“插入图片”对话框中选择一张图片将其插入到幻灯片中，调整其至合适大小，如图 9.4.14 所示。

（22）重复步骤（21）的操作，分别在第 9 张、第 11 张和第 13 张幻灯片后插入图片，并调整它们至合适大小，效果如图 9.4.15 所示。

图 9.4.14　插入图片

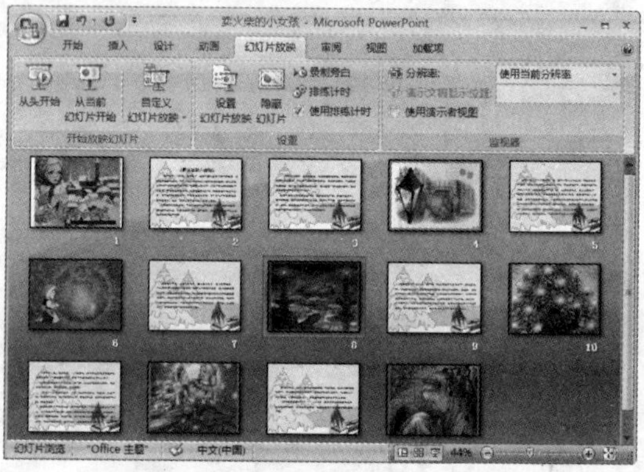

图 9.4.15　插入多张图片

（23）选中第 1 张幻灯片，在“动画”选项卡中的“切换到此幻灯片”选项区中单击按钮，弹出其下拉列表，如图 9.4.16 所示。

（24）在该下拉列表中选择“顺时针回旋，8 根轮辐”选项，将其应用到当前幻灯片中。单击“切换声音”右侧的下拉按钮，在其下拉列表中选择“疾驰”选项；在“切换速度”下拉列表中选择“中速”选项，单击全部应用按钮，将其应用到所有幻灯片中。

（25）选中第 2 张幻灯片，选中标题文本框，在“动画”选项卡中的“动画”选项区中单击自定义动画按钮，打开“自定义动画”任务窗格，如图 9.4.17 所示。

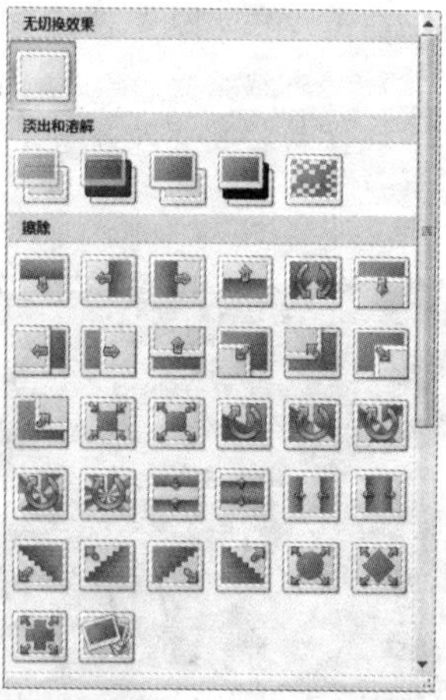

图 9.4.16　“切换效果”下拉列表

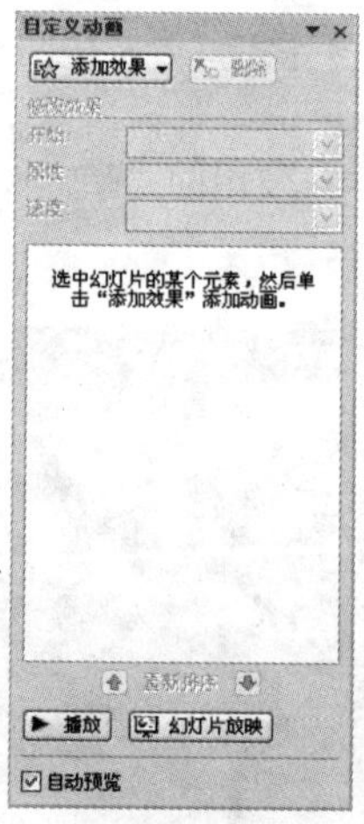

图 9.4.17　“自定义动画”任务窗格

（26）单击添加效果按钮，在弹出的下拉列表中选择进入(E) → 6. 楔入命令，为其添加动画效果。

（27）选中第二个文本框，选择 进入(E) → 4. 阶梯状 命令，为其添加动画效果。

（28）在“自定义动画”任务窗格中选中第一个动画选项，将其“开始方式”设置为“之前”，“速度”设置为“中速”；将第二个动画选项的“开始方式”设置为“之后”，“速度”设置为“中速”。此时的任务窗格如图 9.4.18 所示。

图 9.4.18　修改动画选项

（29）重复步骤（28）的操作，为其他幻灯片添加动画效果。

至此，该幻灯片制作完成，效果如图 9.4.1 所示。